KiWi 428

Zu diesem Buch

Die meisten kennen das Rheinisch-Westfälische Elektrizitätswerk RWE als Absender ihrer Stromrechnung. Doch hinter dem Kürzel RWE verbirgt sich mehr: Es ist die Nummer Eins im Energiegeschäft und bietet alles unter einem Dach: von der gigantischen Braunkohlengrube vor den Toren von Köln bis hin zu Uranbergwerken in Australien – von Baukonzernen und Druckmaschinen bis hin zu Beteiligungen in den Bereichen Telekommunikation und Abfallentsorgung. Kurz: Das RWE ist die graue Eminenz des bundesdeutschen Kapitals!

Die aktuellen Diskussionen um die anhaltende Umweltverschmutzung durch die großen Braunkohlenkraftwerke rücken RWE immer wieder auch in den Verdacht eines »Klimakillers«. Die Autoren untersuchen diesen Vorwurf und belegen anhand von neuem Zahlenmaterial, welche Rolle das Unternehmen bei Verschwendung von Rohstoffen spielt.

Anhand von Fallbeispielen wird zudem gezeigt, welchen Einfluß das RWE auf die Politik hat.

Doch das Buch weist auch auf Alternativen hin. So wird erläutert, wie eine Dezentralisierung der Energiewirtschaft auf der Grundlage von Energieeinsparung und Ressourcen- und Klimaschutz eingeleitet werden kann. Es wird thematisiert, wie der politische Einfluß auf das RWE verstärkt werden kann, welche Möglichkeiten die Gesetzgebung bietet und wo die Hauptangriffsflächen bestehen im Bemühen, eine ökologische Modernisierung nicht nur des Konzerns, sondern der Gesellschaft der Bundesrepublik Deutschland zu erreichen.

Die Autoren

Lutz Mez, geboren 1944, Dr. rer. pol., Dipl.-Pol., Geschäftsführer der Forschungsstelle für Umweltpolitik, Fachbereich Politische Wissenschaft, Freie Universität Berlin, seit 1989 Mitglied des Energiebeirats von Berlin, Autor zahlreicher Bücher und Studien zu Energie- und Umweltpolitik.

Rainer Osnowski, geboren 1959, Journalist und Lektor, lebt in Köln.

Lutz Mez
Rainer Osnowski

RWE

Ein Riese mit Ausstrahlung

Kiepenheuer & Witsch

DANKSAGUNG

Wir bedanken uns bei allen,
die zum Gelingen dieses Buchs beigetragen haben,
vor allem bei Michael Stelte für die Abbildungen.

Ferner danken wir
Thomas Höfer, Frank Möller, Manfred Rebentisch,
Antje Theißen und Werner Uka,
die als Mitautoren in der Erstausgabe dieses Buchs
im Jahr 1984 wichtige Grundlagen zur Realisierung
des vorliegenden Werkes geliefert haben.

L.M. u. R.O.

Umschlaggestaltung: Philipp Starke, Hamburg
Umschlagfoto: laif, Köln
Abbildungen: Michael Stelte, Berlin
Layout und Satz: Prima Print, Köln
Druck und Bindearbeiten: Clausen & Bosse, Leck

ISBN 3-462-02550-3

INHALT

Gegenstand des Unternehmens RWE

Die Gesellschaft leitet eine Gruppe von Unternehmen, die insbesondere in den Wirtschaftszweigen Energie- und Wasserversorgung, Bergbau, Rohstoffe, Mineralöl, Chemie, Entsorgung, Bau, Maschinen-, Anlagen- und Gerätebau, Dienstleistungen und dort vornehmlich auf folgenden Geschäftsfeldern tätig sind:

- jede Art der Beschaffung und gewerblichen Nutzung von Energien und Energieanlagen, insbesondere die Versorgung mit elektrischer Energie, Gas und Wärme sowie mit Wasser;
- Bau, Betrieb und sonstige Nutzung von Transportsystemen für Energien sowie sonstiger Transportsysteme und Verkehrsanlagen; Errichtung und Betrieb von Telekommunikationsnetzen und Erbringung von Telekommunikationsdiensten;
- Verwertung und Beseitigung von Abfällen, Vermarktung der hieraus gewonnenen Stoffe, Durchführung wasserwirtschaftlicher Maßnahmen sowie Sicherung und Sanierung von Altlasten;
- Aufsuchung, Gewinnung, Herstellung, Verarbeitung und Umwandlung von Bodenschätzen sowie anderen Rohstoffen und Energien und dabei anfallenden Stoffen und Produkten sowie von chemischen und petrochemischen Erzeugnissen aller Art;
- Planung und Durchführung von Bauleistungen aller Art, Erwerb, Veräußerung und jede Art der gewerblichen Nutzung von Grundstücken und Gebäuden;
- Planung, Herstellung, Errichtung, Betrieb und Vertrieb von Erzeugnissen, Geräten, Anlagen und Einrichtungen auf den Gebieten der Elektro- und Gebäudetechnik, Elektronik und Kommunikationstechnik, Umwelttechnik sowie Maschinen-, Anlagen- und Gerätebau; Ingenieurtätigkeiten aller Art;
- Handel mit Roh-, Hilfs- und Betriebsstoffen, unfertigen und fertigen Erzeugnissen sowie Waren, vornehmlich auf den vorgenannten Geschäftsfeldern; Transport und Logistik; Gebäudedienstleistungen; Sicherheitstechnik und -dienste.

Quelle: Amtsgericht Essen, HRB 193

ZUR GESCHICHTE

RWE – SEIT FRÜHESTER JUGEND AUF DRAHT[1]

Am 25. April 1898 wurde in Essen ein Unternehmen mit dem Namen Rheinisch-Westfälisches Elektrizitätswerk AG (RWE) gegründet. Der Kohlekaufmann und Reeder Hugo Stinnes setzte seine Idee, Kohle über Draht als Strom zu verkaufen, in die Tat um. Er träumte davon, ganz Deutschland – von den Alpen bis zur Nordsee – mit Strom zu versorgen, und wußte auch einen Weg: die Erzeugung von Industrie-Kraftstrom für Elektromotoren, zentral und in großen Kraftwerken. Die RWE-Stammzentrale wurde auf dem Gelände der Stinnes-Zeche Victoria Mathias gebaut. Stinnes wandelte die auf der Zeche geförderte Kohle in Dampf um und verkaufte diesen Dampf ans RWE. Mit diesem Schritt legte Stinnes das Kohlensyndikat aufs Kreuz. Denn so sparte RWE die Kohleumlage und konnte seinen Strom wesentlich billiger produzieren als andere Gesellschaften. Im ersten Aufsichtsrat saß der Essener Bürgermeister Erich Zweigert, obwohl die Stadt, ebenso wie der ideenreiche Jungunternehmer Stinnes, zunächst keine Aktien des RWE besaß. Vom Gründungskapital in Höhe von 2,5 Millionen Mark, aufgeteilt in 2.500 Inhaberaktien, hielt die Electricitäts-Actien-Gesellschaft, vorm. Lahmeyer & Co., 2.155 Stück bzw. 86%. Die restlichen Aktien besaßen vier Einzelaktionäre sowie vier Offene Handelsgesellschaften.

Hugo Stinnes und die Lahmeyer-Gesellschaft

Die Lahmeyer-Gesellschaft war um die Jahrhundertwende ein führendes Unternehmen der Kraftwerks- und Elektrobranche. Im Dezember 1897 hatte Lahmeyer mit der Stadt Essen einen Wegenutzungsvertrag zur Elektrizitätsversorgung abgeschlossen. Die Laufzeit des Vertrages betrug 40 Jahre. Er beinhaltete neben dem Vorzugsrecht zur Benutzung öffentlicher Wege für elektrische Leitungen die Festlegung von Tarifen, eine Konzessionsabgabe und eine Option, die Stromversorgung an die angrenzenden Gemeinden auszudehnen. Bei der Gründung übernahm RWE den Konzessionsvertrag der Lahmeyer-Gesellschaft mit der Stadt Essen. Im Gegenzug erhielt Lahmeyer vom RWE den Auftrag, die Stammzentrale und das Leitungsnetz in Essen zu bauen. Dieses erste Kraftwerk bestand aus zwei Maschinen mit einer Leistung von 0,5 bzw. 1 MW. Am 1. April 1900 konnte die Stromversorgung aufgenommen werden. Im Juni 1900 verpachtete RWE die Stammzentrale für fünf Jahre an Lahmeyer und erhielt dafür eine Dividende von 6% garantiert.

Den nächsten Coup landete Stinnes im Jahre 1902 gemeinsam mit seinem Freund August Thyssen, als Lahmeyer in den Strudel der Elektrokrise geriet. Um die Jahrhundertwende boomte der Strommarkt. Wegen der starken Nachfrage nach Stromanschlüssen mußte der Maschinenpark rasch erweitert werden. Trotz Bankkrediten und Aufstockung des Aktienkapitals auf 4 Millionen Mark hatte Lahmeyer Liquiditätsprobleme. Die Mutter konnte das schnelle Wachstum der Stromtochter RWE nicht mehr finanzieren.

Im März 1902 verkaufte Lahmeyer seine RWE-Aktien zum Kurs von 118% an das Konsortium Hugo Stinnes/August Thyssen. Stinnes übernahm den Vorsitz im Aufsichtsrat, Thyssen wurde sein Stellvertreter. Der dynamische Unternehmer Stinnes war auf die Expansion des RWE bedacht: Zuerst sollte die nähere und dann die weitere Umgebung der Stadt Essen mit RWE-Strom versorgt werden. Im Geschäftsbericht von 1902/03 ist diese Idee nachzulesen:

> *»Wir betrachten es im Gegensatz zu den meisten Kommunalbetrieben nicht als unsere Aufgabe, unter Ausnutzung unserer Monopolstellung in einzelnen Gemeinden bei geringem Stromabsatz große Gewinne zu machen, sondern wir gedenken dadurch unsere Aufgabe für uns und die Allgemeinheit zu erfüllen, daß wir den Konsumenten, insbesondere der Eisenbahnverwaltung und der Industrie, zu denkbar billigsten Preisen größtmögliche Strommengen zu Verfügung stellen. Infolge rationeller Ausnutzung unserer Kraftstationen und des Kabelnetzes werden wir dann auf die Dauer bei ermäßigten Selbstkosten unsere Rechnung finden.«*

Ganz in diesem Sinne etablierte sich RWE als Preisbrecher. Die Lichtstromtarife wurden von 60 auf 40 Pfennig pro kWh gesenkt, und Neukunden erhielten für die Dauer von drei Jahren 20% Rabatt. Der Stromabsatz und die Zahl der Anschlüsse stiegen rapide. Die Leistung der Essener Stammzentrale wurde 1902 auf 3 MW verdoppelt, und 1904 wurde die erste 5-MW-Turbine geordert. Um das

finanzieren zu können, mußte das Aktienkapital 1905 auf 10 Millionen Mark erhöht werden.
Der erste Schritt in Richtung Verbundwirtschaft erfolgte bereits 1903, als RWE mit Zechen und Hüttenwerken Gegenseitigkeitsverträge abschloß. Die zecheneigenen Stromzentralen erhielten tagsüber vom RWE zusätzlichen Strom; abends lieferten sie zum Ausgleich der Lichtspitze Strom ans RWE. So gewann RWE große industrielle Stromkunden und vermied den Bau von teuren Spitzenlastkraftwerken.

Die kommunale Bank

Ab 1905 beteiligte Stinnes die Kommunen am Aktienkapital. Das war die Gegenleistung dafür, daß diese ihr Gebiet mit RWE-Strom versorgen ließen. Die kommunalen Aktionäre Essen, Gelsenkirchen und Mülheim a.d. Ruhr waren im Aufsichtsrat durch ihre Oberbürgermeister vertreten. RWE machte die öffentlichen Körperschaften mittels Verkauf von Aktien, Ausgabe von Obligationen, Kreditbürgschaften und Krediten zu seinen Bankiers. Wegen der Verteilung des Aktienkapitals auf öffentliche und private Aktionäre wird RWE als »gemischtwirtschaftliches Unternehmen« bezeichnet. Die Banken dagegen blieben bis 1929 weitgehend ohne Einfluß auf RWE.
Bei seinen Expansionsbestrebungen stieß RWE schon vor dem Ersten Weltkrieg auf Widerstand. In Westfalen hatte sich unter Führung der AEG eine Koalition aus Kommunen und Zechenzentralen gebildet. Die AEG trat gegen RWE an, weil sie ihre Absatzgebiete verteidigte, schließlich ging es um Kraftwerksneubauten. Das RWE-Lockangebot an die Kommunen, niedrigste Strompreise, hohe Konzessionsabgaben und Stimmenmajorität von Staat und Gemeinden am RWE-Aktienkapital, verfing nicht. Am 10. März 1908 wurde zwischen RWE, der Stadt Dortmund und dem Elektrizitätswerk Westfalen (heute: VEW) ein Demarkationsvertrag geschlossen. Der erste »Elektrofrieden« legte die Grenzen des RWE-Versorgungsgebietes von Dorsten an der Lippe, östlich von Gelsenkirchen bis nach Barmen fest.

Vom Essener Stadtwerk zur Überlandzentrale

Dennoch wuchs RWE unaufhaltsam. RWE eroberte jetzt das Rheinland. Nach den Gemeinden Osterfeld, Sterkrade, Hiesfeld kamen der Landkreis Düsseldorf und die Städte Krefeld, Remscheid, Solingen in das Versorgungsgebiet. Es folgten die Kreise Moers, Kempen, Geldern, Kleve, Rees, Rheinbach und Euskirchen. Durch den Kauf der Süddeutschen Eisenbahngesellschaft AG (SEG) erfolgte der Einstieg in das Straßenbahngeschäft, von dem sich RWE einen großen Stromabsatz erhoffte. In Paderborn gründete RWE die Paderborner Elektrizitätswerk- und Straßenbahn-AG. Zu Beginn des Jahres 1911 reichte das Stromimperium bis nach Westfalen, Hessen, Thüringen und Baden.

Ab 1909 wurde bei den Strombezugsverträgen zwischen A- und B-Gemeinden unterschieden. Eine A-Gemeinde durfte das Niederspannungsnetz mit der Kleinverteilung selbst betreiben. In der B-Gemeinde übernahm RWE die gesamte Verteilung.

Im Jahr 1912 wurde RWE anläßlich des Baus einer Gasfernleitung das öffentliche Enteignungsrecht verliehen, nutzte es aber in der Folgezeit vorrangig beim Bau von Stromfernleitungen.

Der Erste Weltkrieg verhalf RWE zu einer explosionsartigen Steigerung des Stromverkaufs. Gleichzeitig wurde zur Stromerzeugung auf Braunkohlenbasis in großem Stil übergegangen. Nach Kriegsende betrug die Stromerzeugung das Zweieinhalbfache des letzten Friedensjahres.

Im Dezember 1919 verabschiedete der Reichstag das »Gesetz betr. die Sozialisierung der Elektrizitätswirtschaft«. Ziel des Gesetzes war ein Reichsmonopol für den Stromsektor. Die Einzelheiten sollten in Ausführungsgesetzen geregelt werden. Ab 1919/20 besaß die öffentliche Hand die Aktienmehrheit beim RWE. Hugo Stinnes argumentierte mit diesem Umstand gegen das Sozialisierungsgesetz: Das RWE sei durch seine kommunalen Beteiligungen bereits sozialisiert. Die neue Reichsregierung machte mit der Ernennung des Geschäftsführers des Verbandes der Elektroindustrie zum Reichswirtschaftsminister den Bock zum Gärtner. In der Folgezeit unterblieb natürlich der Erlaß der Ausführungsbestimmungen und somit der Vollzug des Gesetzes. Die zuständigen Ministerien verzichteten schließlich sogar auf eine staatliche Regulierung.[2]

RWE wird ein vertikaler Stromkonzern

Unter dem Mäntelchen der Gemeinnützigkeit schritt die Expansion des Unternehmens zügig voran. Hugo Stinnes kämpfte um die Verbreiterung der Energiebasis des RWE. Es ging um die linksrheinische Braunkohle. Der Großindustrielle Stinnes ritt im Oktober 1920 in der Sitzung des Reichswirtschaftsrates eine Attacke gegen die »rein privatwirtschaftliche Politik« des Braunkohlenbergbaus. Am 4. November 1920 wurde zwischen RWE und der Roddergrube ein Interessengemeinschaftsvertrag abgeschlossen. Den Inhabern der Roddergrube wurden zwei RWE-Aktien für eine Roddergrube-Aktie geboten. Als die Braunkohlen- und Brikettwerke Roddergrube AG in seinem Besitz war, stellte RWE die Stromerzeugung nahezu vollständig auf Braunkohle um.

Im April 1922 wurde das Aktienkapital von 150 auf 550 Millionen Mark erhöht. Die Kommunen erhielten für 245 Millionen Mark Namensaktien und erlangten erstmals sowohl die Aktien- als auch die Stimmenmajorität. Während der Ruhrbesetzung erwarb RWE Aktien der Elektrobank in Zürich, dem Hauptaktionär der Lahmeyer-Gesellschaft. Verbunden mit einer Kapitalerhöhung erhielt RWE die Aktienmehrheit bei Lahmeyer und sicherte sich so den Einfluß auf die Lahmeyer-Töchter Main Kraftwerke, Lechwerke und Kraftwerke Altwürttemberg. Die Expansion vom Main bis zum Lech konnte losgehen.

1924 starb Hugo Stinnes im Alter von 54 Jahren. Nach seinem Tod folgte Albrecht Vögler, der Vorstandsvorsitzende der Vereinigten Stahlwerke, als Aufsichtsratsvorsitzender. Im RWE-Vorstand beerbte Arthur Koepchen, »der geniale Nachfolger des 1917 verstorbenen Direktors Goldenberg«[3], Stinnes in der Führung der RWE-Geschäfte.

Um den Stromabsatz zu sichern, entwickelte RWE – in Konkurrenz zu diversen städtischen Elektrizitätswerken – ein Modell, das die Landräte in doppelter Hinsicht bestach: RWE lieferte den Strom und verteilte ihn, die Kommunen kauften RWE-Aktien, die Landräte kamen dafür in den RWE-Verwaltungsrat und erhielten aus der Konzessionsabgabe ein Auto für ihre Dienstreisen im Zusammenhang mit der Stromversorgung. Die Kommunen verloren im Zuge der Inflation – 1924 – ihre Aktienmehrheit, erhielten jedoch für einen Teil ihrer Aktien ein 20faches Mehrfachstimmrecht und wahrten so die Stimmenmehrheit beim RWE. 1929 schlossen sich die vom RWE mit Strom versorgten Kommunen zur »Kommunalen Aufnahmegruppe des RWE« zusammen, um den kommunalen Einfluß beim RWE im Interesse der Öffentlichkeit zu sichern.

In der zweiten Hälfte der 20er Jahre tobte in der öffentlichen Elektrizitätsversorgung der »Reichselektrokrieg«. RWE, die reichseigenen Elektrowerke und die in preußischem Staatsbesitz befindlichen EVU nutzten die Inflation und die darauffolgende Konjunktur zur Expansion. Im Jahr 1927 wurde ein zweiter Elektrofriede geschlossen. Diesmal legten RWE und die Preußischen Elektrowerke AG (heute: PreussenElektra) eine Demarkationslinie von der Nordseeküste entlang der Weser bis zum Main bei Frankfurt fest. RWE übergab seine Beteiligung an den Braunschweigischen Kohlenbergwerken je zur Hälfte an die PreußenElektra und den preußischen Staat. Im Gegenzug erhielt RWE von Preußen die Braunkohlen Industrie Zukunft. Dazu gehörten zwei Kraftwerke und die Kreise Aachen, Düren, Jülich, Schleiden, Monschau, Adenau, Prüm, Daun, Geilenkirchen und Heinsberg.

1928 wurde unter der Führung von RWE, Preußenelektra, Bayernwerk und Elektrowerken zum Zwecke der Demarkation und der gemeinsamen Ausbauplanung die »AG für Deutsche Elektrizitätswirtschaft« – die Vorgängerin der Deutschen Verbundgesellschaft – gegründet.

Die Verbundwirtschaft im großen Stil wurde durch eine 800 km lange Hochspannungsleitung vom Hauptumspannwerk Brauweiler (bei Köln) über Koblenz, Frankfurt, Stuttgart bis nach Vorarlberg realisiert. Diese Südleitung ging im April 1930 in Betrieb. Tagsüber lieferten die Wasserkraftwerke des Südens Strom an die Industriegebiete des Nordens. Nachts wurde mit Kohlestrom aus dem Norden Wasser in die Speicher der Wasserkraftwerke gepumpt. Entlang der Südleitung erschloß sich RWE neue Absatzgebiete.

Keinem Geringeren als Friedrich Flick verdankt RWE sein Braunkohlenmonopol. Zur Jahreswende 1932/33 verschaffte er dem RWE über ein Tauschgeschäft die Aktienmehrheit der Rheinischen AG für Braunkohlenbergbau und Brikettfabrikation (Rheinbraun).[4]

Das 3. Reich und das Energiewirtschaftsgesetz

Ab 1933 verzeichnete die Stromwirtschaft einen schnellen Aufschwung. Die Weltwirtschaftskrise war überwunden, und in der Industrie wurde durch das Ankurbeln der Rüstungswirtschaft und eine staatliche Arbeitsförderung ständig mehr Energie benötigt. Auch der Stromabsatz stieg rapide an. Die Haushalte verbrauchten, bei staatlich verordneten Tarifsenkungen, immer mehr Strom.

Nach der nationalsozialistischen Machtergreifung wurde um die Neuordnung der Elektrizitätswirtschaft gestritten. RWE beteiligte sich aktiv an dieser Debatte. Noch 1933 erschien eine von Arthur Koepchen verfaßte Schrift[5], in der es heißt:

> *»Aufgabe der deutschen Elektrizitätswirtschaft muß es sein, elektrischen Strom sicher und billig der Bevölkerung und der Gesamtwirtschaft zuzuführen. Soll dieses Ziel erreicht werden, dann ist es zunächst geboten, die in Deutschland zur Verfügung stehenden Energievorräte für die Stromversorgung des Landes in wirtschaftlich richtiger Weise zu nutzen.«*

Die Nationalsozialisten verfolgten das Ziel, die Stromwirtschaft »wehrhaft« zu machen, d.h., die Rüstungsproduktion sollte vor kriegsbedingten Stromunterbrechungen weitgehend geschützt werden. Schon damals ging es um die Alternative kleine dezentrale oder große zentrale Kraftwerke. Die Verbundwirtschaft mit ihren Großkraftwerken obsiegte. Mit dem »Gesetz zur Förderung der Energiewirtschaft« (Energiewirtschaftsgesetz) vom 13. Dezember 1935 wurde das Stromversorgungsmonopol in Deutschland rechtlich verankert.
In der Präambel des Energiewirtschaftsgesetzes werden u.a. die Prinzipien der Verbundwirtschaft festgeschrieben. Mit dem Gesetz sollen »volkswirtschaftlich schädliche Wirkungen des Wettbewerbs verhindert werden«. Die »Energieversorgung (soll) so sicher und billig wie möglich« erfolgen. Der Staat erhielt Kontrollfunktionen wie die Investitions- und Preisaufsicht. Der für die Kontrollen zuständige Reichswirtschaftsminister übertrug diese Funktionen der Reichsgruppe Energiewirtschaft, die aus Vertretern der Stromwirtschaft bestand.
Im Jahr 1938 arbeiteten für RWE 250 Kraftwerke und 400 kleine Wasserkraftwerke im Verbundbetrieb. Der Stromabsatz stieg rasch – von rund 3 TWh (1932/33) bis auf rund 10 TWh (1943/44). RWE legte dabei das Schwergewicht auf Großkraftwerke. Im Zweiten Weltkrieg wurde der Stromaustausch über das 220 kV-Leitungsnetz mit Österreich und der Schweiz verstärkt und auch mit den Niederlanden und Teilen von Belgien und Frankreich in die Wege geleitet. Die Stromversorgung funktionierte bis Ende Oktober 1944, dann mußten einige Großkraftwerke wegen Bombenschäden stillgelegt werden.

Die »Entflechtung« nach dem 2. Weltkrieg

Nach Kriegsende lag der Stromabsatz darnieder, erholte sich aber sehr schnell. Im Geschäftsjahr 1945/46 verkaufte RWE bereits wieder 4 TWh. Dennoch war dieses Geschäftsjahr das erste und bislang einzige, das RWE mit einem Bilanzverlust abschloß.[6] Ab Juli 1945 waren die Verbundleitungen wieder voll einsatzbereit. Die Stromlieferungen nach Belgien und den Niederlanden wurden im Oktober 1945, die nach Frankreich im März 1946 wiederaufgenommen. Ab Sommer 1946 funktionierte auch der Stromaustausch mit der Schweiz wieder.
Die Struktur der Stromwirtschaft konsolidierte sich ebenfalls. RWE dominierte die Stromversorgung in den drei Westzonen noch stärker als zuvor, während Preußenelektra und Elektrowerke – die östlichen Konkurrenten – Gebietsverluste hinnehmen mußten. 1947 wurde die »Kommunale Aufnahmegruppe des RWE« in den »Verband der kommunalen Aktionäre des RWE GmbH« umgewandelt.
Bei der Entflechtung der deutschen Wirtschaft durch die alliierten Besatzungsmächte kam RWE ausgesprochen glimpflich davon. Dem sogenannten Parker-Gutachten vom April 1949 zufolge stellten die Energieversorgungsunternehmen (EVU) bei entsprechender staatlicher Kontrolle keine nach den Dekartellisierungsbestimmungen verbotene Zusammenballung wirtschaftlicher Macht dar. RWE als größtes EVU trennte sich – dem Rat seiner amerikanischen Anwälte folgend – lediglich vom Brikettverkauf im Rheinland.

Die Gründung der Deutschen Verbundgesellschaft, die Wirtschaftswunderjahre und die Entwicklung zum Multi

Noch vor Gründung der Bundesrepublik wurde im November 1948 auf Betreiben des RWE-Vorstandsmitgliedes Heinrich Schöller die Deutsche Verbundgesellschaft (DVG) gegründet. In der DVG planen und betreiben die Verbundgesellschaften das gemeinsame 380-kV-Höchstspannungsnetz. Durch die zentral gesteuerte, aber föderalistisch aufgebaute Verbundwirtschaft konnte abermals die drohende Sozialisierung der Stromwirtschaft in Deutschland verhindert werden.
Der Stromabsatz explodierte ab Anfang der 50er Jahre geradezu. Das »deutsche Wirtschaftswunder« kurbelte nicht nur den Stromverkauf an die Industrie an. Auch die Haushalte schafften sich mehr und mehr Elektrogeräte an. RWE konnte die nutzbare Stromabgabe von 1950 bis Anfang der 80er Jahre fast verzehnfachen.

Im Dezember 1959 entstand durch die Umwandlung verschiedener Braunkohlebeteiligungen als RWE-Tochterunternehmen die »Rheinische Braunkohlenwerke AG« (Rheinbraun). Nun kontrollierte RWE über 80% der (west-)deutschen Braunkohle.

Zur Atomenergie nahm RWE eine zwiespältige Haltung ein. Einerseits verfügte das Unternehmen über eine große, preisgünstige Braunkohlenbasis, andererseits wollte das führende EVU bei neuen Technologien nicht den Anschluß verlieren. Mit dem Import eines amerikanischen Leichtwasserreaktors brüskierte RWE die Deutsche Atomkommission, die zu dieser Zeit den Aufbau einer nationalen Atomindustrie auf der Basis von Schwerwasserreaktoren verfolgte. Schon das zweite Atomprogramm setzte dann auf den von RWE favorisierten Schnellen Brüter.

Ende der 60er Jahre wollte RWE seine Rohstoffbasis langfristig erweitern und kaufte sich 1969 bei Gelsenberg ein. Kurz vor der ersten Ölpreiskrise wurde das Aktienpaket mit Gewinn an die VEBA abgegeben. 1975 ging als damals größtes Atomkraftwerk der Welt Biblis A in Betrieb, mit dem RWE der Kraftwerkunion (KWU) zum technologischen Durchbruch verhalf.

Ende der 80er Jahre wandelte sich das RWE von einem Stromkonzern zu einem »Gemischtwarenladen«. Die Neuordnung der Aktivitäten begann mit dem Kauf der Deutschen Texaco (heute DEA). Dann erfolgte der Einstieg in das zukunftsträchtige Müll- und Entsorgungsgeschäft. Eine Glanztat auf diesem Sektor war die Rettung des Dualen Systems vor dem drohenden Bankrott. Schließlich darf die Landnahme in den neuen Bundesländern nicht unerwähnt bleiben. RWE sicherte sich die ergiebigsten Braunkohlevorkommen in Ostdeutschland und eine tonangebende Stellung auf der Verbundebene. Als weiteres Geschäftsfeld kam die Telekommunikation hinzu.

Die Kapitalseite bei RWE – kommunale Aktionäre und das »Allianzkapital«

Kapital war für diesen Wachstumskurs stets ausreichend vorhanden. Nach der letzten Kapitalerhöhung im Geschäftsjahr 1994/95 beträgt das Grundkapital der AG 2,685 Mrd. DM. Dieses Grundkapital, das auf 210.800 Aktionäre entfällt, schlüsselt sich auf in Namensaktien mit 20fachem Stimmrecht, in Stammaktien und in Vorzugsaktien ohne Stimmrecht. Kommunen und Kommunalverbände sind am Grundkapital zwar nur mit knapp 30% beteiligt, haben aber aufgrund des Mehrfachstimmrechts in der Aktionärsversammlung einen Stimmrechtsanteil von mehr als 60%.

Abb. 1: Die Eigentümer des RWE

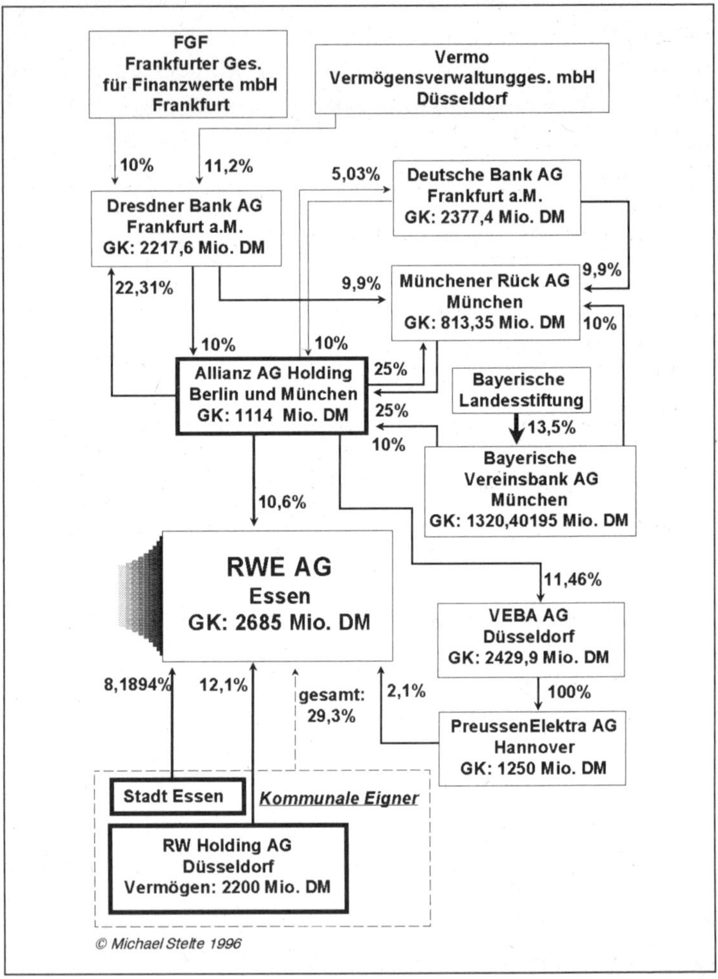

Daneben halten Banken, Versicherungen und Vermögensverwaltungen ebenfalls etwa 30% der Aktien.[7] Darunter befinden sich die großen Privatbanken der Bundesrepublik – Deutsche Bank, Dresdner Bank, Commerzbank –, und mit der Allianz AG der bekannteste Versicherungskonzern. Weitere 11,1% des Grundkapitals wurden von Investmentgesellschaften angelegt. Die Belegschaft des RWE ist mit 3,2% am Grundkapital beteiligt. Seitdem der RWE-Konzern 1989 nach dem Modell der Schweizerischen Kreditanstalt neugeordnet wurde, hat sich der Anteil ausländischer Aktionäre stark erhöht. Im Jahr 1993 waren nur noch 83,7% des Grundkapitals in deutschen Händen. Der Auslandsbesitz von 16,3% schlüsselt sich wie folgt auf: Großbritannien 4,5%, USA 3,1%, Schweiz 2,1% und Spanien 2%. Der Rest von 4,6% verteilt sich auf Europa, Nord- und Südamerika sowie Asien.

Abb. 2: Struktur des Aktienbesitzes der RWE AG (1993)

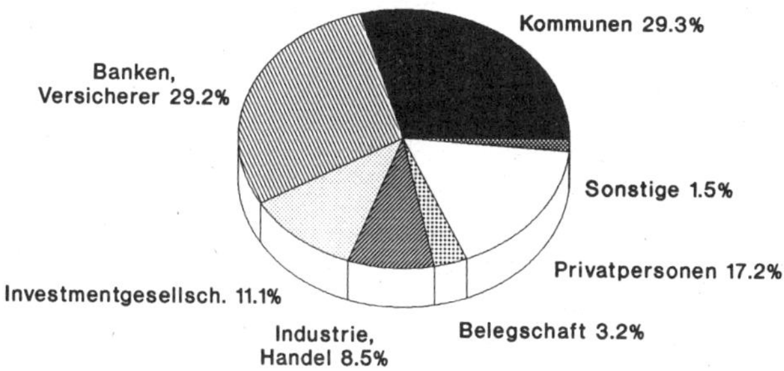

Quelle: RWE Aktionärsstruktur 1993

Der Hauptaktionär des RWE ist der »Verband der kommunalen Aktionäre des RWE, GmbH« (VkA), mehr als 60 Städte, Kreise und Verbände sind Gesellschafter. Dieses »kommunalpolitische Netzwerk« des RWE hat auch für die Energie- und Umweltpolitik besondere Konsequenzen: RWE schließt mit den Gemeinden langfristige Stromversorgungsverträge. Die Gemeinden stellen als Konzessionsgeber dem RWE ihr Gebiet für die Stromerzeugung zur Verfügung. Dafür erhalten sie eine Konzessionsabgabe und verzichten auf die eigene Stromproduktion. Das ökonomische Interesse der Gemeinden am Wohlergehen des RWE ist nicht nur in Zeiten knapper Kassen deutlich. Die Dividende aus dem kommunalen Aktienbesitz, die Konzessionsabgabe und u. U. die Einnahmen durch Gewerbe- und Einkommensteuern leisten »einen wesentlichen Beitrag zur Finanzierung kommunaler Aufgaben«.[8] Das Verhältnis zwischen den kommunalen und den privaten RWE-Aktionären ist mehr als getrübt. Seit Jahren versucht die Deutsche Schutzgemeinschaft für Wertpapierbesitz (DSW) das Mehrfachstimmrecht der Kommunen zu Fall zu bringen. Entsprechende Anträge auf der RWE-Hauptversammlung scheiterten jedoch stets an der Stimmenmehrheit der Kommunen.

Neben den öffentlichen Eignern sind vor allem die großen Privatbanken in der Geschäftspolitik der Stromwirtschaft bestimmend. Während die öffentlichen Beteiligungen vornehmlich die Unternehmenspolitik nach außen vermitteln helfen, sind die Banken für den wirtschaftlichen Kurs verantwortlich.[9] Die großen Privatbanken – Deutsche Bank, Dresdner Bank und Commerzbank – sind demzufolge auch die Hausbanken des RWE. In der bundesdeutschen Elektrizitätswirtschaft war bislang eine Fremdfinanzierung der Investitionen über die Banken weitgehend risikofrei, da zum einen der Absatz des zu verkaufenden Produkts – des Stroms – relativ gesichert ist und zum anderen hierzulande alle entstehenden Kosten – d. h. auch Fehlplanungen, Überkapazitäten, überteuerte Investitionen und Stromabsatzwerbung – auf die Verbraucher (= Stromkunden) abgewälzt werden können. Das eingesetzte Kapital verzinst sich praktisch von selbst, und die Tilgung von Krediten ist durch das Strompreissystem garantiert. Zudem werden die Kredite vor allem über Bürgschaften der Bundesländer oder von öffentlich-rechtlichen Spezialinstituten sowie über Grundschulden auf den Besitz der EVU abgesichert.

Für die Stellung der Banken sind auch die Kleinaktionäre wichtig. Über das Depotstimmrecht für die von den Kleinaktionären bei ihrer Bank hinterlegten Aktien können die Banken einen Konzern beherrschen, ohne selbst dessen Aktien zu besitzen.

Das RWE ist das einzige Energieversorgungsunternehmen, in dem eine Großbank den Vorsitz im Aufsichtsrat hat. Und das bereits seit 1957, als der Chef der Deutschen Bank, Hermann Josef Abs, den RWE-Aufsichtsratsvorsitz übernahm. Mit den kommunalen Aktionären arrangierte Abs ein Abkommen, wonach jeweils ein Vertreter von SPD- bzw. CDU-regierten Kommunen in den RWE-Vorstand kommt. Diese Proporzregelung hat noch heute Bestand.

Am 24. Februar 1977 gab Abs den Aufsichtsratsvorsitz an Jürgen Ponto vom Vorstand der Dresdner Bank ab, blieb aber bis zu seinem Tode im Februar 1994 Ehrenvorsitzender des Aufsichtsrates. Nach der Ermordung Pontos im Herbst 1977 übernahm den Vorsitz wieder die Deutsche Bank in Person von Dr. F. Wilhelm Christians. Dieser hatte den Posten vom 17. Oktober 1977 bis zum 10. Dezember 1992 inne. Seitdem amtiert Dr. Wolfgang Röller von der Dresdner Bank.

Während der Wechsel von der Deutschen zur Dresdner Bank in den 70er Jahren noch durch deren riskikofreudiges Engagement bei der Finanzierung der RWE-Atomkraftwerke zu erklären war, erschließt sich die finanzielle Machtlage beim RWE in den 90er Jahren über den Verflechtungskomplex der Allianz AG Holding. Mit 10,6% der Aktien ist die Allianz AG Holding nach den kommunalen Aktionären der zweite RWE-Großaktionär. Dresdner Bank und Deutsche Bank halten jeweils eine Steuerschachtel von 10% an der Allianz und jeweils 9,9% an der mit der Allianz kreuzverflochtenen Münchener Rück AG. Bei der Dresdner Bank ist die Allianz mit 22,3% stärker engagiert als bei der Deutschen Bank (5%). Die Allianz Versicherung verwaltete 1994 ein Finanzvolumen von 212 Mrd. DM. Nach eigenen Angaben schlägt die Allianz pro Arbeitstag mindestens 100 Mio. DM auf dem Aktienmarkt um, je nach Börsenverfassung auch ein Vielfaches. Der Anteilsbesitz in Beteiligungen wurde für Mitte 1993 mit 22 Mrd. DM beziffert.[10] RWE ist dabei eine der wichtigen Geldanlagen des Allianzkapitals.

Allerdings haben die kommunalen Aktionäre seit 1992 Rückenwind. In der RW Holding haben sich eine Reihe kommunaler Aktionäre, darunter die Stadt Essen sowie Finanzinvestoren aus dem Bereich der Landesbanken (West LB, LB Rheinland-Pfalz) und Sparkassen zusammengeschlossen. Die RW Holding hält derzeit einen Anteil von 12,1% bzw. 8,2% am stimmberechtigten Kapital. Mit einem Gesamtvermögen von mehr als 2,2 Mrd. DM ist sie die größte reine Finanzholding in Deutschland. Sie wurde im Dezember 1992 gegründet. Mit Blick auf die 1993 erfolgte RWE-Kapitalerhöhung bieten sich als Investoren vor allem jene

Kommunen an, die sich nicht selbst an Kapitalerhöhungen beteiligen können oder wollen. Durch diese Aktionärsholding soll die Mehrheitsposition der Kommunen bei RWE gesichert werden.

VOM URAN BIS ZUM WIND

WIE KOMMT DER RWE-STROM IN DIE STECKDOSE?

RWE ist heute das mit Abstand größte Elektrizitätsversorgungsunternehmen in Deutschland. Diese einzigartige Stellung verdankt es vor allem der Anfang der 20er Jahre festgeschriebenen Gemischtwirtschaftlichkeit, der genialen Idee der Verbundwirtschaft sowie der Braunkohle.

Getreu dem Motto »Der Segen des Herrn macht reich ohne Mühe« (Sprüche Salomos, Kap. 10, Vers 22)[1], trat RWE stets mit der stillen Zurückhaltung der Grauen Eminenz auf. Denn im Hause RWE ist es Tradition, daß man so unsichtbar sein möchte wie das Produkt, von dem man lebt.

Die eingesetzten Brennstoffe

Über Konzernbeteiligungsgesellschaften hat sich RWE den Zugriff auf alle Primärenergieträger gesichert. Ursprünglich wurden nur Steinkohle, Braunkohle und Wasserkraft verstromt. Die mit Abstand bedeutendste Energiequelle des RWE ist nach wie vor die Braunkohle. Es folgen Atomenergie und Steinkohle. Außerdem setzt RWE Erdgas, Gichtgas, Öl, Müll und Wind sowie Wasser für die Stromerzeugung ein (vgl. Abbildung 3). Natürlich betreibt RWE auch Europas größte Solarstromanlage.

Im Bereich Braunkohle verfügt der RWE-Konzern über die 100%-Tochter Rheinbraun AG und damit über das wichtigste Unternehmen auf diesem Gebiet in der Bundesrepublik. Mit Vorräten von mehr als 55 Mrd. Tonnen liegen im Städtedreieck Köln-Aachen-Düsseldorf die größten zusammenhängenden Braunkohlevorkommen Europas. Davon werden etwa 33 Mrd. Tonnen als wirtschaftlich gewinnbar angesehen.[2] Die verbleibende Lebensdauer des rheinischen Braunkohlenbergbaus wird – bei ungehindertem Fortgang der Abbauvorhaben – auf 250 bis 300 Jahre veranschlagt.

Im Jahre 1981 wurde mit 130,6 Mio. Tonnen Braunkohle die höchste Förderung in der Bundesrepublik erreicht, davon allein 119,5 Mio. Tonnen im rheinischen

Abb. 3: Stromaufkommen des RWE nach Primärenergieträgern

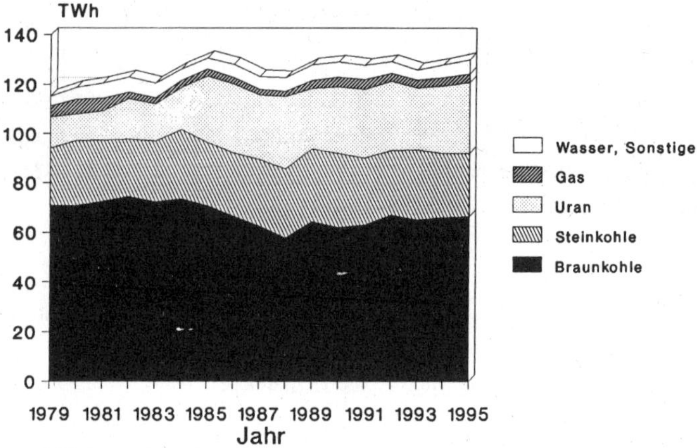

Quelle: RWE Geschäftsberichte

Revier. Seit dem Geschäftsjahr 1984 nahm die Förderung kontinuierlich ab. Im Geschäftsjahr 1988 erreichte Rheinbraun mit weniger als 100 Mio. Tonnen Braunkohle einen vorläufigen Tiefpunkt. Dabei war die Abnahme der Fördermenge in erster Linie auf den geringeren Einsatz in der Stromerzeugung zurückzuführen. Wurden im Geschäftsjahr 1983 noch 100 Mio. Tonnen Braunkohle verstromt, so waren es 1987 nur noch 86,8 Mio. Tonnen. Nach Abschluß der Nachrüstung der Braunkohlekraftwerke mit Rauchgasreinigungsanlagen nahm der Einsatz in Kraftwerken wieder leicht zu. Im Geschäftsjahr 1994/95 wurden 100,7 Mio. Tonnen Rohbraunkohle gefördert, davon gingen 86,3 Mio. Tonnen an die RWE Energie AG.[3]

Im rheinischen Revier wird in den Tagebauen Hambach, Garzweiler, Inden und Bergheim gefördert, wobei der Tagebau Bergheim etwa zur Jahrtausendwende ausgekohlt sein wird. Die Diskussionen um Klimaveränderungen durch das Verbrennen fossiler Energieträger hat auch die Braunkohle in ein schlechtes

Abb. 4: Aktivitäten des RWE im Kohlebergbau

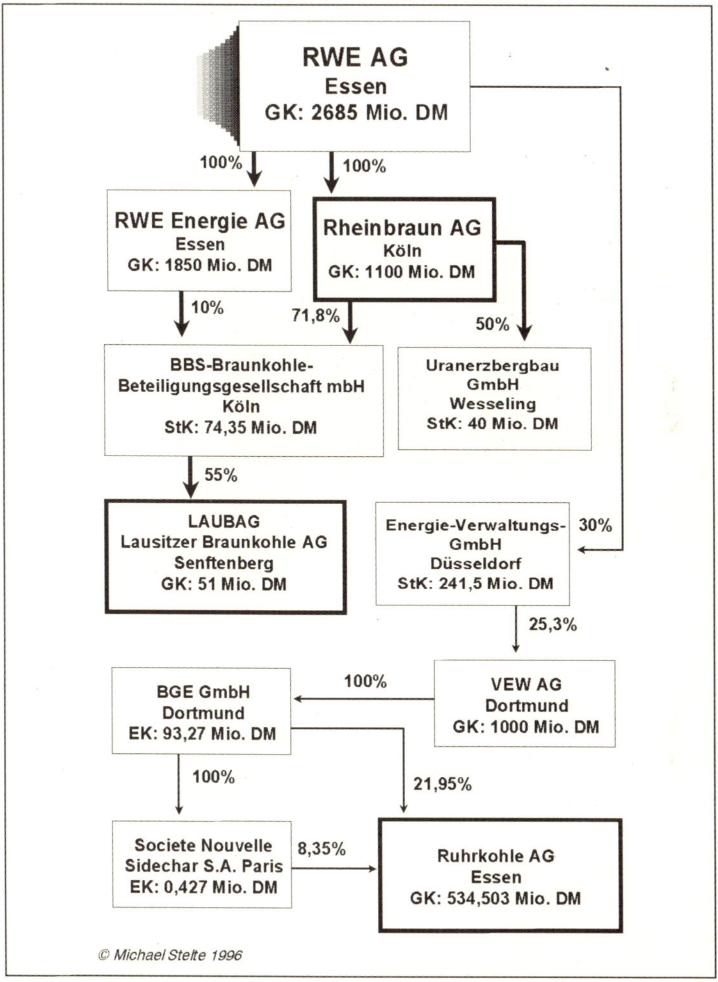

Licht gerückt. Forderungen nach einer Energiesteuer mit einer CO_2-Komponente sind bei RWE nicht gern gesehen und entziehen nach Ansicht des RWE-Vorstandsvorsitzenden Dietmar Kuhnt »der Braunkohle die Wettbewerbsfähigkeit«[4].

In Ostdeutschland hat RWE über die Rheinbraun AG bei der Lausitzer Braunkohle AG (LAUBAG) das Sagen. Die LAUBAG förderte 1995 in fünf Tagebauen 55,3 Mio. Tonnen Rohbraunkohle, die fast vollständig verstromt wird. Auch in der Lausitz könnte noch 200 Jahre lang Braunkohle gefördert werden.
Steinkohle war der erste Primärenergieträger, den das RWE verstromt hat; ihr Anteil lag noch 1979 bei 30% und ging bis 1985 auf unter 20% zurück. In den letzten Geschäftsjahren ist der Anteil wieder leicht gestiegen, weil bei rückläufigem Stromabsatz die Abnahmeverpflichtungen aus dem »Jahrhundertvertrag«[5] erfüllt werden mußten. Die Abnahmeverpflichtung des RWE aus dem Vertrag umfaßte bis 1995 die Verstromung von insgesamt rund 132 Mio. Tonnen SKE Steinkohle.
Das Uran für die Atomkraftwerke des RWE wird über Tochterunternehmen von Rheinbraun in Australien und Nordamerika gefördert. Die Entwicklung des RWE zum deutschen »Atomriesen« schildert ausführlich Kapitel 3.
Spätestens seit 1988, als RWE mit dem Kauf der Deutschen Texaco das Konzerngeschäft mit Mineralöl und Erdgas im großen Stil neu startete, können die entsprechenden Kraftwerke über konzerneigene Lieferanten verfügen. Die Aktivitäten auf diesem Gebiet werden in Kapitel 4 detailliert behandelt.

Der Kraftwerkspark

Ende des Geschäftsjahres 1994/95 verfügte RWE über einen Kraftwerkspark von insgesamt 26.061 MW Kraftwerks- und Bezugsleistung. Gegenüber dem Stand von 1986 – wo RWE mit über 28.000 MW Kraftwerks- und Bezugsleistung einen Spitzenwert hatte – entspricht dies einem Kapazitätsabbau von rund 2.000 MW. 82% der Leistung entfallen auf RWE-eigene und Beteiligungskraftwerke, 18% basieren auf Bezugsverträgen.
Die Höchstlast trat mit 21.143 MW am 9. Januar 1995 auf, so daß RWE eine Gesamtreserve von fast 5.000 MW verblieb. Damit hat sich die Reserve gegenüber den 80er Jahren leicht verringert. Dennoch verfügt RWE über ein sicheres Polster bei der Kraftwerksleistung.
Im Grundlastbereich erzeugt RWE Strom in Braunkohle-, Laufwasser- und Atomkraftwerken. Im Mittellastbereich setzt RWE Steinkohle und in den letzten Jahren auch Braunkohle ein. Im Spitzenlastbereich werden neben Gas und Öl auch Pumpspeicher- und Speicherkraftwerke eingesetzt. Die Vollaststunden der

Abb. 5: RWE – Kraftwerks- und Bezugsleistung und Entwicklung der Jahreshöchstlast

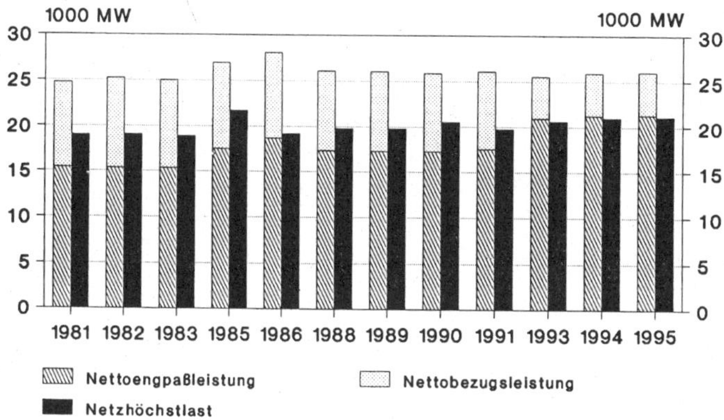

Quelle:
VDEW-Statistiken, RWE Geschäftsberichte

einzelnen Kraftwerke verdeutlichen, daß der Kraftwerkspark im Grundlastbereich noch erhebliche Kompensations- und Flexibilisierungspotentiale aufweist.

Noch behauptet die Braunkohle in der Kraftwerksstruktur wie in der Stromerzeugung die dominierende Stellung. Die Anteile der verschiedenen Energieträger an der installierten Leistung zeigt Abbildung 6.

Bei stagnierendem Stromabsatz ging das Stromaufkommen aus Braunkohle absolut wie relativ zurück. Damit wurden die vorhandenen Braunkohlenkraftwerke geringer ausgelastet. Seit 1984 verringerte sich die durchschnittliche Auslastung um mehr als 10%.

RWE verstromt die Braunkohle in fünf Kraftwerken mit einer Gesamtleistung von rund 9.000 MW. Die Leistung setzt sich aus verschiedenen Blöcken in der Größe

Abb. 6: Kraftwerkspark des RWE – Engpaßleistung und Vollaststunden 1994

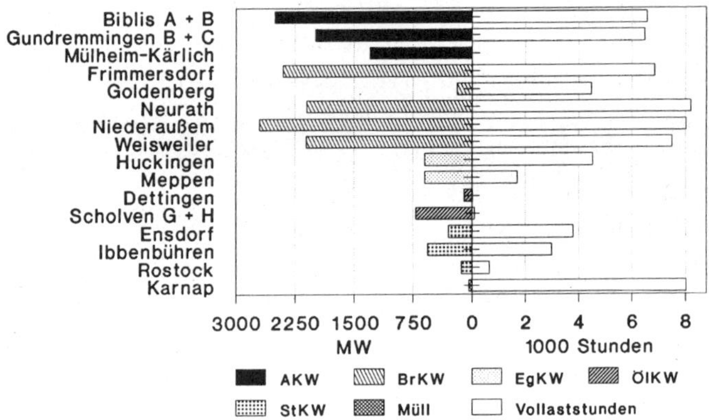

Quelle: VDEW Statistik 1994

von 100, 150, 300 oder 600 MW zusammen. Daneben gibt es noch zwei Betriebskraftwerke von Rheinbraun mit insgesamt 260 MW Leistung.

Eine genauere Aufschlüsselung der Nutzung der einzelnen Kraftwerksblöcke wird durch die restriktive Informationspolitik des RWE erschwert. Im Gegensatz zu allen anderen EVU nennt das RWE in der Jahresstatistik der VDEW lediglich zusammengesetzte Daten, etwa die Erzeugung aller Braunkohlenkraftwerke. Die Bewertung des Einsatzes der verschiedenen Energieträger hinsichtlich umwelt- und energiepolitischer Fragestellungen erfordert aber gerade eine möglichst differenzierte Betrachtung der Kraftwerksstruktur und ihrer Nutzung.

Betrachtet man die Altersstruktur der RWE-Braunkohlenkraftwerke, so ist festzustellen, daß der größte Teil der installierten Leistung vor 1971 in Betrieb genommen wurde.

Die Lebensdauer von konventionellen Wärmekraftwerken wird im allgemeinen auf maximal 40 Jahre veranschlagt. RWE setzt die Lebenserwartung von Braun-

kohlenkraftwerksblöcken mit 25 bis 30 Jahren deutlich niedriger an.[6] Geht man von dieser Lebenserwartung aus, so hätten alle Braunkohlenblöcke, die vor 1959 in Betrieb gegangen sind, bis 1990 stillgelegt werden müssen.
Entsprechend der Restnutzungsregelung der Großfeuerungsanlagen-Verordnung (GFAVO) wurden bis 1993 nur 2.200 MW der alten Braunkohleleistung nach der Nutzungsdauer von maximal 30.000 Vollaststunden stillgelegt. Für 6 Mrd. DM wurden 33 Braunkohlenblöcke mit einer Gesamtleistung von 9.300 MW mit Naßentschwefelungsanlagen nachgerüstet und entstickt. Im Zuge dieser Maßnahmen wurden die älteren Blöcke so weit modernisiert, daß ihre Lebenserwartung deutlich verlängert ist.
RWE ist Eigentümer der beiden Blöcke des Atomkraftwerks Biblis und hat zusammen mit der Bayernwerk AG das auch aus zwei Blöcken bestehende Atomkraftwerk Gundremmingen gepachtet. Das ebenfalls gepachtete Atomkraftwerk Mülheim-Kärlich ist zwar betriebsbereit, hat aber keine Betriebsgenehmigung und steht seit 1988 still. Schließlich hat RWE 12,5% am Atomkraftwerk Emsland von ELEKTROMARK übernommen. Die RWE-Atomleistungen werden ausführlich im Kapitel 3 durchleuchtet.
In den 80er Jahren hat RWE die eigene Steinkohlenleistung kräftig ausgebaut. Zu den älteren Kraftwerken Dettingen (100 MW) und Ensdorf Block 3 (300 MW) wurden 1982 der Block A (710 MW) des Kraftwerks Voerde, 1985 der dortige Block B (710 MW) und ebenfalls 1985 das Kraftwerk Ibbenbüren (770 MW) in Betrieb genommen. Am Kraftwerk Voerde ist RWE mit 25% (STEAG 75%) und an Ibbenbüren mit 76% (Preussag 24%) beteiligt. Die Leistung wird jeweils voll vom RWE übernommen. An dem 1994 in Betrieb genommenen Steinkohlekraftwerk Rostock hat RWE einen Anteil von 125 MW (24,6%).
Die derzeit zur Verfügung stehende Steinkohlenleistung hat im Vergleich zu den Braunkohlenkraftwerken eine günstigere Altersstruktur. Insbesondere die neueren Blöcke sind mit Wirkungsgraden von rund 40% erheblich effizienter als z.B. Dettingen und Ensdorf (29 – 30%). Der Block in Dettingen wurde inzwischen von Steinkohle auf Öl umgerüstet.
Die Verlagerung der Steinkohlenverstromung in neuere Kraftwerke hat eine relative Senkung der Emissionen zur Folge. Die Anforderungen an die Rauchgasentschwefelung gemäß GFAVO wurden hier schneller erfüllt. Im Kraftwerk Voerde sind die entsprechenden Anlagen seit 1985 in Betrieb, in Ibbenbüren seit 1987.

Im Gegensatz zu Braunkohlenkraftwerken mußten in den Steinkohlenkraftwerken zusätzlich Rauchgaskatalysatoren zur Minderung der Stickoxid (NOx)-Emissionen eingebaut werden, damit der Grenzwert von 200 mg NO_X/m^3 eingehalten werden kann.
Die Energiequellen Erdgas und Erdöl, mit einem Anteil von etwa 2% bzw. unter 0,1% an der Stromerzeugung des RWE, werden im wesentlichen für Spitzenlastzwecke oder als Reserve eingesetzt. Das Erdgaskraftwerk Meppen (600 MW) verwendet »saures« Erdgas aus den Niederlanden. Seit 1982 hat Meppen eine Entschwefelungsanlage. Das Kraftwerk wurde bereits Anfang der 70er Jahre vom RWE gebaut, 1975 aber an eine Betriebsgesellschaft verkauft. Seitdem pachtet das RWE dieses Kraftwerk, das auch im Mittellastbereich eingesetzt werden kann. Bei der Überholung des Kraftwerks wurde der Kühlturm 1994 mit einer Weltkarte bemalt. Das Kunstobjekt »Kühler 1« nach dem Entwurf des Düsseldorfer Künstlers Christoph Rihs ziert die 26.000 m^2 große Außenhaut des Kühlturms.
Im Kraftwerk Huckingen (600 MW), das auf dem Gelände der Mannesmann-Werke in Duisburg-Huckingen liegt, wurden in den Jahren 1975 bis 1977 zwei 300-MW-Blöcke in Betrieb genommen. Energieträger ist hier Gichtgas, ein Abfallprodukt beim Hochofenbetrieb, das mit Erdgas ergänzt wird.
In zwei Kraftwerksblöcken zu je 714 MW (zu je 50% RWE und VEBA-Kraftwerke Ruhr) auf dem Gelände des Kraftwerkes Scholven, die 1974 und 1975 in Betrieb genommen wurden, wird Öl verfeuert. Diese Blöcke dienen seit Jahren nur noch der Reservehaltung. Insgesamt steht dem RWE damit im Bereich Erdgas und Erdöl ein von der Altersstruktur her günstiges Leistungspotential zur Verfügung, das zur Zeit nur minimal ausgelastet wird.
Mit dem Müllheizkraftwerk Essen-Karnap erschloß RWE erst den Emscher-Schlamm und dann ordinären Hausmüll als Energiequelle. Seit Mitte 1994 wird neben dem Braunkohlenkraftwerk Weisweiler ein weiteres Müllheizkraftwerk gebaut, das im Frühjahr 1997 den Betrieb aufnehmen soll.
In den Jahren 1981 und 1982 trugen Wasserkraftwerke noch mit rund 6,1 TWh zum Stromaufkommen des RWE bei; seitdem wurde ihr Beitrag reduziert. Ursächlich für diese Entwicklung ist in erster Linie die Verringerung der Bezugsleistung aus österreichischen Laufwasserkraftwerken. Während RWE 1980/81 noch 314 MW vertraglich gesicherte Bezugsleistung zur Verfügung standen, waren es 1983/84 nur noch 122 MW. Tendenz seitdem: weiter abnehmend.

An eigenen Laufwasserkraftwerken und aus denen von Beteiligungsgesellschaften verfügt das RWE über rund 400 MW installierte Leistung. Außerdem wird Wasserkraft in den Pumpspeicherkraftwerken (Kapazität 2.645 MW) eingesetzt. Im Geschäftsjahr 1994/95 trug die Wasserkraft mit 3,9% zur Stromerzeugung bei.
Die Photovoltaikanlagen in Kobern-Gondorf und am Neurather See speisten im Geschäftsjahr 1994/95 insgesamt 427.000 kWh ins RWE-Netz. Die erst 1994 in Betrieb genommene Windturbine in Kirf-Meurich bei Trier erzeugte 723.000 kWh Strom. Aus Wasser- und Windkraftanlagen unabhängiger Betreiber bezog RWE wesentlich mehr regenerativ erzeugten Strom. Dennoch ist der Anteil der zukunftsträchtigen erneuerbaren Energiequellen am RWE-Gesamtstromaufkommen verschwindend gering.

Die Organisation des Stromkonzerns

Die öffentliche Stromversorgung in der Bundesrepublik Deutschland besteht aus rund 1.000 Elektrizitätsversorgungsunternehmen. Davon sind neun auf der Verbundebene, 64 als Regionalversorger und der Rest als kommunale Energieversorger und Stadtwerke tätig. Die Verbundunternehmen dominieren die öffentliche Stromversorgung über ihren Kraftwerkspark und über Beteiligungen und Lieferverträge mit den Unternehmen der nachfolgenden Ebenen. Das RWE ist als vertikal organisierter Stromkonzern derzeit auf allen Ebenen tätig und kontrolliert 18 Regionalversorger und noch mehr Stadtwerke. Neben der Führungsgesellschaft RWE Energie sind die Konzerngesellschaften Lahmeyer AG für Energiewirtschaft und Rheinelektra AG sowie die rhenag Rheinische Energie AG seit jeher auf dem Stromsektor tätig.
RWE Energie ist auf der Verbundebene aktiv und nicht nur das mit Abstand wichtigste Stromunternehmen in Deutschland, sondern auch im RWE-Konzern.
RWE Energie besitzt fünf Braunkohlenkraftwerke und die beiden Blöcke des Atomkraftwerkes Biblis, das Steinkohlekraftwerk Ensdorf und viele kleine Wasserkraftwerke als Betriebsmittel. Andere Kraftwerke sind gepachtet, wie etwa die Atomkraftwerke Gundremmingen und Mülheim-Kärlich. RWE hält ferner Beteiligungen an Wasserkraftwerken in Bayern, an der Mosel und der Saar sowie dem Schluchseewerk. Bei Regionalversorgern ist RWE Energie erst in den letzten Jahren direkt beteiligt. Über die Gesellschaft für Energiebeteiligungen mbH,

Nachbarschaftshilfe für Frankreich

Als der öffentliche Dienst in Frankreich im Herbst 1995 vier Wochen lang streikte, kam der französische Strommonopolist Electricité de France (EdF) in arge Bedrängnis. Die EdF-Beschäftigten drosselten eigenmächtig die Leistung zahlreicher Kraftwerke und fuhren 24 der insgesamt 54 Atomkraftwerksblöcke einfach herunter. Im Heimatland der Sabotage (von frz. le sabot, der Holzschuh, mit dem erfinderische Arbeiter im vorigen Jahrhundert Maschinen zum Stillstand brachten) blieb auch die Nukleartechnik nicht vor dieser verschont. In einem Atomkraftwerk wurde 1 kg Salz in den Kühlkreislauf der Turbinen geschüttet. Zur Kühlung wird besonders aufbereitetes, völlig salzfreies Wasser benötigt ...

In einigen Regionen der Grande Nation mußte dann auch der Strom abgeschaltet werden. Mit Hilfe des europäischen Verbundnetzes halfen Streikbrecher in Deutschland der EdF aus der Patsche. Allen voran marschierte das Badenwerk mit 600 MW Leistung und insgesamt 210 Mio. kWh. Die VEW stellte sogar 750 MW bereit und gab 200 Mio. kWh zusätzlich ab. RWE hielt sich zurück und lieferte nur 50 Mio. kWh. Die Münchener Bayernwerk AG stellte 300 MW zur Verfügung und liefert rd. 90 Mio. kWh. Selbst der Regionalversorger Isar-Amperwerke produzierte 30 Mio. kWh zusätzlich (bei bis zu 435 MW Leistung). Weitere 200 MW kamen von der Energie-Versorgung Schwaben (EVS). Selbst die ostdeutsche VEAG lieferte kurzfristig Strom nach Frankreich.

Vermutlich hätten die französischen Beamten und Staatsangestellten ihr Streikziel – Rücknahme der Regierungsvorlage zur Reform der Rentenversicherung und drastische Einsparungen bei der Krankenversicherung – eher erreicht, hätte die deutsche Stromwirtschaft nicht rd. 2.500 MW freie Leistung, trotz Frostgraden in deutschen Landen, exportiert.

EdF bezifferte die Einnahmeausfälle mit mindestens 2 Mrd. Franc (100 FF = 28 DM).[1]

1 Zeitschrift für Kommunale Wirtschaft (ZfK) 1/96, S. 3

Essen (Anteil 44,48%) ist RWE als Großaktionär an der STEAG AG beteiligt, mit der das Kraftwerk Voerde gemeinsam betrieben wird. Weiter hält RWE Energie

Abb. 7: Wichtigste Beteiligungen der RWE Energie AG in der Energiewirtschaft

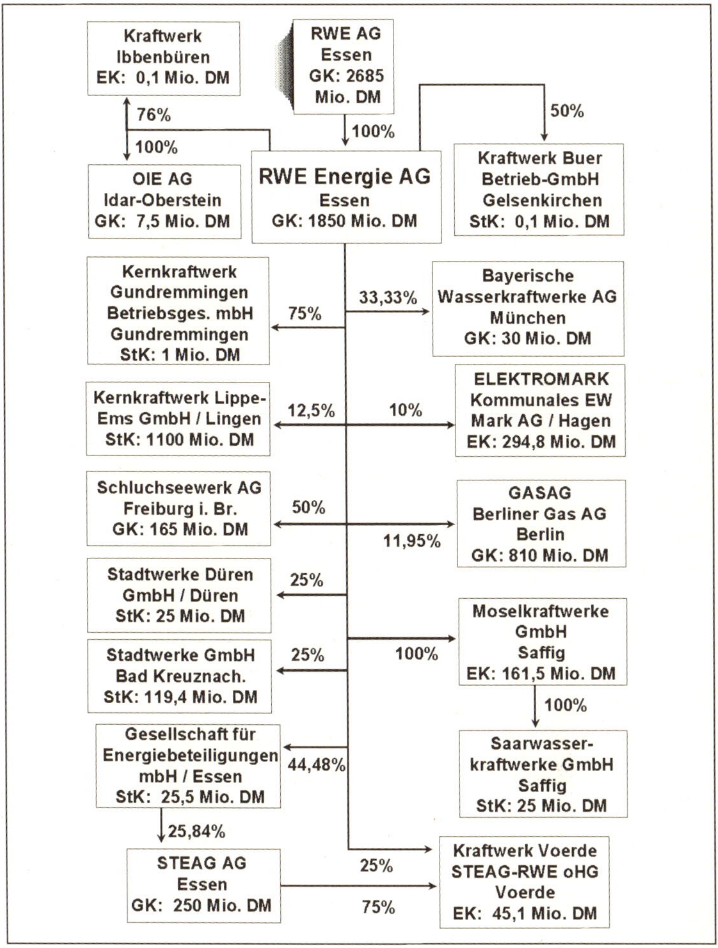

Beteiligungen an Stadtwerken wie etwa in Düren oder Bad Kreuznach. Die angestammten Stromtöchter Lahmeyer und Rheinelektra vertreten die RWE-Interessen vor allem bei Regionalversorgungsunternehmen wie der Kraftversorgung Rhein-Wied AG, der Kraftwerk Altwürttemberg, der Main-Kraftwerke AG und

der Pfalzwerke AG. Weitere Beteiligungen dieser RWE-Töchter im Energiesektor betreffen Kraftwerksgesellschaften und Anlagenverwaltungen. Die so von RWE kontrollierten Regionalunternehmen greifen auf die Stadtwerke in ihrem Versorgungsgebiet durch.

Abb. 8: Beteiligungen des RWE bei Regionalversorgern über Lahmeyer AG und Rheinelektra AG

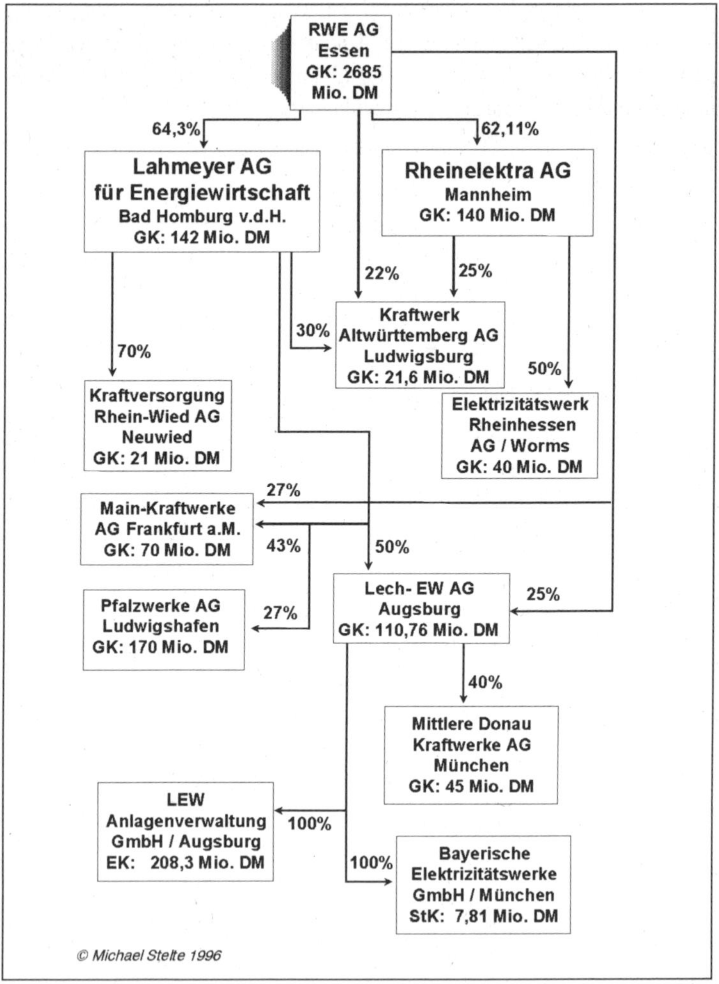

Die rhenag Rheinische Energie AG vertritt die RWE-Interessen vor allem bei kommunalen Energieversorgern. Schließlich ist die RWE Holding direkt sowohl an Regionalversorgern (Koblenzer Elektrizitätswerk und Verkehrs-AG, Niederrheinische Licht- und Kraftwerke AG, Vereinigte Saar-Elektrizitäts-AG und Lech-Elektrizitätswerk AG) als auch an Stadtwerken (Energieversorgung Leverkusen GmbH, Energieversorgung Oberhausen GmbH, Stadtwerke Düsseldorf AG) beteiligt. Über die Isarwerke GmbH[7] hat RWE beim Regionalversorger Isar-Amperwerke AG einen Fuß in der Tür. Und über den 30%-Anteil an der Energie-Verwaltungsgesellschaft mbH mehr als nur einen Beobachterstatus beim anderen nordrhein-westfälischen Verbundunternehmen VEW AG.

Abb. 9: Beteiligungen der RWE AG bei regionalen und kommunalen Energieversorgern

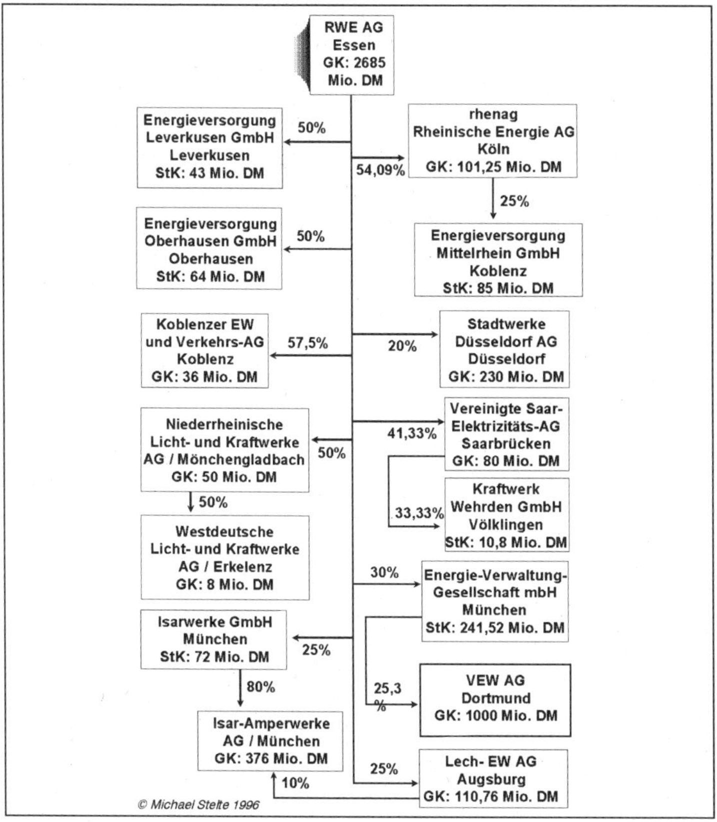

Stromabsatz

Das Versorgungsgebiet des RWE umfaßt eine Fläche von 25.710 km^2 – das sind 10,5% der Fläche der alten Bundesrepublik – mit rd. 6,9 Mio. Einwohnern bzw. 3,1 Mio. Tarifkunden. Die private Stromnachfrage der Tarifkunden betrug 1995 13,8 TWh oder rund 11% der nutzbaren Stromabgabe. Außerdem beliefert das RWE etwa 1.500 Gemeinden und Städte, 18.500 industrielle Sondervertragskunden und 125 andere Elektrizitätsversorgungsunternehmen mit Strom.

Abb. 10: Nutzbare Stromabgabe des RWE im Jahre 1995

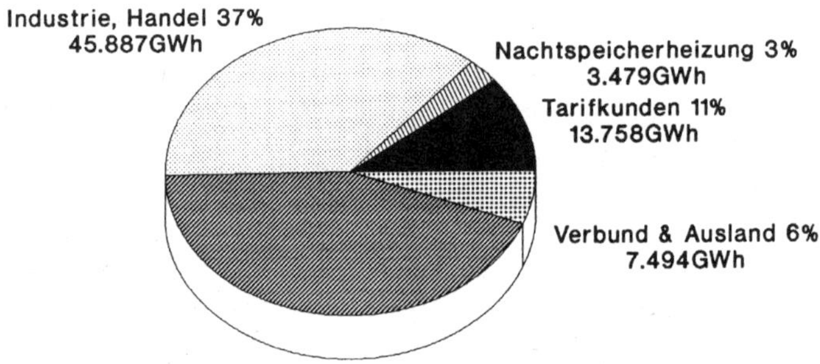

Quelle: Geschäftsbericht 1994/95

In den 80er Jahren entwickelte sich der Stromverkauf des RWE wesentlich anders als im Jahrzehnt 1970 bis 1980, wo sich die Stromabgabe um fast 80% von 69 TWh (1970) auf 114,6 TWh (1980) gesteigert hatte. Bis 1982 stieg der Stromverkauf auf 119,0 TWh. Dann änderte sich der Trend. Mit 116,2 TWh war die Gesamtstromabgabe im Jahre 1983 erstmals seit mehr als 30 Jahren rückläufig.

Nach einer leichten Erholung stellte sich ein Abwärtstrend ein. Im Geschäftsjahr 1985/86 mußte RWE mit einer Stromabgabe von 123,3 TWh einen Rückgang gegenüber dem Vorjahr von 2,1% und im Geschäftsjahr 1986/87 gar um 3,8% verzeichnen. Im Geschäftsjahr 1987/88 kam der Abwärtstrend mit einer Gesamtstromabgabe von 118 TWh vorläufig zum Stillstand.[8] In der letzten Dekade stagnierten Stromaufkommen und Stromabgabe.

Abb. 11: Stromaufkommen des RWE – Entwicklung und Trend seit 1985

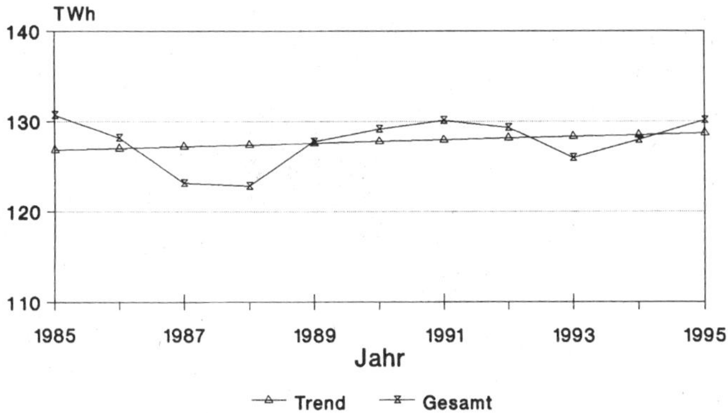

Quelle:
RWE Geschäftsbericht 1985 • 1984/85 usw.

Leitungsnetz und Verteilung

Das Verbundnetz, das eine Stromversorgung quer durch das Land und auch über die Grenzen hinweg möglich macht, wurde in Deutschland im wesentlichen durch das RWE ausgebaut.

Heute hat das Leitungsnetz des RWE eine Gesamtlänge von rund 150.000 km. Etwa die Hälfte davon sind Niederspannungs- und Hausanschlußleitungen, ein Drittel Mittelspannungsleitungen und rund 22.000 km umfassen das Hoch- und Höchstspannungsnetz. Der Ferntransport von Strom im Verbundnetz erfolgt auf den Systemebenen 110 kV, 220 kV und 380 kV. Das RWE-Hochspannungsnetz besteht aus rund 10.000 km auf der 110 kV-, etwa 6.300 km auf der 220 kV- und rund 4.000 km auf der 380 kV-Ebene.

RWE als Energiedienstleistungsunternehmen?

Liest man die sorgenvollen Äußerungen des RWE um das Erdklima nur flüchtig, kann einem der Gedanke kommen, der machtvollste Gegner der Umweltbewegung habe plötzlich die Seite gewechselt. Ist RWE dabei, vom Megawatt-Jongleur zum Negawatt-Anbieter zu konvertieren? Seit 1990 hat RWE Energie mit rund 250 Mio. DM das Energiesparen und die rationelle Energieverwendung bei seinen Kunden unterstützt. Aber verglichen mit den Milliardeninvestitionen in die herkömmlichen Kraftwerke ist ein Wandel vom Energieversorgungs- zum Energiedienstleistungsunternehmen nicht feststellbar. Allein die Kernbrennelemente der RWE-Atomkraftwerke stehen mit fast 10 Mrd. DM zu Buche. »Wer global gegen CO_2 ist, muß lokal für Kernkraft sein«, verkündete deswegen im Oktober 1992 eine Großanzeige, die die RWE Energie AG zusammen mit anderen Stromversorgern in überregionalen Tageszeitungen geschaltet hatte.
Wenige Tage darauf startete dasselbe RWE den »Kunden Energiespar Service« (KesS), mit dem RWE-Haushaltskunden finanziell bezuschußt werden, wenn sie energie- und damit CO_2-sparende Elektrogeräte kaufen. Hundert Deutsche Mark bar auf die Hand zahlte RWE den Haushalten beim Kauf eines »überdurchschnittlich energiesparenden Haushaltsgeräts«. Von der Aktion versprach sich das Unternehmen eine CO_2-Minderung von 120.000 Tonnen pro Jahr und durch die Stromeinsparung ein Hinauszögern von teuren Kraftwerksneubauten. Bis 1995 wollte RWE 100 Mio. DM für das KesS-Programm ausgeben. Ein Haushalt, der auf einen Schlag Gefriertruhe, Kühlschrank, Geschirrspüler und Waschmaschine austauschte, konnte maximal 400 DM Zuschuß kassieren.
Die Förderung betrifft – anders als in den USA oder Dänemark – nicht den Kauf von Bestgeräten oder die sachgemäße Verschrottung von Altgeräten. RWE

bezuschußt – so die Beurteilung der Verbraucherzentrale von Nordrhein-Westfalen – »nur Mittelmaß«. Der Zentralverband Elektrotechnik- und Elektronikindustrie e.V. (ZVEI) schlug im Namen der deutschen Hausgeräte-Industrie Alarm. Die RWE-Aktion sei eine »Subventionierung einzelner Geräte« und mit dem Gesetz gegen unlauteren Wettbewerb unvereinbar. Das RWE-Programm, bemängelte der ZVEI, würde den »größten Teil der 1991 von der Stiftung Warentest mit ›gut‹ oder ›sehr gut‹ bewerteten Geräte« nicht fördern. Das Prämienvolumen von 100 Mio. DM sei ein »schwerwiegender Eingriff in den marktwirtschaftlichen Wettbewerb«.[9]

RWE konterte mit dem Hinweis, daß jeder Hausgerätehersteller energiesparende Produkte im Programm habe, so daß von einer Wettbewerbsverfälschung nicht die Rede sein könne. In der Tat wären angesichts des technisch bereits realisierten Fortschritts bei Haushaltsgeräten Energieeinsparprogramme im Heizungsbereich viel sinnvoller. Aber hier müßte RWE die Verschrottung der Nachtstromspeicherheizungen betreiben und gegen Fernwärme austauschen. Bisher sind Heizkraftwerke, mit denen gleichzeitig Strom und Fernwärme produziert werden kann, bei RWE noch eine Rarität. Der Kraftwerkspark besteht fast ausschließlich aus Kondensationskraftwerken, die lediglich der Stromerzeugung dienen.

In den USA – wo über 200 Stromversorger in 30 Bundesstaaten das sogenannte Least Cost Planning bereits seit Jahren praktizieren – müssen teilweise zwei Prozent des Bruttoumsatzes für Einsparinvestitionen verwandt werden. Unter diesen Bedingungen müßte RWE jährlich rund 330 Mio. DM für Einsparprogramme ausgeben. Tatsächlich waren es aber jährlich höchstens 50 Mio. DM, und das sogar bei zwei Programmen: dem KesS-Programm und dem bereits 1990 ebenfalls mit 100 Mio. DM aufgelegten Einsparprogramm für Kommunen (ProKomm). Für Städte und Gemeinden stellt RWE mit ProKomm ein Beratungs- und Finanzierungsprogramm zur Förderung kommunaler Energiekonzepte und zur Verwirklichung von Projekten zum sparsamen Energieeinsatz bereit.

Durch KesS wurde bis Ende Februar 1995 der Kauf von 1 Million energiesparender Geräte gefördert. Damit waren die 100 Mio. DM vier Monate eher verbraucht als erwartet. Mit einem neuen Programm, das seit März 1995 läuft, soll der Kauf von energiesparenden Gefriergeräten mit weiteren 20 Mio. DM gefördert werden.

Nach Berechnungen des RWE verminderte sich der Stromverbrauch der Haushalte durch KesS um insgesamt 450 Mio. kWh, wodurch 260.000 Tonnen CO_2 vermieden werden.
Warum wirbt RWE für angeblich CO_2-freie Atomkraftwerke, mit denen sich jährlich Mio. Tonnen des schädlichen Klimagases einsparen lassen und praktiziert im selben Atemzug das mühsame Geschäft mit dem Energieeinsparen? Die Antwort ist in der Braunkohlepolitik des RWE zu finden. Im Februar 1992 hatte die SPD-Fraktion im Landtag einen Antrag zum »Klimabericht Nordrhein-Westfalen« vorgelegt. In diesem Antrag wurden vom RWE umfassende Stromspar- und CO_2-Minderungsprogramme als Voraussetzung für eine Genehmigung des Tagebaus Garzweiler II verlangt. Mit anderen Worten: Das KesS-Programm zur kostengünstigen Beschaffung von stromsparenden Elektrogeräten war eine Genehmigungsvoraussetzung für Garzweiler II. Der Schritt in die richtige Richtung ist also keineswegs die geforderte Trendwende in Richtung Stromeinsparpolitik.
Dennoch hat das Geschäft mit dem Stromsparen seine Eigendynamik. Im November 1995 legte RWE Energie ein weiteres 20 Mio.-DM-Förderprogramm zur rationellen Energieanwendung für industrielle Stromkunden auf. Im Rahmen von KesS Industrie übernimmt RWE ab dem 1. Januar 1996 50% der Kosten bzw. maximal 20.000 DM für die Erarbeitung eines betrieblichen Energiekonzeptes. Für die Umsetzung der vorgeschlagenen Maßnahmen zahlt RWE ebenfalls 50% der Investitionskosten – je Projekt bis zu 50.000 DM. Zusätzlich soll in den Jahren 1996 bis 1998 ein Wettbewerb durchgeführt werden, bei dem Innovationen im Bereich von Geräten, Anlagen und Verfahren belohnt werden. Bei der Inbetriebnahme einer prämierten Anlage winkt ein Förderbetrag von bis zu 100.000 DM.[10]
Stolz stellte RWE Energie-Chef Roland Farnung im März 1996 die insgesamt sechs Teilprogramme vor, mit denen RWE die rationelle Energieverwendung und den Einsatz erneuerbarer Energien derzeit fördert. Natürlich zahlen die RWE-Stromkunden diese Programme ohnehin über den Strompreis. Das Paket hat jetzt einen Umfang von insgesamt 175 Mio. DM. ProKomm wurde um 50 Mio. DM aufgestockt. Neu dazugekommen ist im Umfang von 20 Mio. DM KesS solar. Hier zahlt RWE zusätzlich zu staatlichen Hilfen einen Zuschuß von 2.000 DM zu Solarkollektoren, Photovoltaikanlagen oder Wärmepumpen. Damit wirklich allen klar wird, daß Umweltschutz zusätzliches Geld kostet, gibt es den soge-

nannten »Umwelttarif« als Alternative für Stromkunden, die sich keine Solaranlage oder Wärmepumpe installieren lassen können oder wollen. Dafür dürfen sie selbst wählen, für wie viele Kilowattstunden sie 20 Pfennig mehr zahlen wollen. Das Geld wird in einem Fonds gesammelt, den RWE von dem Umsatz mit anderen Stromkunden noch einmal um denselben Betrag aufstockt. Auch hier sind erst einmal 20 Mio. DM angepeilt, mit denen das Unternehmen neue Solaranlagen errichten will. Diese Form der Umverteilung von langfristig vermiedenen Kosten der Stromerzeugung auf die Stromkunden dürfte wahrlich nicht das Ei des Kolumbus zur schnellen Umstellung der RWE-Aktivitäten auf Energiedienstleistungen sein.

Contracting mit industriellen Großkunden

RWE ist gegenwärtig voll dabei, in der Industrie eine der Rekommunalisierung der Energieversorgung von Städten und Gemeinden vergleichbare Entwicklung durch Contracting-Lösungen und die Pacht von vorhandenen Industriekraftwerken im Keime zu ersticken.
Industrielle Sonderkunden können heutzutage auch hierzulande mit maßgeschneiderten Heizkraftwerken grundsätzlich preisgünstiger Strom und Wärme für den Eigenbedarf produzieren als die Stromwirtschaft. Dennoch beziehen in Deutschland wesentlich mehr Industriebetriebe als in anderen OECD-Ländern Strom vom jeweiligen Stromversorgungsunternehmen, weil diese am längeren Hebel sitzen. Einerseits ist die Einspeisevergütung für Überschußstrom nach der Verbändevereinbarung bescheiden, und andererseits können für Reservehaltung und zusätzlichen Strom in der Spitzenlast immer noch Monopolpreise verlangt werden. Aber das wird sich im Zuge des Europäischen Binnenmarktes für Strom früher oder später ändern.
Im Jahr 1994 gelang es RWE, den drohenden Verlust der Vormachtstellung im Industriebereich abzuwenden. Der Chemiekonzern BASF ist nicht nur der größte Energiekonsument in Deutschland, sondern auch die maßgebliche Größe im Verband der Industriellen Energie- und Kraftwirtschaft e.V. (VIK). Das Ludwigshafener BASF-Stammwerk liegt im Versorgungsgebiet von RWE. Bereits Ende der 60er Jahre hatten die Essener den Chemiekonzern durch eine Strompreiserhöhung in dreistelliger Millionenhöhe derart geschockt, daß dieser sich nach einer Alternative umsah. Entsprechend dem Zeitgeist sollte es Atomstrom

sein. Nachdem ein eigenes Atomkraftwerk sich als nicht realisierbar herausgestellt hatte, wollte man sich in Frankreich an einem Atomkraftwerk beteiligen, und den Strom nach Deutschland leiten. Hier machte RWE den Ludwigshafenern wiederum einen Strich durch die Rechnung, denn zur Durchleitung in den RWE-eigenen Hochspannungsleitungen war man nicht bereit.

Während BASF und seine Tochter Wintershall beim Energieträger Erdgas vollen Konfrontationskurs zur Essener Ruhrgas fahren, kam auf der Stromseite ein Kompromiß mit RWE zustande. Für rund 400 Mio. DM wird RWE Energie auf dem Ludwigshafener BASF-Werksgelände eine kombinierte Gas- und Dampfturbinenanlage (GuD) errichten und betreiben. Das Heizkraftwerk mit einer elektrischen Leistung von 400 MW und 550 Tonnen Nutzdampf pro Stunde ersetzt ein firmeneigenes Kohlekraftwerk. Da die neue Anlage mit Erdgas gefeuert wird, kommt Wintershall zu einer besseren Auslastung der Gas-Fernleitung MIDAL, die von Emden bis Ludwigshafen reicht.

Auch bei der Frankfurter Hoechst AG kam RWE jetzt zum Zuge. Vor die Wahl gestellt, die Energieversorgung in Eigenregie zu übernehmen, bislang deckte RWE 70% des Strombedarfs, oder völlig auszugliedern, entschied sich der Chemieriese für letzteres. RWE Energie gewann die Ausschreibung für die gesamte Strom- und Dampfversorgung der fünf Hoechst-Werke im Frankfurter Raum gegen die Mitbewerber PowerGen und British Gas. Hoechst wird sogar sein 110-MW-Kraftwerk im Stammwerk an RWE verpachten und selbst zunächst für fünf Jahre nur die Betriebsführung haben. Auf dem Betriebsgelände darf RWE ein GuD-Kraftwerk mit maximal 800 MW bauen.[11]

Für das benachbarte Opel-Werk in Rüsselsheim reicht dieses neue Kraftwerk dann aber nicht. Hier bewarb sich RWE im Konsortium mit der Kraftwerke-Mainz-Wiesbaden AG und der Überlandwerk Groß-Gerau GmbH um den Bau eines Wärmekraftwerks. Nach dem Motto »Jedem industriellen Sonderkunden sein eigenes Contracting-Kraftwerk« verhindert RWE so, daß sich diese in der Energieversorgung emanzipieren und als unabhängige Produzenten von Strom und Wärme der öffentlichen Stromwirtschaft Konkurrenz machen.

Wasser-Strom aus Norwegen

Eine nahezu CO_2-freie Energiequelle ist die Wasserkraft. Allerdings sind die Potentiale in Deutschland und auf dem europäischen Kontinent weitgehend

ausgeschöpft. Nicht so in Norwegen, wo mit 25.000 kWh im Jahr jeder Einwohner derzeit viermal soviel Strom verbraucht wie ein Bundesbürger. Daß Energie- und vor allem Stromsparen eine neue Energiequelle darstellt, hat sich auch in Skandinavien herumgesprochen. Um den Stromabsatz langfristig zu sichern, haben sich vor allem norwegische Wasserkraftwerksbetreiber in den letzten Jahren um Abnehmer in Europa gekümmert.
Im September 1995 stimmte das norwegische Ministerium für Industrie und Energie dem Stromaustausch-Vertrag zu, der zwischen EuroKraft Norge A/S und der deutschen EST EuroStrom Trading GmbH im März abgeschlossen worden war. Hinter der EuroStrom stehen zu je 50% RWE Energie und HEW. RWE will sich, wie schon zuvor die PreussenElektra und die VEAG, die Option auf billigen Wasserstrom aus Norwegen sichern. Nach der Vereinbarung, die für 25 Jahre gilt, soll spätestens ab 2003 der Betrieb eines 540 km langen Gleichstromkabels zwischen Farsund in Südnorwegen und Brunsbüttel an der Unterelbe beginnen. Zu diesem Zweck gründen EuroStrom und EuroKraft die gemeinsame Gesellschaft EuroKabel A/S. Die etwa 1 Mrd. DM teure Leitung hat eine Übertragungskapazität von 600 MW, von denen HEW und RWE je 300 MW zur Verfügung stehen. Voll genutzt werden soll die Leitung jedoch offenbar nicht. Ein Jahresbezug von nur 0,5 TWh visieren RWE und HEW an. Um die Leitungsverluste auszugleichen und Strom in Norwegen zu »speichern« sollen jährlich bis zu 1,5 TWh aus deutschen Wärmekraftwerken nach Norwegen fließen.[12] Damit sind die technischen Möglichkeiten dieser Leitung aber bei weitem nicht ausgeschöpft. Möglich wäre z.B. der Bezug von rd. 4,7 TWh Wasserkraftstrom pro Jahr aus Norwegen.

DER DEUTSCHE ATOMRIESE

Der Aufstieg der deutschen Atomwirtschaft ist ohne den Essener Energiekonzern kaum denkbar.[1] Bei der Uransuche, beim Bau und Betrieb von Atomkraftwerken, bei der geplanten Wiederaufarbeitung oder bei der Lagerung abgebrannter Brennelemente oder beim europäischen Brüterprogramm – RWE mischte auf allen Ebenen mit.

Das enge Verhältnis zur Atomkraft war durchaus nicht immer so selbstverständlich, wie es heute den Anschein haben mag. 1960 beklagte sich der damalige Atomminister Siegfried Balke gegenüber dem Bundeskanzleramt: RWE versuche »mit allen Mitteln der Propaganda, die Atomkraft als Utopie hinzustellen«.[2]

Der RWE-Berater Löbl faßte die damalige Atmosphäre folgendermaßen zusammen: »Alles war hoffnungsfroh gestimmt, das Atomzeitalter war angebrochen, die Zukunft hatte begonnen. Nur eine Gruppe machte Vorbehalte. Es waren dies die großen Stromversorgungsunternehmen, darunter das größte von ihnen, das RWE. Sie wollen an das goldene Zeitalter nicht recht glauben.«[3]

Die Abneigung des RWE gegenüber der Atomkraft hatte ihren Grund. RWE brauchte diese Energie schlichtweg nicht, weil sich die Verwertungsinteressen auf 55 Mrd. Tonnen heimische Braunkohle im rheinischen Revier gründeten. Rheinbraun-Direktor Speich zog bezüglich des Energiegehalts dieser Bodenschätze einmal den treffenden Vergleich zu den Erdölvorräten des Iran.[4]

Dennoch setzte RWE 1958 mit dem Auftrag zur Errichtung eines kleinen 15-MW-Siedewasserreaktors in Kahl zugleich auf den US-amerikanischen Weg. Das »Versuchsatomkraftwerk« war ein kleines und unwirtschaftliches, in den USA von der Kriegsmarine erprobtes Modell, aber es gab den Anstoß für eine Umorientierung des Braunkohlenverstromers RWE auf die Atomkraft. Vier Jahre später wurde diese Entscheidung durch einen weiteren Auftrag für einen Siedewasserreaktor in Gundremmingen bestätigt. Mit beiden Aufträgen erteilte RWE der Idee, in Deutschland in Reaktoren auf kurzem Wege bombenfähiges Material zu produzieren, eine Absage. Beide Reaktoren benötigten angereichertes Uran aus den USA, und für die abgebrannten Brennelemente war eine chemische Aufar-

beitung nicht in Sicht. Somit verhinderte RWE zunächst – bewußt oder unbewußt – deutsche Pläne einer zivil-militärischen Verknüpfung der Atomindustrie, wie sie in Frankreich oder Großbritannien stattfand.
Die Wende erfolgte Mitte der 60er Jahre, als RWE begann, sich am gesamten Atombrennstoffgeschäft zu beteiligen. Mit dem Auftrag für den damals größten Reaktor der Welt, Biblis A, setzte sich RWE an die Spitze der Atomwirtschaft. Durch ein Geflecht von Beteiligungen erlangte RWE in den 60er und 70er Jahren eine herausragende Stellung im Atomsektor. Und das Atomengagement war trotz vieler Flops für das RWE profitabel und letztlich risikolos, da die Atomanlagen zu Dumpingpreisen gekauft wurden, staatliche Zuschüsse in Milliarden-Höhe flossen, die Steuern gekürzt werden konnten und das Strompreisgenehmigungsverfahren in Deutschland erlaubt, auch Fehlinvestitionen auf die Verbraucher abzuwälzen.
Die Brennstoffversorgung der Atomkraftwerke hat RWE international organisiert.[5] Einerseits bestehen langfristige Lieferverträge über Beteiligungsgesellschaften des Konzerns in Kanada und Australien, die den Großteil des derzeitigen Jahresbedarfs von knapp 1.000 Tonnen Uran abdecken. Kleinere Mengen kommen aus den USA und aus Afrika (Namibia). RWE betreibt für Kernbrennstoffe eine eigene Vorratshaltung und verfügt über einen Uranvorrat in der Größenordnung eines Dreijahresbedarfs. In den letzten Jahren hat sich der Spotmarkt für Uran stark ausgeweitet. RWE ist der größte Abnehmer von Natururan aus der Gemeinschaft Unabhängiger Staaten (GUS) und hat langfristige Verträge mit Rußland, der Ukraine, Usbekistan, Kasachstan und Kirgisien.
Auch die Urananreicherung ist durch langfristige Verträge gesichert. RWE war der größte westliche Auftraggeber der sowjetischen Anreicherungsanlagen und hat bei der französischen Eurodif Abnahmeverpflichtungen. In den letzten Jahren kommen die Lieferungen von jährlich rd. 700 Tonnen Urantrennarbeit jedoch verstärkt aus den Zentrifugenanlagen der Urenco-Gruppe, an der RWE über die Uranit GmbH (Anteil 50%) beteiligt ist.
Die Stromerzeugungsstruktur des RWE hat sich seit Mitte der 80er Jahre, als die Atomreaktoren Gundremmingen B und C in Betrieb genommen wurden, stark zugunsten des Atomstroms verändert. Die beiden Siedewasserreaktoren haben zusammen 2.488 MW elektrische Kapazität, und RWE nimmt 75% der Stromerzeugung ab. Obwohl sich der Reaktor in Mülheim-Kärlich als ein gigantischer Flop herausstellte, hat sich der Atomstromanteil beim RWE gegenüber den 70er

Jahren mehr als verdoppelt. Seit 1993 besitzt RWE einen 12,5%-Anteil an dem 1.363 MW Atomkraftwerk Emsland, dem vorletzten Reaktor, der in Deutschland in Betrieb gegangen ist.

Für die RWE-Kernkraftwerke werden jährlich etwa 100 Tonnen Druckwasserreaktor- und 75 Tonnen Siedewasserreaktor-Brennelemente benötigt. Eine Menge in der Größenordnung eines Nachladebedarfs wird ständig als Reserve gehalten. Auch an der Brennelement-Fertigung war RWE über die Nukem-Gruppe beteiligt. Schließlich hat RWE die »Entsorgung« der Kernkraftwerke durch »Wiederaufarbeitungsverträge« mit der französischen Cogema und der britischen BNFL bis 2005 organisiert. An der Deutschen Gesellschaft für Wiederaufarbeitung von Kernbrennstoffen mbH (DWK) ist RWE noch mit 26% beteiligt. Bis 1985 lag der RWE-Anteil bei 31%. Die DWK wollte im bayerischen Wackersdorf eine Wiederaufarbeitungsanlage bauen, aber dieser Plan scheiterte bekanntlich. Auf dem Gebiet der Wiederaufarbeitung haben die Europäer bereits 1971 ihre Interessen aufeinander abgestimmt. Die britische BNFL, die französische Cogema und die westdeutsche KEWA – die jetzige DWK – gründeten seinerzeit die trinationale United Reprocessors GmbH, mit dem Ziel, einen »ruinösen Wettbewerb bei der Wiederaufarbeitung von Kernbrennstoffen« zu verhindern.

Zu den ungelösten Problemen der Atomenergie gehört die Möglichkeit der Weiterverbreitung von waffenfähigem Material bzw. der Mißbrauch von Nuklearanlagen und Waffenkomponenten durch autoritäre Regime oder Terroristen. Diese Gefahren werden seit Beginn des Atomzeitalters diskutiert, und jedem Militär oder Politiker ist die Verzahnung von ziviler und militärischer Kernenergienutzung bekannt. Deshalb ist die Vorliebe des RWE, bei seinen nuklearen Aktivitäten stets auf die Plutonium-Karte zu setzen, mehr als eigenartig.

Als die Deutsche Atomkommission im Januar 1956 das erste Mal tagte, eröffnete der Vorsitzende – Ohrenzeugen zufolge – die Sitzung mit den Worten: »Meine Herren, Sie wissen, warum wir hier sind – es geht um das Plutonium.« Diese klare Marschrichtung in Richtung auf den Bombenbaustoff bestimmte das 1. Atomprogramm, das insbesondere die Technik des Schwerwasser-Natururan-Reaktors favorisierte. Das 2. Atomprogramm von 1963 faßte Forschung, Entwicklung, Bau und Betrieb von Versuchsanlagen und Prototyp-Atomkraftwerken zusammen. Ein Fernprogramm war »fortgeschrittenen Reaktortypen« gewidmet. Dazu gehörte der vom RWE auserkorene Schnelle Brüter. Der militärische Berater der französischen Atomenergiekommission, General Thiry, charakterisierte die militärische Relevanz von Brutreaktoren folgendermaßen: »Frankreich ist in der Lage, Atomwaffen jeden Typs und jeder Leistung herzustellen. Diese Waffen können, sobald die Schnellen Brüter das dazu notwendige Plutonium im Überfluß liefern, mit relativ geringen Kosten in sehr großen Mengen hergestellt werden.«[6]

Abb. 12: Atomaktivitäten des RWE

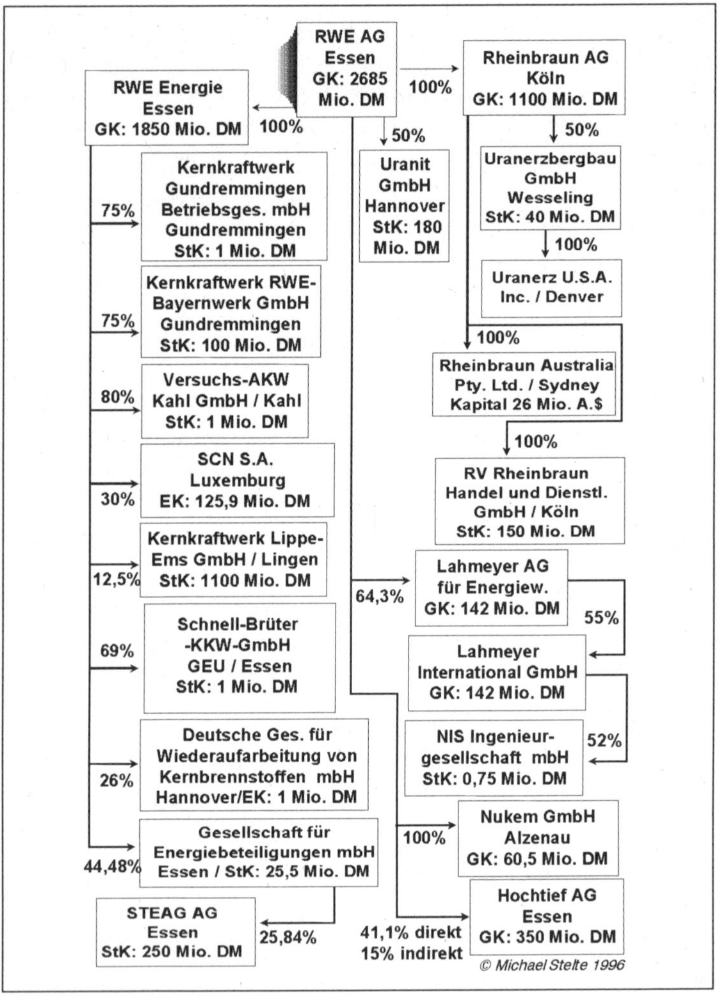

Uranversorgung und Brennelementegeschäft

Der sogenannte »Brennstoffkreislauf« – der natürlich kein Kreislauf ist, weil am Ende nicht wieder Natururan herauskommt – beginnt mit der Prospektion und Exploration von Uran. Besonders große Uranvorkommen gibt es in Nordamerika, in Afrika und in Australien. Drei deutsche Firmen beteiligten sich an der weltweiten Erschließung von Uran.

Mitte der 60er Jahre – gegen Ende des 2. Atomprogramms – ging man davon aus, daß in der Bundesrepublik Deutschland im Jahr 1980 Atomkraftwerke mit einer Leistung von 20.000 und 30.000 MW in Betrieb sind. Das hätte einen jährlichen Uranverbrauch von 6.000 bis 10.000 Tonnen Uranoxid (U_3O_8) nach sich gezogen. Bei allem Atomoptimismus jener Zeit war trotzdem klar, daß bei einem Jahresbedarf von 6.000 Tonnen nicht einmal ein nennenswerter Teil aus inländischer Produktion abzudecken war. Daraus ergab sich zwangsläufig, daß die Uranversorgung aus dem Ausland zu sichern war. Die Bundesregierung gab der Industrie die Anregung, entsprechende Firmen zu gründen. So wurden die Urangesellschaft mbH und die Uranerzbergbau GmbH aus der Taufe gehoben.

RWE hatte bei beiden Unternehmen von Anfang an die Finger drin: Die Uranerzbergbau-GmbH & Co KG – wie sie zunächst hieß – wurde im Geschäftsjahr 1968/69 von der RWE-Tochter Rheinbraun und der C. Deilmann AG mit einem Gesellschaftskapital von 4,5 Mio. DM gegründet. Heute hat die Uranerzbergbau GmbH, Wesseling, 40 Mio. DM Stammkapital und Töchter in den USA. Den Anteil der Deilmann AG hat die Preussag-Tochter Preunag Energie GmbH übernommen.

Bereits im Dezember 1967 war die Urangesellschaft mbH, zunächst ebenfalls als GmbH & Co KG, gegründet worden. Die Gesellschafter waren zu je einem Drittel die Metallgesellschaft, die STEAG und die VEBA. RWE kommt ins Spiel, weil es gemeinsam mit der VEBA die Gesellschaft für Energiebeteiligungen (GfE) kontrolliert, deren unternehmerische Tätigkeit ausschließlich in der Verwaltung einer Beteiligung an der STEAG liegt. Die aktuellen Beteiligungsverhältnisse sind: Cogema Deutschland 69,4%, PreussenElektra 10,3%, STEAG 10,3% sowie Badenwerk und Energieversorgung Schwaben (EVS) je 5%.

Die Uranjäger wurden fündig. Während die Urangesellschaft in mehr als 30 Ländern gleichzeitig nach Uran wühlte, machte sich die Uranerzbergbau über ihre Tochtergesellschaften vor allem in Kanada, Australien und den USA auf die Suche. Aber auch in Togo, Österreich, Somalia, Gabun, Neuseeland und Alaska

sowie im heimischen Schwarzwald fand die vom Bundesforschungsminister geförderte Uranprospektion der Uranerzbergbau statt.
Der Dritte im Bunde der deutschen Uranversorger war die Saarbergwerke AG, die seit 1969 Uranaktivitäten vorzuzeigen hat. Diese wurden zunächst in die Saarberg-Interplan Uran GmbH und dann in die Saarberg-Interplan Gesellschaft für Rohstoff-, Energie- und Ingenieurtechnik mbH überführt. Die Saarbergwerke gehören zu 76% dem Bund und zu 24% dem Saarland. Im März 1996 wurden Pläne der Bundesregierung bekannt, die Saarbergwerke mit der Ruhrkohle AG zu verschmelzen.
Das Urangeschäft ist ein schmutziges Geschäft. Aber ohne Uran keine Atomkraft, keine Atomkraftwerke und keine Atombombe. Und so war und ist für Skrupel kein Platz. Das Sündenregister der Uranwirtschaft ist lang. In Nordamerika und in Australien schert man sich den Teufel um die Kultstätten und Reservate der Ureinwohner. In Namibia wurde jahrelang gegen Resolutionen und Dekrete der Vereinten Nationen verstoßen. Die Bundesrepublik hat im Zeitraum von 1976 bis 1980 zwischen 15 und 30% ihres Urans aus Namibia bezogen.
Da ein ehrwürdiges Energieversorgungsunternehmen wie das RWE natürlich nur ungern mit schwarzen Flecken auf der ohnehin kaum weiß zu haltenden Weste herumspazieren will, gedieh das Urangeschäft im verborgenen. Allerdings mußte RWE zugeben, daß es bis 1981 insgesamt 2.500 Tonnen Uran aus Namibia erhalten hat. Das Uran wurde nicht über die Urangesellschaft, sondern direkt gekauft. Nach eigenen Angaben ist die Urangesellschaft mit 5% an der Rössing Mine in Namibia, einer der größten Uranminen der Welt, beteiligt. Das Werksgelände ist etwa 100 km^2 groß. Neben dem Tagebau ist dort eine Verarbeitungsanlage, in der das Uranerz zu Yellowcake aufbereitet wird.
Ab 1980 wurde Australien der große Partner der deutschen Firmen. Für den Zeitraum 1982 bis 1996 verpflichteten sich RWE, Urangesellschaft und Saarberg-Interplan Uran, von der Energy Resources of Australia (ERA) 18.000 Tonnen Uranoxid abzunehmen. Das ist gut ein Drittel der australischen Uranexporte in diesem Zeitraum. Die RWE-Enkelin Rheinbraun Australia mit Sitz in Sydney organisiert das Geschäft im 6. Erdteil.
In Australien wurde zwar nicht gegen UNO-Resolutionen verstoßen, dafür wurde auf der Suche nach Uran das Land der Ureinwohner, der Aborigines, systematisch durchkämmt. Die Ranger-Uranmine, von der RWE einen Teil seines Urans erhält, ist schon seit Jahrtausenden in der Mythologie der Aborigines bekannt.

Sie erzählen, daß hier tief in der Erde die mächtige Regenbogenschlange ruht. Wenn sie gestört wird und aufwacht, bringt sie Tod, Elend und Vernichtung über die ganze Erde. Das Uran der Ranger-Mine landet bezeichnenderweise nicht nur in den Atomkraftwerken, sondern auch in der Atombombenproduktion.
Yeelirrie, eine andere Uranmine, trägt den Namen, den die Ureinwohner diesem Ort vor Jahrtausenden gaben. Yeelirrie heißt zu deutsch: Stätte des Todes.
In den 90er Jahren werden Kanada und die Gemeinschaft Unabhängiger Staaten (GUS) die größten Uranproduzenten der Welt, die zusammen mehr als die Hälfte der Förderung abdecken. Die weltweite Uranproduktion betrug 1994 knapp 32.000 Tonnen Uran, das ist etwa 52% des weltweiten Bedarfs. Der Rest wird über rückführbares Waffenuran, Reststoffe der Wiederaufarbeitung und sogenannte Inventare gedeckt. Vier der 13 größten Uranminen der Welt liegen in den GUS-Staaten.

Urananreicherung

Zur weiteren Verarbeitung muß das Uranoxid zu Uranhexafluorid (UF_6) konvertiert werden. Entsprechende Anlagen haben zur Zeit Frankreich, Großbritannien, Kanada, die USA und Rußland. Während die Konversionskapazitäten westlicher Anbieter deutlich geringer sind als der Bedarf im Westen, verfügt Rußland über Kapazitäten, die über den Bedarf sämtlicher Reaktoren in den Ländern der ehemaligen sowjetischen Einflußsphäre weit hinausgehen.
Nach der Umwandlung in UF_6 muß das Uran angereichert werden, dann folgt die Herstellung der Brennelemente und der Einsatz im Atomkraftwerk. Bereits im Geschäftsbericht 1974/75 verkündete RWE, daß es sich bis 1985 Urantrennarbeit – so nennt man den Prozeß, bei dem das spaltbare Uranisotop 235 durch Abtrennung des nichtspaltbaren Uran 238 höher angereichert wird – bei den vier Unternehmen gesichert habe, »die zur Zeit in der Welt diese Leistung anbieten«. Ein Jahr später hatte sich RWE gar die Urantrennarbeit bis 1995 vertraglich gesichert.
Die vier Unternehmen, von denen hier die Rede war, sind außer den Anreicherungsfabriken der USA und der damaligen Sowjetunion, die französische Eurodif und die Urenco. Aus der Sicht von RWE handelte es sich aber nur um eine Übergangsregelung. Tatsächlich besaßen die USA bis 1974 das Monopol auf dem Urananreicherungsmarkt. Das Monopol wurde geknackt, als auch die Sowjet-

union begann, angereichertes Uran nach Westeuropa zu liefern, und weil die Anreicherungsanlagen in Frankreich, Großbritannien und den Niederlanden den Betrieb aufnahmen. Der Markt für Urananreicherung ist durch Überkapazitäten bestimmt. Die weltweite Kapazität liegt bei 50.000 Tonnen Urantrennarbeit (UTA) pro Jahr. Dabei ist noch nicht berücksichtigt, daß das hochangereicherte Uran aus Atombomben, das infolge der Abrüstung frei wird, auf den zivilen Markt drängt.

Die USA und die Sowjetunion waren nach dem Kernwaffenstop-Abkommen SALT I bemüht, die freigewordenen militärischen Anreicherungskapazitäten für zivile Atomkraftwerke auszulasten. Deshalb wurden Verträge über »Lohnanreicherung« abgeschlossen. Dabei liefert der Vertragspartner Uran und erhält das zur Brennelementeproduktion geeignete angereicherte und das abgereicherte Uran zurück. In einem Report für das amerikanische Energieministerium stellte die Forscherin Gloria Duffy fest, daß RWE der größte Lohnanreicherungskunde der Sowjetunion war.[7]

RWE hat auch bei der französischen Eurodif Urantrennarbeit bestellt, nachdem sich 1973 die niederländischen, britischen und deutschen Partner des Ultrazentrifugen-Verfahrens aus der Eurodif zurückgezogen hatten. Die Anlage in Tricastin hat 1982/83 den Betrieb aufgenommen.

In Deutschland wurden zwei andere Anreicherungsverfahren favorisiert: die Zentrifuge und die Becker'sche Trenndüse. Direkt beteiligt ist RWE an der Urananreicherung mit der Gas-Ultrazentrifuge. Im März 1970 hatten die britische, deutsche und niederländische Regierung ein Zusammenarbeitsabkommen über dieses Verfahren geschlossen. Es trat im Juli 1971 in Kraft. Darauf wurden die trilateralen Gesellschaften Urenco und CENTEC gegründet. Urenco hatte Ende 1994 eine Gesamtkapazität von 3,3 Mio. Tonnen Trennarbeitseinheiten (TAE) und will diese bis zum Jahr 2000 auf 4 Mio. Tonnen TAE ausbauen. Als deutscher Partner der Urenco trat die Uran-Isotopen-Trennungs-GmbH – Uranit – in Erscheinung. Uranit war 1969 von Nukem und Gelsenberg (je 40%) und dem Chemiegiganten Hoechst (20%) gegründet worden. Zu diesem Zeitpunkt hielt RWE 25% von Nukem und 48% von Gelsenberg. Durch den Verkauf der Gelsenberg-Anteile an die Veba und weitere Aufkäufe, haben sich die Beteiligungsverhältnisse ständig geändert. RWE übernahm 1989 die Nukem, die den RWE-Anteil an Uranit »treuhänderisch« verwaltet. Uranit war bis 1993 mit den Partnern Ultracentrifuge Nederland (UCN) und der INFL – einer Tochter der British

Nuclear Fuels Ltd. (BNFL) – Betreiber der Anlagen in Capenhurst (Großbritannien) und Almelo (Niederlande). Im September 1993 wurde die Urenco Deutschland GmbH Rechtsnachfolger der Uranit GmbH. Urenco Deutschland baut und betreibt die deutsche Urananreicherungsanlage in Gronau und entwickelt im Forschungszentrum Jülich neue Zentrifugen für die industrielle Anreicherung von Uran.
Die Anlage in Gronau hatte 1995 eine Kapazität von 680 Tonnen UTA pro Jahr. Bereits 1978 wurde der Antrag für Bau und Betrieb einer 1.000-Tonnen-Anlage gestellt. Die erste Ausbaustufe von 400 Tonnen UTA/a wurde 1985 in Betrieb genommen. Ende 1985 wurde die zweite Ausbaustufe beantragt und im März 1994 genehmigt. Bis 1998 soll die Anlage in Gronau auf 1.000 Tonnen UTA/a ausgebaut werden. Für die Zukunft ist der Ausbau auf 1.800 Tonnen angepeilt.[8]

Die Nukem-Story

Bis zum »Urangate in Hanau« (s. Kasten) war eine Hauptaktivität des RWE im Brennstoffzyklus die Brennelementefertigung. Bereits im Geschäftsjahr 1965/66 erwarb RWE von der US-Firma Mallinckrodt, St. Louis, 25% der Nukem, die 1960 von DEGUSSA, Rio Tinto Zinc und der Metallgesellschaft gemeinsam mit dem am amerikanischen Atombombenprojekt beteiligten US-Konzern gegründet worden war.
Die Nukem ist aus der Nukleargruppe der Firma DEGUSSA hervorgegangen, bei der 1955 kerntechnische Entwicklungsarbeiten wiederaufgenommen wurden, als die Bundesrepublik nach den Pariser Verträgen die volle staatliche Souveränität erlangte.
Die NUKEM ist »stolz darauf, ... zu den ältesten Nuklearfirmen der Welt überhaupt zu gehören«, denn ihre Vergangenheit reicht bis 1940 zurück. Damals begann die DEGUSSA mit der Herstellung von einigen Tonnen Uranmetalls für die Experimente mit der sogenannten »Uranmaschine«, die von Heisenberg und seinen Mitarbeitern zunächst in Leipzig und dann in einem Kellergewölbe bei Haigerloch durchgeführt wurden. Als Spezialunternehmen zur Herstellung von Kernbrennstoffen wurde im April 1960 die »Nuklear-Chemie und -Metallurgie GmbH« gegründet. Gesellschafter, Beteiligungsverhältnisse und Kapital der Nukem haben sich mehrfach geändert. Im Geschäftsjahr 1976/77 wurde RWE mit 45% der größte Gesellschafter. Bis 1989 hielten Degussa 35% und

Metallgesellschaft und Rio Tinto Zinc je 10% der Gesellschaftsanteile. Nach dem Hanauer Uranskandal, an dem die NUKEM-Töchter Transnuklear und ALKEM maßgeblich beteiligt waren, nahm die Degussa NUKEM in die »unternehmerische Obhut«. NUKEM verzichtete auf die Verarbeitung von Uran und konzentrierte sich auf die Verfahrens-, Umwelt- und Solartechnik. Zunächst behielt Degussa seine 35%ige Beteiligung an der NUKEM. Dann kaufte RWE im Juni 1989 den 10%-Anteil der Imperial Smelting Corporation. Seit dem 14. August 1990 ist NUKEM eine 100%ige RWE-Tochter.

Anfang der 60er Jahre wurde die Entwicklung und Produktion von Kernbrennelementen aufgenommen. Eine Arbeitsgemeinschaft von AEG und NUKEM lieferte bereits die erste Brennstoffnachladung für den Reaktor im Versuchsatomkraftwerk Kahl. Dabei stellte NUKEM die Brennstoffstäbe her, die von AEG zu Brennelementen zusammengebaut wurden.

Im Rahmen des Projektes »Schneller Brüter« ergriff NUKEM die Initiative zur Brennelementefertigung aus Plutonium. Für das SNEAK-Projekt in Karlsruhe mußten 175 kg Plutonium verarbeitet werden. Zu diesem Zweck wurde 1963 die Firma ALKEM als Tochtergesellschaft der Nukem und der US-Firma Dow Chemical gegründet. Der zunächst mit 30% beteiligte US-Chemieriese hatte Erfahrungen in der Verarbeitung von Plutonium, da er für die amerikanische Regierung die Anlage Rocky Flats bei Denver betrieb. Rocky Flats wurde 1952 in Betrieb genommen und war der einzige Ort in den USA, wo die Plutonium-Zünder der Atomwaffen hergestellt wurden. Dow wurde später aus dem Atomgeschäft hinausgeworfen, weil die Sicherheit der Plutonium-Anlagen nicht gewährleistet war und die Arbeiter zu streiken begannen. Dow transferierte seine Erfahrungen durch amerikanische Experten nach Karlsruhe, wo ALKEM die Produktion zunächst als Untermieter des Kernforschungszentrums aufnahm. Später gab Dow seine Anteile an AEG und Siemens weiter, die sie an die Kraftwerkunion KWU übertrugen. Gemeinsam mit Siemens kontrollierte RWE über ALKEM das Monopol für die Plutoniumtechnologie in Deutschland.

Nachdem RWE 1965/66 in die Nukem eingestiegen war, fiel wenig später die Entscheidung, sich am Bau eines Prototypkraftwerks vom Typ Schneller Brüter zu beteiligen.

Ebenfalls 1966 gründeten NUKEM und das französische Unternehmen Transnucléaire S.A., Paris, die TRANSNUKLEAR GmbH. Anfangs beförderte TRANSNUKLEAR unbestrahlte Brennstoffe und Brennelemente der Nukem.

Urangate in Hanau

Am 17. Dezember 1987 entzog der damalige Bundesumweltminister Klaus Töpfer der Hanauer Firma TRANSNUKLEAR wegen mangelnder Zuverlässigkeit mit sofortiger Wirkung die Genehmigung zum Transport radioaktiver Abfälle. Anlaß für diesen Schritt des Umweltministers war das Geständnis von belgischen Geschäftspartnern der TRANSNUKLEAR, 312 Fässer mit Atommüll falsch deklariert zu haben. Statt schwachaktivem Abfall – wie in den Begleitpapieren ausgewiesen – enthielten die Fässer auch Plutonium.
Kurz zuvor hatte der ehemalige Prokurist von TRANSNUKLEAR, Hans Holtz, im Hanauer Untersuchungsgefängnis Selbstmord begangen. Mit dem Tod des wichtigsten Zeugen für die Korruption in der Atomwirtschaft wurde aus der TRANSNUKLEAR-Affäre ein Atommüllskandal, der Mitte Januar 1988 seinen Höhepunkt erreichte, als der hessische Umweltminister auf Weisung des Bundesumweltministers auch der TRANSNUKLEAR-Mutter NUKEM die Betriebsgenehmigung entzog.
Das 1966 gegründete, nach außen eigenständig auftretende, aber intern als Geschäftsbereich der NUKEM organisierte Unternehmen TRANSNUKLEAR besaß für Atommülltransporte in der Bundesrepublik eine monopolähnliche Stellung. Mit knapp 140 Beschäftigten und 63,4 Mio. DM Umsatz hatte man über 60% des Marktes. Jährlich wurden etwa 1.500 Transporte mit leichtaktivem Abfall ins Ausland durchgeführt.
Das Hanauer Finanzamt hatte NUKEM und TRANSNUKLEAR eine Betriebsprüfung für die Jahre 1981 bis 1985 angekündigt. Der zum Jahresbeginn 1987 neu eingestellte Geschäftsführer Hans-Joachim Fischer prüfte eigenhändig, ob die Belege für die Steuererklärungen in Ordnung waren. Schon bald fielen ihm Rechnungen auf, die nicht den geschäftsüblichen Gepflogenheiten entsprachen. Es gab falsche Rechnungen, offensichtlich überhöhte Rechnungen oder »blanke Luft«.
Die Auszahlung von Schmiergeldern ist in Deutschland steuerrechtlich klar geregelt. Wenn der Empfänger nicht genannt wird, handelt es sich um nichtabzugsfähige Betriebsausgaben. Wird er genannt, sind es »Nützliche Aufwendungen« – im Buchhalterjargon »NAs« abgekürzt –, die vom Empfänger versteuert werden müssen. Die Bestechungsgelder der TRANSNUKLEAR waren jedoch zum größten Teil am Fiskus vorbeigeschoben worden.

Nach einer Krisensitzung kam man überein, eine berichtigte Steuererklärung abzugeben. Fischer wollte auch Selbstanzeige erstatten, denn nur die hätte ihm Straffreiheit gesichert, doch die Runde hielt ihn davon ab. Darauf informierte Fischer den NUKEM-Geschäftsführer und Vorsitzenden des TRANSNUKLEAR-Verwaltungsbeirats, Manfred Stephany, über seine Entdeckung mit den Schmiergeldzahlungen, und daß mindestens zwei Millionen DM falsch deklariert seien. Fischer äußerte den Verdacht, daß sich TRANSNUKLEAR-Mitarbeiter aus der schwarzen Kasse selbst bedient hätten. Im März 1987 reiste Stephany nach Essen, um dem damaligen NUKEM-Aufsichtsratsvorsitzenden und RWE-Vorstandsmitglied Spalthoff auf den Skandal vorzubereiten. Spalthoff erfuhr, daß auch Mitarbeiter von RWE und PreussenElektra von TRANSNUKLEAR kassiert haben. Man einigte sich darauf, die Staatsanwaltschaft »irgendwann einzuschalten«, zuvor aber intern weiter zu ermitteln und die Kunden vor den Staatsanwälten zu warnen.
Schließlich gelang es Fischer, die Liste der »Nützlichen Aufwendungen« zu ergattern, die vom TRANSNUKLEAR-Prokuristen Holtz geführt wurde. Holtz hatte 1978 bei der Atomfirma als Abteilungsleiter angefangen und war für die »freie Akquisition« zuständig. Für Atommüllaufträge zahlte TRANSNUKLEAR eine »Provision«: Pro Kilogramm brennbaren Abfalls 50 Pfennig, pro Kilo pressbaren Mülls 20 Pfennig und pro Transport flüssigen Atommülls pauschal 3.000 DM. Auf der Empfängerliste von TRANSNUKLEAR standen die Strahlenschutzbeauftragten der Atomkraftwerke Biblis, Brokdorf und Stade sowie Beschäftigte der AKWs Philippsburg, Neckarwestheim und Unterweser. Auch die Geschäftspartner in Schweden, Belgien und in der Schweiz wurden mit Cash oder Geschenken bei Laune gehalten. Die »Korruptionalien« wurden in der Regel von der NUKEM-Einkaufsabteilung bestellt, zumeist unter falschen Bezeichnungen, um die Empfänger zu schützen und die Praktiken in der eigenen Firma zu verschleiern.
Die Frankfurter Allgemeine berichtete im Juni 1987 anläßlich der Pressekonferenz zum NUKEM-Geschäftsbericht 1986 säuerlich: »Dürftige Umsatzrendite – Bestechungsaffäre bei Tochtergesellschaft«. Seit 1981 seien etwa 3 bis 4 Millionen Mark von der TRANSNUKLEAR über »schwarze Kassen« an Mitarbeiter von Stromversorgungsunternehmen gegangen. Im Dezember wird aber deutlich, daß auch Fässer mit Atommüll falsch deklariert worden sind. Jetzt weitet sich die Bestechungsaffäre zum Atomskandal aus. Die vorliegenden

Bedenken gegen die Zuverlässigkeit reichen aus, um den Widerruf der Betriebsgenehmigungen zu begründen. In welchem Umfang getäuscht wurde, ermittelte eine deutsch-belgische Untersuchungskommission. Zwischen 1983 und 1985 wurden insgesamt 5.336 Fässer illegal von Belgien in die Bundesrepublik transportiert. Die schwedische Atomkontrollbehörde stellte fest, daß zwischen 1980 und 1987 für 24 von insgesamt 300 Atommülltransporten zwischen Deutschland und Schweden die Lieferpapiere fehlten.
RWE und Degussa als größte Eigentümer opferten die NUKEM-Geschäftsführung. Erst wurde Stephany entlassen, dann die beiden anderen Geschäftsführer beurlaubt. RWE – kapitalmäßig und von der Kontrollaufgabe her das hauptverantwortliche Unternehmen – überließ es zunächst Degussa, der zweitgrößten NUKEM-Gesellschafterin, vor der Öffentlichkeit die NUKEM in die »unternehmerische Obhut« zu nehmen. Dann zog sich RWE aus der Brennelementeproduktion zurück und verkaufte die Anteile der NUKEM an den Hanauer Brennelemente-Fertigungsbetrieben an Siemens. Der Geschäftssitz der NUKEM wurde nach Bayern verlegt.
Aber die vom damaligen Bundesumweltminister Töpfer angekündigte »Entflechtung der Atomindustrie« blieb aus. Nur vier Firmen sollten in den Bereichen Transport, Versorgung und Entsorgung arbeiten dürfen. Für den Inlandstransport zeichnete nunmehr die Deutsche Bundesbahn verantwortlich. Mit der Einrichtung des Bundesamtes für Strahlenschutz erweiterte der Bonner Umweltminister lediglich seine Kompetenzen. Den großen Ankündigungen folgte keine strukturelle Veränderung. Erst als die Atomindustrie selbst im Frühsommer 1989 das deutsche Wiederaufarbeitungsprojekt für beendet erklärte, kam es zum »tiefen Schnitt«.

[Quelle: Lutz Mez: Transnuklear oder Urangate in Hanau, in: Komitee für Grundrechte und Demokratie (Hrsg.): Jahrbuch 1987, Einhausen 1988, S. 49-56.]

Dann kam der Transport der bestrahlten Brennelemente aus den RWE-Atomkraftwerken Kahl und Gundremmingen dazu. Der Umfang der Nukleartransporte nahm rasch zu, und die internationale Zusammenarbeit verstärkte sich. Tochterunternehmen entstanden in den USA, Spanien, Argentinien, Japan, Belgien, Großbritannien, Kanada und Australien.
Im Jahr 1974 hatte RWE die Produktion von Brennelementen für Leichtwasserreaktoren auf seine Weise geordnet. Die Kernreaktorteile GmbH (KRT) wurde

mit der Reaktor Brennelemente Gesellschaft mbH zur Reaktor Brennelemente Union (RBU) verschmolzen. Die RBU gehörte ab Dezember 1976 zu 60% KWU und 40% NUKEM und fertigte an zwei Standorten Brennelemente für 50 Atomkraftwerke im In- und Ausland. Nach der Neuordnung der NUKEM wurde die TRANSNUKLEAR aufgelöst, und ALKEM und RBU wurden im Oktober 1988 in die Siemens AG integriert.

Wegen einer Reihe von Unfällen, scharfer Genehmigungsauflagen und einer konsequenten Kontrolle der Nuklearbetriebe durch das Hessische Umweltministerium machte der Betriebsteil Uran Verluste in dreistelliger Millionenhöhe. Deshalb entschloß sich Siemens im Dezember 1994, die Uranfertigung in Hanau aufzugeben und ins Ausland zu verlagern.

Bis zur Neuordnung der Atomwirtschaft nach dem Hanauer Urangate war RWE der wichtigste Gesellschafter in Hanau. Im Geschäftsjahr 1976/77 hatte RWE seinen Anteil von 25 auf 45% erhöht. Nach der Katastrophe in Tschernobyl ereilte die NUKEM-Gruppe ein politisches und wirtschaftliches Desaster. Im Oktober 1986 erhob die Hanauer Staatsanwaltschaft Anklage wegen »unerlaubten Betreibens einer kerntechnischen Anlage«. Angeklagt wurden zwei Alkem-Geschäftsführer und drei Beamte des Hessischen Wirtschaftsministeriums. Der Alkem-Prozeß vor dem Hanauer Landgericht endete zwar mit einem Freispruch für alle Angeklagten, doch dann kam es bei der NUKEM-Tochter TRANSNUKLEAR zum Skandal, der mit dem Entzug der Betriebsgenehmigung endete. Der damalige Bundesumweltminister Töpfer kündigte einen »tiefen Schnitt« an, von der »Entflechtung der Atomindustrie« war gar die Rede. Nur noch vier Firmen sollten in den Bereichen Transport, Versorgung und Entsorgung arbeiten dürfen. Aber atomindustriell unbelastete Unternehmen gab es nicht.[9]

NUKEM trennte sich von ALKEM, und RBU und verlegte seinen Sitz vom hessischen Hanau nach Alzenau in Unterfranken. Nach der Pleite des amerikanischen Marktführers NUEXCO ist NUKEM heute die größte Uran-Handelsfirma der Welt, gefolgt von der Urangesellschaft. Neben dem weltweiten Handel mit Kernbrennstoffen ist NUKEM für die Photovoltaik im RWE-Konzern zuständig. Inzwischen hat sich die Firma auch neuen Geschäftsfeldern wie Petrochemie und Mineralöl sowie Gas und Umwelttechnik zugewandt. Im Juli 1994 haben NUKEM und Daimler-Benz Aerospace die Angewandte Solarenergie ASE GmbH gegründet. An dem Joint-venture sind beide Unternehmen mit 50% beteiligt (s. auch Kapitel 4).

NUKEM und RWE verfolgen in den letzten Jahren verstärkt den Ausbau der internationalen Anlagenbau-Aktivitäten. Rückwirkend zum 1. Januar 1996 hat NUKEM eine 75%-Beteiligung an der Klöckner Industrie-Anlagen GmbH (INA) erworben. Die INA ist als Generalunternehmer im internationalen Anlagenbau mit Schwerpunkten in den Bereichen Zellstoff/Papier, Chemie, Stahl und Infrastruktur tätig. Aber auch Rauchgasentschwefelungsanlagen werden von der INA gebaut. Insbesondere in den osteuropäischen und GUS-Ländern, aber auch in Fernost und Südostasien nutzt RWE die umgemodelte NUKEM, um international mehr Gewicht zu erlangen.

Die RWE-Atomkraftwerke

Derzeit ist RWE an sechs Atomkraftwerken beteiligt (s. Tabelle 1). Atomstrom gehört seit 1961 zum RWE-Strommix. Damals ging das gemeinsam mit der Bayernwerk AG betriebene Versuchsatomkraftwerk Kahl (16 MW) ans Netz, das im November 1985 endgültig abgeschaltet wurde. 1966 kam das gleichfalls gemeinsam mit der Bayernwerk AG betriebene Kernkraftwerk Gundremmingen A (250 MW) dazu, das bis Anfang 1977 Strom produzierte. Nach einem schweren Störfall entschlossen sich RWE und Bayernwerk 1980 zur endgültigen Stillegung.

Ende der 60er Jahre scheiterten die RWE-Pläne, gemeinsam mit der BASF zwei 600-MW-Atomkraftwerke in Ludwigshafen zu errichten. Darauf erteilte RWE einem Konsortium aus KWU und Hochtief im Mai 1969 den Auftrag, ein Atomkraftwerk von bislang unerreichter Leistung zu bauen. Als Standort wurde Biblis gewählt. Die Bauarbeiten für Block A waren noch in vollem Gange, als RWE im August 1971 demselben Konsortium den Bauauftrag für einen 1.300-MW-Druckwasserreaktor erteilte. In der Planungseuphorie zu Beginn der 70er Jahre wurden auch Pläne für die Blöcke C und D bekannt, die jedoch nie realisiert wurden.

Ab 1975 stieg der Atomstromanteil mit der Inbetriebnahme von Biblis A (1.204 MW) rasch an. Anfang 1977 kam Biblis B (1.300 MW) hinzu. Bis Anfang der 80er Jahre wurden etwa 10% des RWE-Stromaufkommens in Atomkraftwerken produziert. Ab 1984 erhöhte sich durch die Inbetriebnahme der 1.310-MW-Blöcke Gundremmingen B und C (RWE-Anteil jeweils 75%) die Kapazität und der Atomstromanteil. Gegenüber 1981 verdoppelte sich dieser und erreichte im Geschäftsjahr 1987/88 den Spitzenwert von 24%.

Tabelle 1: RWE-Atomkraftwerke (Stand 1995)

Standort/ Bezeichnung	Leistung in MW brutto	RWE-Anteil in MW brutto	Inbe-trieb-nahme	Stromerzeugung in TWh bis 1994
Biblis A	1.204	1.204	1975	145,7
Biblis B	1.300	1.300	1977	133,7
Gundremmingen B	1.304	982,5	1984	94,5
Gundremmingen C	1.304	982,5	1984	86,2
Mülheim-Kärlich	1.308	1.308	1986	1,8
Emsland	1.363	170	1988	72,2
Super-Phénix	1.200	192	1987	0
stillgelegte Anlagen oder beendete Projekte				
Großwelzheim	25		5/70-8/74	
Gundremmingen A	250		8/66-1/80	
Kahl	16		11/60-11/85	
Kaiseraugst	920	69	-	
Kalkar SNR 300	327	225	-	
Biblis C + D	2 x 1.300			
Neupotz	2 x 1.300			
Vahnum	2 x 1.300			
Pfaffenhofen	2 x 1.300			

Quelle: atw

Die Doppelblockanlage in Gundremmingen wurde abermals an KWU und Hochtief vergeben. Mit dem Bau wurde im Juli 1976 unmittelbar neben dem stillgelegten Block A begonnen. Nach achtjähriger Bauzeit erfolgte die erste nukleare Inbetriebnahme im März 1984. Eigentümer ist die Kernkraftwerk Gundremmingen Verwaltungsgesellschaft mbH (KGV) mit einem Stammkapital von 1 Mio. DM. Die KGV verpachtet die beiden Blöcke an die Kernkraftwerk Gundremmingen Betriebsgesellschaft mbH (KGB). An der KGB sind RWE mit 75% und das Bayernwerk mit 25% beteiligt. Die KGV ist eine indirekte Tochtergesellschaft der Deutschen-Anlagen-Leasing GmbH.

Ein weiteres Leasing-Objekt ist das Kernkraftwerk Mülheim-Kärlich. Bereits 1971 hatte RWE bei dem rheinland-pfälzischen Wirtschaftsministerium die Er-

richtung eines Atomkraftwerkes in Mülheim-Kärlich beantragt. Ende 1972 folgte der Genehmigungsantrag. Obwohl die Erste Teilerrichtungsgenehmigung erst Anfang 1975 erteilt wurde, vergab RWE den Auftrag bereits 1973 an ein Konsortium BBC/Brown Boveri Reaktor GmbH (BBR)/Hochtief. Die Atomkraftwerke der BBR-Mutter Babcock & Wilcox (USA) hätten – so ließ RWE verlauten – ein hervorragendes Betriebsverhalten offenbart und könnten mit Ausnahme einiger kleiner Modifizierungen aufgrund unterschiedlicher Sicherheitsanforderungen bedenkenlos auch in der Bundesrepublik eingesetzt werden. Am 28. März 1979 führte das hervorragende Betriebsverhalten eines solchen Babcock-Reaktors im AKW Harrisburg in Three Miles Island zum bis dahin größten Unfall in der Geschichte der Atomenergie. Auch die »kleinen Modifizierungen« hatten es in sich: so mußten u.a. die Wärmetauscher völlig neu konzipiert werden.
Um das finanzielle Risiko abzuwälzen, gründete RWE 1975 zusammen mit drei Banken eine Leasing-Gesellschaft: die SCN – Société Luxembourgoise de Centrales Nucléaires S.A. Die SCN schloß für das AKW einen Pachtvertrag mit RWE. Die Anteilsverhältnisse, die sich bis heute nur unwesentlich verändert haben, zeigen ein deutliches Übergewicht der Banken – fast 70% –, während RWE nur über 30,01% verfügt. Diese Konstruktion führte dazu, daß bereits seit Anfang 1981 Pachtzahlungen erfolgten. Als Termin für die Inbetriebnahme wurde zunächst 1978/79 angegeben. Aufgrund zahlreicher Umbauten zur »Verbesserung« – nicht zuletzt als Reaktion auf den Unfall in Harrisburg – verzögerte sich die Inbetriebnahme immer weiter.
Im Rahmen des Probebetriebs begann das AKW Mülheim-Kärlich (1.308 MW) im März 1986 Atomstrom ins Netz zu speisen. RWE wollte Mülheim-Kärlich im Oktober 1986 übernehmen. Weil der Kühlturm jedoch nicht nach dem Bundes-Immissionsschutzgesetz genehmigt war, mußte die Anlage bis August 1987 abgeschaltet werden. Der Leistungsbetrieb wurde im September 1987 aufgenommen.[10] Aber bereits ein Jahr darauf mußte der Reaktor wieder abgeschaltet werden, weil das Gericht die 1. Teilgenehmigung aufhob. Diese Teilgenehmigung ist für den Betrieb einer Atomanlage von zentraler Bedeutung. Nach dem Atomgesetz muß der Stand von Wissenschaft und Technik berücksichtigt werden. In Zweifel gezogen war die Erdbebensicherheit der Anlage in Mülheim-Kärlich, die in einer tektonischen Zone errichtet worden war. Dennoch wurde im Juli 1990 die 1. Teilgenehmigung neu erteilt, die vom Oberverwaltungsgericht Rheinland-Pfalz im Mai 1991 und in der Revisionsverhandlung im November 1995 erneut

aufgehoben wurde. Alle Versuche des RWE, das AKW über den Sofortvollzug dennoch ans Netz zu bekommen, scheiterten. Mit über 7 Mrd. DM Investitionskosten ist Mülheim-Kärlich die teuerste Atomruine in Deutschland. Die gesamte Stromerzeugung von Mülheim-Kärlich wird mit 1,8 TWh angegeben. Im Jahr 2000 wird diese Erzeugung durch den Eigenverbrauch der abgeschalteten Anlage von jährlich rund 150 GWh wieder aufgebraucht sein.[11]

Obwohl die rechtswidrigen Teilgenehmigungen von CDU-geführten Landesregierungen mit Helmut Kohl an der Spitze zu verantworten sind, verklagte RWE das – inzwischen von SPD und FDP regierte – Land auf Schadenersatz (s. dazu Kapitel 9).

In Nordrhein-Westfalen plante RWE in Kalkar das 300-MW-Prototypkraftwerk des Schnellen Brüters SNR 300. Beim SNR 300 handelte es sich um einen Brutreaktor, der schnelle Neutronen zur Kernspaltung nutzt. In den Brennelementen ist Plutonium, und im primären Kühlkreislauf Natrium, das bei Hitze flüssig wird. Der SNR 300 wurde in den 60er Jahren bei Interatom mit Unterstützung der Kernforschungsanlage Karlsruhe geplant und 1972 in Auftrag gegeben. Die Bauarbeiten begannen 1973, die Inbetriebnahme sollte 1978/79 erfolgen. An der Betreibergesellschaft Schnell-Brüter-Kernkraftwerksgesellschaft mbH Gemeinsames Europäisches Unternehmen (SBK) ist RWE mit 68,85% beteiligt. Den Bau führte ein Konsortium unter maßgeblicher Beteiligung von Interatom und Hochtief durch. Von den Baukosten in Höhe von 7 Mrd. DM übernahm der Bund 4,3 Mrd. DM, RWE und Konsorten trugen nur 1,4 Mrd. DM bei. Seit Mitte 1986 wartete RWE auf den Abschluß der Erprobung der Kraftwerkssysteme und die nukleare Inbetriebnahme. Die Landesregierung von Nordrhein-Westfalen hat wegen ihrer Bedenken gegen die Inbetriebnahme des SNR 300 jedoch keine Genehmigung erteilt. Im April 1991 beschlossen die Gesellschafter, das Projekt SNR 300 zu beenden. Das deutsche Brüterprogramm war damit gescheitert. 1995 wurde das Kraftwerk an einen Unternehmer aus den Niederlanden verkauft, der es in einen Vergnügungspark umbauen will.

An dem französischen Schnellen Brüter Superphénix (1.200 MW) ist RWE über die SBK indirekt mit 16 bzw. 12% beteiligt. Entsprechend dieser Beteiligungsquote wollte der RWE-Konzern auch Strom abnehmen. Der Superphénix erreichte Mitte 1986 erstmals 50% der Nennlast. Die Aufnahme des kommerziellen Betriebs war für 1987 geplant, mußte aber wegen Leckagen immer wieder verschoben werden. Zwischen Januar 1986 und Ende 1994 war der Brüter nur 176

Tage in Betrieb. Aus dem Strombezug wurde also nichts. Dann entschied die französische Regierung, daß der Superphénix künftig vorrangig für Forschungs- und Demonstrationszwecke und vor allem zur Verbrennung von Plutonium und langlebigen radioaktiven Abfällen genutzt werden soll. Im November 1994 wurde die Genehmigung bis auf 30% der Nennleistung erteilt. Aber das Projekt war weiterhin von Pannen verfolgt. Erst Ende September 1995 wurde mit der Netzsynchronisation begonnen. Durch den Eigenverbrauch der Anlage ist auch hier die Erzeugungsbilanz negativ. RWE wollte nun aus dem Projekt aussteigen, ließ sich aber durch ein Stromlieferangebot ködern. Entsprechend den Kapitalanteilen an der Centrale Nucléaire Européenne à Neutrons Rapides S.A. (Nersa) - EdF 51%, Enel 33% und SBK 16% - sollen die Finanzierung der Betriebskosten und die Rückzahlung der Baudarlehen von den Gesellschaftern sichergestellt werden. Vom 1. Januar 1995 bis zum 31. Dezember 2000 sollen zur Kompensation 14,5 TWh aus dem Netz der EdF anteilmäßig an Enel und SBK geliefert werden. Damit bekommt RWE 4,6 TWh Atomstrom umsonst aus Frankreich.[12]

Außerdem war RWE mit 7,5% am Schweizer Atomkraftwerksprojekt Kaiseraugst beteiligt, das aber keine Baugenehmigung erhalten hat. Nach der Katastrophe in Tschernobyl lehnten in einer Art Volksabstimmung fast zwei Drittel der Schweizer Bevölkerung die Atomenergie ab. 1988 kam das Aus für das Projekt, nachdem 13 bürgerliche Nationalräte eine Motion für den Verzicht auf Kaiseraugst eingebracht hatten.[13]

Ein weiteres Projekt, an dem RWE über SBK mit 51% an der Europäischen Schnellbrüter-Kernkraftwerksgesellschaft mbH (ESK) beteiligt ist, sah den Bau des Demonstrations-Brüters SNR 2 in der Bundesrepublik vor. Schließlich war RWE mit 15% an der Hochtemperaturreaktor-Gesellschaft mbH - HRG - beteiligt, die einen 500-MW-Hochtemperaturreaktor plante. Doch mit dem Scheitern der Demonstrationsanlage in Hamm-Uentrup mußte auch dieses Projekt zu den Akten gelegt werden.

Gemeinsam mit der VEW und PreussenElektra ist RWE mit 12,5% Gesellschafter der Kernkraftwerke Lippe-Ems GmbH (KLE), die das Atomkraftwerk Emsland betreibt. Die Bauarbeiten am 1.300-MW-Druckwasserreaktor begannen im August 1982, nachdem die CDU-CSU-FDP-Wenderegierung Auflagen zur Angleichung an den Stand von Wissenschaft und Technik entschärft hatte. Die

Netzsynchronisation fand im April 1988 statt. Damit ist Emsland das vorletzte AKW, das in Deutschland ans Netz gegangen ist.
Auch in Deutschland hat RWE eine Reihe gescheiterter Atomprojekte aufzuweisen: In Neupotz hatte RWE 1977 für den ersten der beiden gemeinsam mit den Pfalzwerken geplanten Blöcke die 1. Teilgenehmigung beantragt. Im Herbst 1982 gab Hochtief jedoch den Auftrag zurück. Auch für Vahnum A und B wurden Anfang der 80er Jahre die Planungsarbeiten eingestellt. Ein weiteres AKW-Projekt im bayerischen Pfaffenhofen, wo RWE gemeinsam mit den Lechwerken tätig werden wollte, wurde dadurch verhindert, daß AKW-Gegner strategisch wichtige Teile des Baugeländes aufkauften. Und die Erweiterung von Biblis um zwei Blöcke wurde auf Eis gelegt, nachdem bereits im April 1975 das atomrechtliche Genehmigungsverfahren eingeleitet worden war. Erst 1996 wurde der Antrag für Block C zurückgezogen.

Wiederaufarbeitung und Atommüll

Im Juli 1975 wurde in Essen mit einem Grundkapital von 100.000 DM die »Projektgesellschaft Wiederaufarbeitung von Kernbrennstoffen mbH« (PWK) gegründet. Die PWK sollte eng mit der KEWA Kernbrennstoff-Wiederaufarbeitungs-Gesellschaft mbH zusammenarbeiten, die damals zu je einem Viertel Hoechst, Bayer, NUKEM und Gelsenberg gehörte. Ursprünglich hatte die chemische Industrie an einer Wiederaufarbeitungsanlage (WAA) in Deutschland Interesse. Als sich aber Mitte der 70er Jahre in den USA abzeichnete, daß sich eine derartige Anlage nicht rechnet, stiegen die Chemiemultis Bayer und Hoechst aus der KEWA aus. Im Februar 1977 wurde die PWK zur DWK umgewandelt, die zum 1.9.1977 die KEWA und deren Beteiligung an der trinationalen United Reprocessors GmbH (URG) übernahm. 1978 erfolgte die Übernahme der Gesellschaft zur Wiederaufarbeitung von Kernbrennstoffen mbH (GWK), die im Auftrag des Bundes die Pilot-Wiederaufarbeitungsanlage Karlsruhe (WAK) betrieb.
Die Eigentümer der DWK sind jene Elektrizitätsversorgungsunternehmen (EVU), die Atomkraftwerke betreiben oder besitzen. Die aktuellen Beteiligungsverhältnisse sind: Badenwerk 5,5%, Bayernwerk 14,5%, EVS 6,5%, HEW 7,5%, VEW 5,5% und RWE Energie 26%. PreussenElektra ist mit 24% über die Norddeutsche Gesellschaft zur Beratung und Durchführung von Entsorgungsauf-

gaben bei KKW mbH (NGB) beteiligt. Außerdem halten Isar-Amperwerke und Neckarwerke sowie die Technischen Werke Stuttgart je 3,5% der DWK-Anteile. Die DWK machte es sich zur Aufgabe, die deutschen Atomkraftwerke zu »entsorgen« – wobei nach dem Atomgesetz für die »Endlagerung« von Atommüll der Bund zuständig war. Also ging es der DWK zunächst um die Planung und den Bau einer WAA. Die Standortsucher des Unternehmens stießen auf größte Schwierigkeiten. Die ausgespähten Winkel wurden jeweils zu Meilensteinen der Anti-Atombewegung in der Bundesrepublik. Sieben Jahre dauerte es, ehe in Bayern und in Niedersachsen die Genehmigungsverfahren für je eine 350-Tonnen-WAA anliefen.

Nach jahrelangem Hickhack im DWK-Aufsichtsrat fiel am 4. Februar 1985 die Entscheidung für Wackersdorf. Am 28. März 1985 beauftragte die DWK das »Errichtungskonsortium Wiederaufarbeitungsanlage Wackersdorf« (EWW) mit dem Bau einer »schlüsselfertigen« WAA in der bayerischen Gemeinde. Das EWW bestand aus der Siemens-Tochter KWU (Federführung), Kraftanlagen AG Heidelberg und NUKEM sowie den Baufirmen Hochtief, Dyckerhoff & Widmann und Heitkamp. Die erste Teilerrichtungsgenehmigung erteilte der bayerische Umweltminister Dick am 27. September 1985, die Oberpfälzer Regierung gab am 11. November 1985 die Baugenehmigung. Ab 1995 sollten in Wackersdorf jährlich bis zu 350 Tonnen abgebrannter Brennelemente aus bundesdeutschen Atomkraftwerken wiederaufgearbeitet werden.

Der SPD-Politiker Wolfgang Roth gab 1986 folgende Einschätzung der Interessenlage: Für die Wiederaufarbeitungsstrategie in der Bundesrepublik spielen militärische Gründe eine entscheidende Rolle. Der Lobbyistenverband der bundesdeutschen Atomindustrie, das Deutsche Atomforum, bezeichnete Roths These als »plumpe und dreiste Wahlkampfmasche, um bei der Friedensbewegung abzukassieren«. Der damalige Bundesforschungsminister Riesenhuber verstieg sich gar zu der Behauptung: »Das in Wackersdorf anfallende Uran und Plutonium kann aus physikalischen Gründen nicht zur Herstellung von Atombomben verwendet werden.« Die bei der Wiederaufarbeitung anfallende Isotopenmischung des Plutoniums sei angeblich nicht »waffenfähig«. Drei ehemalige Atombombenkonstrukteure aus den USA waren aber völlig anderer Meinung. Die US-Army verwendet für den Bau modernster Atomsprengsätze zwar vorzugsweise möglichst reines Pu-239 – bei über 93% Reinheit spricht man von »weapongrade« Plutonium, bei über 97% heißt es »supergrade« –, aber mit der in WAAs anfallenden Isotopenmischung aus Pu-238, -239, -240 und -241 geht es auch. Der frühere Direktor von Los Alamos, Harold Agnew: »Es ist nicht das Problem, daß solche Sprengsätze nicht funktionieren, es ist nur schwieriger, mit ihnen umzugehen.« Die Bombenkonstruktion muß nach dem sogenannten »Implosionsverfahren« erfolgen, bei der ein Mantel aus konventionellem Sprengstoff explodiert und das Material zu einer kritischen Masse zusammenpreßt. Schwierigkeiten entstehen nur durch die erhöhte Gamma- und Röntgenstrahlung von Reaktorplutonium, so daß Fertigungsroboter und aufwendige Bleiabschirmungen erforderlich sind. Außerdem ist die Lagerungsfähigkeit dieser Bomben beschränkt, weil der Zündmechanismus die Wärmestrahlung von Pu-238 nicht verträgt.

Die CSU wollte das natürlich nicht wahrhaben. Edmund Stoiber, inzwischen Nachfolger von Franz-Josef Strauß, bezeichnete die Vermutung, daß die WAA in Wackersdorf als Option für eine deutsche Atombombe gewertet werden muß, als »abstrus und niederträchtig«. Das scherte die US-Experten aber wenig: Wenn die WAA in Betrieb sei, dann wäre es nur eine Frage von Monaten oder auch nur Wochen, bis genügend Plutonium für eine nukleare Explosion zur Verfügung stünde. Wirtschaftliche Beweggründe oder Profitinteressen ließen sich für die WAA auch beim besten Willen kaum aufspüren. Die ganze Region formierte sich im Widerstand. Wackersdorf entwickelte sich zum Riesenflop, mehr als 2 Milliarden Mark Planungskosten und über 400 Mio. DM Investitionen setzten die Eigentümer in den Sand. Aber da sie diese als »Kosten« über den Strompreis an die Stromkunden abwälzen konnten, kippte das Projekt erst 1989.

Im Frühsommer 1989 wurde das Projekt Wackersdorf eingestellt. Anlaß für diese spektakuläre Kehrtwende war ein Angebot der Cogema an die VEBA AG, die bis 1998 vertraglich geregelte Wiederaufarbeitung in La Hague könne fortgesetzt werden. Durch die Erweiterung der Kapazität sei es möglich, den gesamten deutschen Wiederaufarbeitungsbedarf auch nach dem Jahr 2000 langfristig abzudecken. Und die deutschen Stromunternehmen könnten eine Beteiligung an der Anlage erwerben. Eine entsprechende Vereinbarung wurde von RWE und Bayernwerk mit der britischen BNFL getroffen. Der Kostenvorteil dieser Lösung betrug für die deutschen Stromversorger jährlich etwa eine Milliarde DM. Aber es sollte sich nur um eine Zwischenlösung handeln.

Die direkte Endlagerung, die erst durch das Energie-Artikelgesetz ermöglicht wurde, ist nach Berechnungen des Energiewirtschaftlichen Instituts der Uni-

Tabelle 2: Vertraglich gesicherte Wiederaufarbeitungsmengen aus RWE-Atomkraftwerken in La Hague

Unternehmen (Reaktor)	UP2 Verträge	UP3 Verträge	Gesamt
RWE/BAG (VAK Kahl)	15,8		15,8
RWE/BAG (KRB-A Gundremmingen)	89,8		89,8
RWE (KWB-A & B Biblis)	390,0		390,0
RWE (KWB A & B, KKM)		583,0	583,0
RWE/BAG (KRB-B & C Gundremmingen)		233,0	233,0
Gesamt	495,6	816,0	1.311,6

Quelle: Mathieu Pavageau; German Reprocessing Wastes at La Hague, WISE-Paris, April 1996

versität Köln jährlich nochmals etwa 600 bis 700 Mio. DM billiger als die Wiederaufarbeitung nach den laufenden Verträgen.
Zum Jahresende 1994 kündigten RWE und Bayernwerk die Verträge mit der BFNL über die Wiederaufarbeitung abgebrannter Brennelemente in Sellafield. Dieses Schicksal droht auch den Verträgen mit der Cogema. Die deutschen Betreiber sind mit einer vertraglichen Festlegung auf 2.755 Tonnen der größte Kunde der Franzosen. In den beiden Wiederaufarbeitungsanlagen UP2 und UP3 in La Hague wurden bis Mitte 1995 insgesamt 2.706 Tonnen abgebrannte Brennelemente aus deutschen Atomkraftwerken wiederaufgearbeitet. Die UP2 (für Plutoniumfabrik 2) hat zwischen 1976 und 1983 abgebrannte Brennelemente aus Deutschland verarbeitet. Die zweite Anlage UP3 nahm 1990 die Produktion auf. Der mit Abstand größte deutsche Kunde der Cogema ist RWE (s. Tabelle 2). Über 1.300 Tonnen abgebrannte Brennelemente wurden aus den RWE-Atomkraftwerken nach Frankreich geschickt und wiederaufgearbeitet. Seit 1991 ist in Frankreich gesetzlich vorgeschrieben, daß alle bei der Wiederaufarbeitung anfallenden Abfälle an die Auftraggeber zurückzusenden sind. Nach 25 Jahren Lohnwiederaufarbeitung für Kunden aus dem Ausland wurde im Februar 1995 die bislang einzige Lieferung nach Japan verschifft. Die Rücklieferung nach Deutschland begann im Mai 1996.
Für die Zwischenlagerung abgebrannter Brennelemente stehen heute in Deutschland außer den kraftwerksinternen Lagerbecken zwei externe Zwischenlager in Ahaus und Gorleben zu Verfügung.

Im Juni 1992 nahm in Ahaus im Münsterland das erste deutsche Zwischenlager für Brennelemente den Betrieb auf. Die Betreibergesellschaft Brennelemente-Zwischenlager Ahaus GmbH (BZA) startete mit der Einlagerung der Brennelemente des stillgelegten Hochtemperaturrektors in Hamm-Uentrop. Das 200 m lange, 38 m breite und 21 m hohe, streng gesicherte Gebäude hat eine Betriebsgenehmigung für 40 Jahre.[14] Für die Lagerhalle hat das Bundesamt für Strahlenschutz Genehmigungen zur Lagerung von ausgedienten Brennelementen aus Leichtwasserreaktoren und THTR-Elementen erteilt. Dieser Brennstoff besteht aus auf 93% angereichertem Uran, das unmittelbar zum Bau von Atombomben geeignet, also waffenfähig ist. Für die Kugel-Brennelemente aus dem THTR hat das BZA eine Aufbewahrungsgenehmigung für maximal 620.000 Stück. Die teils bestrahlten und beschädigten Brennelemente werden in Castor-Behältern aufbewahrt, maximal 2.320 pro Behälter. Seit April 1995 sind 305 Castor-Behälter mit rund 628.000 THTR-Brennelementen in Ahaus. Dafür waren nach Auskunft des Bundesumweltministeriums 57 Bahntransporte erforderlich. Das Bundesverkehrsministerium zählt offenbar anders: hiernach wurden nur 295 Castor-Behälter mit der Deutschen Bahn AG nach Ahaus transportiert.
Im November 1995 erhielt das BZA die Baugenehmigung für die Errichtung einer zweiten Lagerhalle. Diese soll als Zwischenlager für schwach- und mittelradioaktiven Abfall aus der Wiederaufarbeitung und der Medizin dienen.
Am BZA ist die STEAG Kernenergie mit 45% beteiligt. Die restlichen Anteile werden von der Gesellschaft für Nuklear-Service mbH (GNS) gehalten, an der alle deutschen Stromunternehmen beteiligt sind, die Atomkraftwerke betreiben. RWE Energie, Bayernwerk und PreussenElektra halten je 24% an der GNS.
In Gorleben hat die Brennelementelager Gorleben GmbH (BLG) 1995 ein 100 Mio. DM teures Zwischenlager in Betrieb genommen. Die BLG gehört zu 100% der GNS. Die Inbetriebnahme begann mit der Einlagerung von neun abgebrannten Brennelementen des Atomkraftwerks Philippsburg, Block 2. Der dafür speziell entwickelte hochsichere Lagerbehälter Castor IIa stand seit Sommer 1994 fertig beladen auf dem Kraftwerksgelände und wartete auf die Freigabe zum Transport nach Gorleben. Es kam nicht nur zum Streit zwischen dem Bundesumweltministerium und dem Niedersächsischen Umweltministerium, auch die Gerichte wurden eingeschaltet. Schließlich erteilte Frau Merkel am 15.2.95 Niedersachsen die Weisung, binnen einer Woche die Einlagerung des Castor-Behälters im Zwischenlager Gorleben zuzulassen. Der Behälter erreichte aber

erst am 25.4.95 das Zwischenlager. Der Transport mußte durch ein Großaufgebot an Polizei und Bundesgrenzschutz gesichert werden, da Demonstranten die Gleise blockierten. Allein im Regierungsbezirk Lüneburg betrugen die Kosten für die Sicherung des Transportes 28 Mio. DM. 6.500 Beamte waren im Einsatz.

Anfang Mai 1996 wurde der erste Castor-Behälter mit Atommüll aus Frankreich nach Gorleben transportiert. Diesmal mußte die Staatsmacht 20.000 Beamte einsetzen, weil der Widerstand erheblich zugenommen hatte. Der zweite Atommülltransport nach Gorleben kostete 55 Mio. DM.[15]

Die »Deutsche Gesellschaft für den Bau und Betrieb von Endlagern für Abfallstoffe mbH (DBE)« ist damit beauftragt, die Endlagerung von Atommüll in Gorleben zu erkunden. Seit April 1994 werden von der Arbeitsgemeinschaft Schächte Gorleben (ASG) zwei Erkundungsschächte für das geplante Endlager in den Salzstock getrieben. Das Bergamt Celle hat das Abteufen von Schacht 1 bis zu einer Endteufe von 940 m und von Schacht 2 bis zu 850 m erlaubt. Bis Anfang 1996 waren Teufen von rund 840 m bei Schacht 1 und 820 m bei Schacht 2 erreicht. Ende 1996 soll die untertägige Erkundung abgeschlossen sein, 1998 soll mit dem Auffahren der Strecken begonnen werden. Im Rahmenterminplan für das »Projekt Gorleben« ist der Beginn der Einlagerung im Dezember 2011 vorgesehen.

Hinter der ASG verbergen sich Deilmann Haniel GmbH und Thyssen Schachtbau GmbH. An Deilmann Haniel ist Hochtief mit 12,5% beteiligt, und mit Thyssen ist RWE seit Urzeiten eng liiert.

Die Gesellschafter der DBE sind mit je 25% Saarberg-Interplan GmbH, die vom Bund kontrollierte Industrieverwaltungsgesellschaft mbH, die Preussag-Tochter Noell GmbH und die GNS. Die DBE unterhält Betriebsstätten in Gorleben, Morsleben und in der Schachtanlage Konrad. Im Schacht Konrad ist ein Endlager geplant, das noch vor dem Jahr 2000 in Betrieb gehen soll.

Um abgebrannte Brennelemente direkt endlagern zu können, muß der Brennstoff konditioniert werden. In Gorleben wird eine Pilotkonditionierungsanlage (PKA) errichtet. Für die Abwicklung ist wiederum die GNS zuständig, und die BLG soll die Anlage später betreiben.

Auch wenn ein nukleares Endlager in Deutschland nicht vor dem Jahr 2030 benötigt wird und keineswegs feststeht, daß Salzstöcke wie in Gorleben überhaupt dafür geeignet sind, setzen RWE und die anderen AKW-Betreiber alles daran, die Kosten für die Zwischenlagerung und Endlagerung hochzutreiben und so früh wie möglich auf den Steuerzahler und die Stromkunden abzuwälzen.

Atombomben-Connections

Spätestens seit der Atomkatastrophe in Tschernobyl weiß jeder, daß es sich bei der Atomkraftnutzung um eine höchst problematische und risikoreiche Technik handelt, bei der zivile und militärische Nutzung zudem eng verquickt sind. Der schwedische Nobelpreisträger Hannes Alfvén hat dafür das Wort vom »siamesischen Zwilling« Atomkraft geprägt, um zu verdeutlichen, daß kriegerische und »friedliche« Atomkraft-Nutzung untrennbar miteinander verbunden sind.

Historisch betrachtet spielte die militärische Anwendung der Atomkraft den Geburtshelfer der zivilen. Der militärischen Nutzung der Kernenergie kam in den meisten Ländern stets erste Priorität zu. Die Stromerzeugung war zunächst ein Abfallprodukt, später im Weltmaßstab bestenfalls ein Nebenzweig. Aber auch zivile Atomanlagen bieten viele Möglichkeiten der militärischen Nutzanwendung. Die Grenzen sind oft fließend. Je nach Nuklearisierungsgrad ist es entweder eine Frage von Jahren oder Tagen, ob ein Land über Atomwaffen verfügen kann oder nicht.

Die RWE-Tochter Lahmeyer verfolgte, zusammen mit Bundesinstituten, in Ägypten nukleare Pläne ganz besonderer Art. Die Internationale Atomenergieagentur IAEA berichtete mehrfach über sogenannte »friedliche Atomexplosionen«, bei denen RWE beteiligt war.[16] Diese Vorgänge können als der Versuch deutscher Ingenieure gewertet werden, Atomsprengköpfe bereits in Friedenszeiten zur Verfügung zu haben und Erfahrungen mit Atomexplosionen zu sammeln.

Im Rahmen des Projekts »Quatara« erhielt Lahmeyer International von der ägyptischen Regierung einen Studienauftrag. Um ein Wasserkraftwerk bauen zu können, sollte mit Atomexplosionen ein Kanal gesprengt werden. Ein Firmenvertreter nahm deswegen an einer Reihe von internationalen Tagungen zu »friedlichen« Atomexplosionen teil, die über Jahre hinweg von den Atom- und »Möchtegern«-Atommächten abgehalten wurden. Die Studie ergab jedoch, daß die errechneten unterirdischen 200 Wasserstoffbombensprengungen in vielen Fällen zu einer radioaktiven Verseuchung geführt hätten. Deshalb wurde das Quatara-Projekt – auch wegen internationalen Widerstandes – schließlich aufgegeben.

In den 50er und 60er Jahren liefen die atomaren Entscheidungen des RWE den offiziellen Atomprogrammen zuwider. Ab Mitte der 60er Jahre förderte RWE die Entwicklung eines hochentwickelten Atombrennstoffkreislaufs mit allen denkbaren technischen Nuklearprojekten. Diese Entwicklung sicherte für die Bundesrepublik die Option auf eine spätere Atomwaffenproduktion im eigenen Lande, vielleicht auch als Zulieferer für eine westeuropäische Verteidigungsmacht. RWE mischte auf allen Ebenen des Brennstoffkreislaufs mit, und die Mitarbeiter von Konzernunternehmen erlernten den Umgang mit waffenfähigem Material. Durch seine Beteiligungen im Atomgeschäft unterhielt der RWE-Konzern Kontakte zu den Produzenten von Atomsprengköpfen in Ost und West. Diese Annäherung an die Bombe durch Beteiligung an allen entscheidenden Atomtechniken führt zu einer Entscheidungsfähigkeit bezüglich der Übereignung von Bombenwissen an Nationen, die diesbezügliches Interesse haben. Eine Atombombenproduktion in Deutschland wäre von der Beteiligung von RWE-Töchtern abhängig – ohne das RWE wäre eine Entscheidung in diese Richtung nicht umsetzbar.

DER MULTI MIT DEN VIELEN GESICHTERN

Die lange Geschichte des Unternehmens ist gekennzeichnet vom stetigen Auf- und Ausbau seiner Machtbereiche. RWE steht zwar immer noch für Elektrizität und ist die Nummer eins am deutschen Strommarkt. Aber der Bereich Energie macht heute gerade noch 34% des Konzernumsatzes aus. RWE, d. h. Rheinbraun, RWE-DEA, Hochtief, Heidelberger Druckmaschinen oder auch Entsorgung und Telekommunikation. RWE besitzt Bergbahngesellschaften, Gartenbauunternehmen und Speditionen, und ist zunehmend im Ausland aktiv.

Der Weg des RWE zum branchenübergreifenden Großkonzern begann schon in den 20er Jahren, als eine erste Minderheitsbeteiligung am Essener Baukonzern Hochtief zustande kam. Ende der 20er Jahre beteiligte sich RWE auch bei Gasunternehmen wie der Ruhrgas AG und der Frankfurter Gasgesellschaft AG.[1]

Im Jahr 1937 erfolgte die Ausweitung in den Anlagen- und Maschinenbau über den Mehrheitserwerb bei der Rheinelektra, Mannheim, was ihnen auch die Mehrheit bei der Stierlen AG einbrachte. 1940 erlangte RWE schließlich die Majorität an der Heidelberger Druckmaschinen AG.

Nach dem Zweiten Weltkrieg festigte RWE seine Interessen vor allem im Bereich Bergbau und Rohstoffe sowie im eigentlichen Kerngeschäft Elektrizität. Eine beträchtliche Ausweitung der Tätigkeiten erfolgte ab Ende der 60er Jahre in Richtung auf das scheinbar profitträchtige Atomgeschäft.

Nach und nach hat sich die RWE AG zu einem multinationalen Konzern entwickelt, der heute mit rund 500 Beteiligungsgesellschaften in vielen Wirtschaftsbereichen aktiv ist (s. Tabelle »Direkte und indirekte Beteiligungen der RWE AG«, im Anhang). Mehr als 137.000 Menschen sind im RWE-Konzern beschäftigt. Mit einem Außenumsatz von 63,6 Mrd. DM (Geschäftsjahr 1994/95) ist RWE derzeit umsatzmäßig das sechstgrößte Industrieunternehmen der Bundesrepublik.[2] Der Löwenanteil des Konzernumsatzes entfällt mit 21,6 Mrd. DM auf den Energiebereich. Zusätzlich werden Umsätze – in der Größenordnung von etwa 4 Mrd. DM – zwischen Konzerngesellschaften getätigt.

In den USA war der RWE-Konzern bis Ende der 80er Jahre ein Nobody. Innerhalb von nur fünf Jahren haben die Essener das geändert. Die Marschrichtung basierte auf drei Säulen: Steinkohle, Chemie und Druckmaschinen.
Das größte Übersee-Engagement ist die 50%ige Rheinbraun-Beteiligung am zweitgrößten Steinkohlenproduzenten der USA, der Consol Energy Inc., Wilmington/Delaware. Für Consol mußte im November 1991 ein Kaufpreis von rund 1,4 Mrd. DM berappt werden. Die Consol-Gruppe machte 1995 einen Umsatz von 2,3 Mrd. US-$.
Über ein Jahr feilschten der damalige RWE-Chef Gieske und seine Männer mit dem weltgrößten Chemieunternehmen Du Pont über den Verkauf von Consol. Die damals 127 Jahre alte Traditionsgesellschaft fuhr mit einem Umsatz von 1,8 Mrd. US-$ 213 Millionen Gewinn nach Steuern ein. Sie arbeitet profitabler als der von Lord Hanson dominierte fast doppelt so große Rivale Peabody.
Consol fördert mit rund 50 Mio. t Steinkohle etwa ebensoviel wie die hochsubventionierte deutsche Ruhrkohle AG. In den USA wird aber im Unterschied zu Deutschland die vierfache Menge pro Tagesschicht gefördert.
Zeitgleich mit der Neuordnung des RWE-Konzerns unter der Ägide von Friedhelm Gieske erfolgte der Fall der Mauer. Nunmehr spannte das RWE seine Fänge auch in Richtung Osten. Bei der Übernahme der braunkohlelastigen Energiewirtschaft der ehemaligen DDR durch die westdeutschen Stromkonzerne spielte RWE die erste Geige. Die Erfahrungen aus diesem »Ostgeschäft« werden für weitere Aktivisten in Polen, Tschechien, Ungarn und Rußland genutzt.
Die Konsolidierung der ostdeutschen Neuerwerbungen und der Lausitzer Braunkohle AG (LAUBAG) im Geschäftsjahr 1994/95 hat den Außenumsatz des Konzerns um 8 Mrd. DM emporschnellen lassen. Und der Gewinn stieg sogar um rd. 18% auf knapp 1,1 Mrd. DM.
Der neugeordnete RWE-Konzern entwickelte sich, was die Dividende betrifft, nach den Vorstellungen der Kapitalanleger. Die Dividende kletterte unaufhaltsam von 9 DM je Aktie im Nennbetrag von 50 DM (1988/89) auf 14 DM im Geschäftsjahr 1994/95.

Die Neuordnung des Konzerns im Jahre 1989

Im Jahr 1989 wurde der RWE-Konzern neu geordnet. Diese entscheidenden Weichenstellungen hatten natürlich personelle Konsequenzen. Dr. Günther

Tabelle 3: Wert der börsennotierten RWE-Beteiligungen 1989

Name	RWE-Anteil in %	Börsenwert in Mio DM
Kraftwerk Altwürttemberg AG	92	94
Main-Kraftwerke AG	70	228
Rhenag Rheinische Energie AG	54	258
Lech-Elektrizitätswerke AG	75	681
Lahmeyer AG für Energiewirtschaft	64	1.036
Hochtief AG	44	1.313
Rheinelektra AG	62	1.923
Deutsche Texaco AG	99	2.970
Summe		8.503

Quelle: Frankfurter Börsenbriefe 10.4.1989

Klätte, ein Gegner der Neuordnung, verließ den RWE-Vorstand. Mit Wirkung vom 1. Juli 1989 wurde Dr. Friedhelm Gieske zum neuen Vorsitzenden der RWE AG ernannt. Nun war freie Bahn für eine Modernisierung des Stromriesen, denn Gieske galt als Motor der längst überfälligen Neuordnung.

Die Frankfurter Börsenbriefe berichteten denn auch von lebhaftem Interesse der Börse und »spontanen riesigen Anlagekäufen erster Adressen«, darunter auch renommierte US-Fonds.[3]

In Börsenkreisen galt RWE schon lange als der heimliche Super-Substanzriese an der deutschen Börse. Die alte Unternehmensstruktur führte zu einer chronischen Unterbewertung der RWE-Aktien. 1989 wurde die RWE-Substanz auf weit über 500 DM pro Aktie geschätzt, die Rhine Securities Ltd., London, ging sogar von 1.000 DM je RWE-Aktie aus.

Diese Berechnung erfolgte auf der Basis von damals fast 200 industriellen Beteiligungen. Allein die börsennotierten RWE-Töchter repräsentierten Ende der 80er Jahre einen Wert von 8,5 Mrd. DM (s. Tabelle 3). Das entspricht 189 DM pro RWE-Aktie. Legt man den damaligen Kurs der RWE-Vorzugsaktien mit 236 DM pro 50-DM-Aktie zugrunde, wurde das eigentliche Hauptgeschäft, Stromverkauf, nur mit 47 DM pro Aktie bewertet.

Abb. 13: Konzernstruktur des RWE

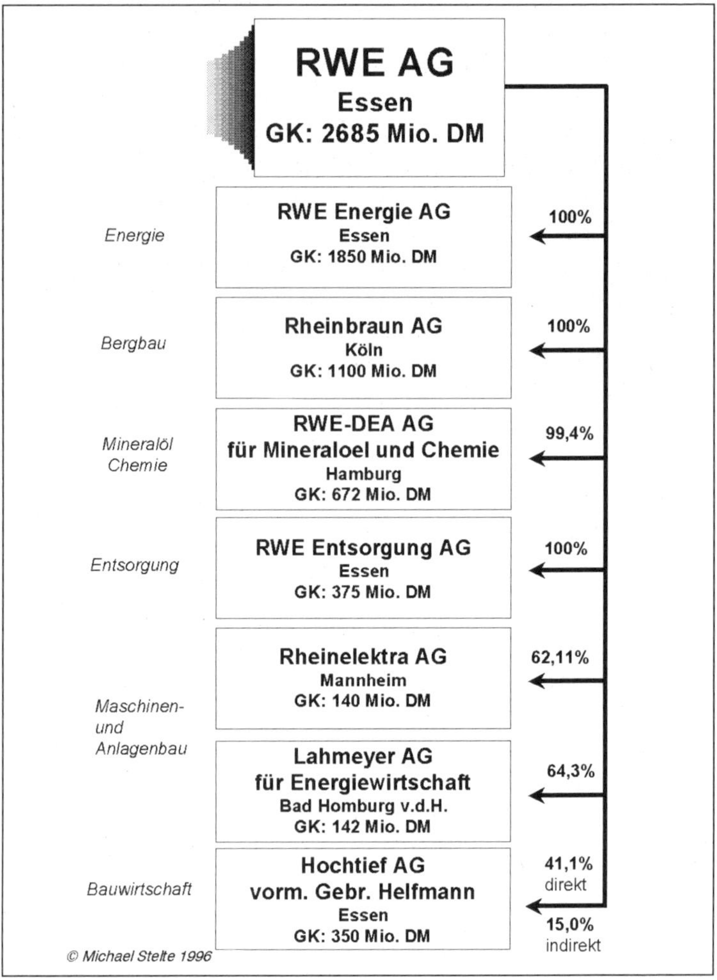

Die neue Konzernstruktur unter dem Dach der RWE AG als Holding wurde am 18. Januar 1990 von der Hauptversammlung in der Essener Grugahalle abgesegnet. Der Geschäftsbereich Energie- und Wasserversorgung wurde von der Konzernleitung abgetrennt und in der RWE Energie AG zusammengefaßt. Am 1.

März 1990 nahm RWE Energie das operative Geschäft mit der Strom-, Gas-, Wärme- und Wasserversorgung auf.
Der Unternehmensbereich Bergbau und Rohstoffe war bereits unter dem Dach der Rheinbraun AG klar strukturiert. Die Mineralöl- und Chemieinteressen des Konzerns wurden in der »RWE-DEA Aktiengesellschaft für Mineralöl und Chemie«, Hamburg, zusammengefaßt. Neu gegründet wurde die RWE Entsorgung AG, Essen, mit der sich RWE verstärkt dem Entsorgungs- und Abfallgeschäft zuwandte.
Maschinen-, Anlagen- und Gerätebau wurden weiterhin über die 64%-Tochter Lahmeyer AG für Energiewirtschaft, Frankfurt/M., und Rheinelektra AG, Mannheim (RWE-Anteil 62%), wahrgenommen.
Erst 1990 wurde als sechste Branche der Unternehmensbereich Bau aufgenommen, auf dem RWE seit den 20er Jahren seine Interessen über die Hochtief AG vorm. Gebr. Helfmann, Essen, vertritt. Mit knapp 6 Mrd. DM Umsatz jährlich handelt es sich wahrlich um keine »peanuts«. In der Satzungsänderung wird deswegen die »Planung und Durchführung von Bauleistungen aller Art« als Gegenstand des Unternehmens erstmals ausdrücklich erwähnt.
Die Verflechtungen zwischen den Konzerngesellschaften ist vergleichsweise einfach strukturiert, da die RWE AG diese und die anderen wesentlichen Beteiligungen entweder selbst oder über sieben Hauptunternehmen kontrolliert (s. Abbildung 13).
Die Führungsgesellschaften sind durch Beherrschungs- und Gewinnabführungsverträge mit der RWE AG verbunden, die das RWE u.a. dazu berechtigen, dem Vorstand der jeweiligen Gesellschaft Weisungen zu erteilen. Und natürlich ist der ganze Gewinn an die RWE-Holding abzuführen.

Erdgas und Beteiligung an der GASAG

RWE hat bereits vor über 80 Jahren erste Aktivitäten in der Gaswirtschaft entwickelt. Im Jahr 1910 wurde ein überregionales Verteilnetz aufgebaut, das gereinigtes Gas aus den Kokereien des Ruhrgebiets zur Energieversorgung in entfernt gelegene Städte transportierte. 1912 wurden bereits 20 Städte und Landgemeinden über das RWE-Gasnetz mit Stadtgas versorgt.
In den 20er Jahren beteiligte sich RWE an der Essener Ruhrgas AG und der Frankfurter Gasgesellschaft AG. An Ruhrgas ist RWE heute noch indirekt über

die Bergemann GmbH beteiligt. RWE-DEA hält 10,08% an Bergemann, die wiederum mit 34,63% Großaktionär bei Ruhrgas ist. Deswegen ist es nicht verwunderlich, daß RWE und Ruhrgas nicht nur im Gasmarkt kooperieren, sondern auch in der neuen Top-Branche Telekommunikation.

Mitte der 60er Jahre begann mit bedeutenden Erdgasfunden im norddeutschen Raum und in den Niederlanden die rasante Entwicklung der Erdgaswirtschaft in Deutschland. RWE engagierte sich mit dem neuen Erdgas für die Versorgung ländlicher Gebiete und sicherte sich so die Flächenversorgung mit Strom und Gas. In ländlichen Bereichen ihres Stromversorgungsgebietes bietet RWE Energie zusätzlich Gas an. Schwerpunkt zukünftiger Aktivitäten ist der Ausbau bestehender Ortsnetze und der Anschluß bisher nicht mit Erdgas versorgter Gebiete. Nach dem Fall der Mauer engagierte sich RWE in Ostdeutschland nicht nur bei der Braunkohle und der Stromwirtschaft, sondern auch auf dem Gebiet der Gasversorgung. Dazu gründete RWE Energie eigens die Tochter GGV Gesellschaft für Gasversorgung mbH, die mit 17% an der SpreeGas GmbH beteiligt ist. In den neuen Bundesländern soll Erdgas – insbesondere auf dem Wärmemarkt – zur Modernisierung der Energieversorgung beitragen. Entsprechende Beteiligungen sind die WVP-Wärmeversorgung Plauen GmbH und die Fernwärmeversorgung Zwönitz GmbH.

Anfang 1996 versorgte RWE über 800.000 Bundesbürger mit Gas. Dabei sind Beteiligungen des RWE wie an der Berliner GASAG noch nicht mitgerechnet.

Im Rahmen der Teilprivatisierung der GASAG, des größten städtischen Gasunternehmens Europas, hat RWE Energie seine Gasaktivitäten erheblich erweitert. Dabei konnte RWE der Essener Ruhrgas aus der Patsche helfen, die als Vorlieferant der GASAG zwar alle Trümpfe in der Hand, aber eine schlechte Figur bei der Privatisierung des Gasunternehmens abgegeben hatte. Zu offensichtlich war der Informationsvorsprung der Essener bei der internationalen Ausschreibung der GASAG-Anteile, als daß dies der Öffentlichkeit hätte verborgen bleiben können. Für einen Kaufpreis von 520 Mio. DM teilten sich Ruhrgas und RWE den Kuchen. Jeder erhielt dafür 11,95% der Aktien. Inzwischen kamen als weitere Gesellschafter die BEWAG (11,95%) und die VEBA hinzu.

Der Berliner Eigenbetrieb GASAG war im Juni 1992 in eine landeseigene Aktiengesellschaft umgewandelt und im April 1993 mit der (Ost-)Berliner Erdgas AG verschmolzen worden. Im Sommer 1993 wurden zwölf interessierte Unternehmen aus Deutschland, Großbritannien, Frankreich und Belgien zu einem

Investorenforum eingeladen. Im November begannen dann die Verkaufsverhandlungen, die im April 1994 abgeschlossen wurden. Der Kaufpreis orientierte sich an einem Unternehmenswert von 2,175 Mrd. DM. Angesichts der akuten Finanzkrise hatte der Berliner Senat eine schlechte Verhandlungsposition. Außerdem stellte sich die zuständige Abteilung der Senatsverwaltung für Finanzen beim Verkauf des Berliner Tafelsilbers ebenso unprofessionell an wie die damit beauftragte Bankgesellschaft Berlin. Bereits 1990 war der Wert der beiden Berliner Gasbetriebe mit 2,35 Mrd. höher geschätzt worden.

Erdöl und Chemie

Ende der 60er Jahre war RWE an einer deutschen Elefantenhochzeit beteiligt. Als 1967 das Gerücht aufkam, die Franzosen würden den damals für Deutschland wichtigen Energiekonzern Gelsenberg AG kaufen, meldete RWE sein Interesse an. Das Engagement bei Gelsenberg bedeutete den Einstieg ins Erdölgeschäft. Die RWE-Hausbanken Dresdner Bank und Deutsche Bank hielten an der Gelsenberg AG Aktienpakete von 30,8% bzw. 7,5%. Am 26. Januar 1969 war es dann soweit. Für insgesamt 495 Mio. DM kaufte RWE beide Pakete. Diese Transaktion brachte den Banken einen erheblichen Gewinn, der Öffentlichkeit und Politik stark beschäftigte. Das Besondere an dem Coup war, daß der Preis durch den politischen Wirbel, die ausländischen Kaufinteressen und langwierige Verkaufsverhandlungen erheblich in die Höhe getrieben worden war.
Doch nicht nur der Kauf, sondern auch der Verkauf der Gelsenberg AG war eine höchst pikante Angelegenheit. Die Investition ins Ölgeschäft erwies sich für das RWE als nicht sonderlich profitträchtig. Am Vorabend der ersten Erdölpreiskrise – Mitte 1973 – ergriffen der damalige Bundeswirtschaftsminister Hans Friderichs (FDP) und sein Staatssekretär Detlev Rohwedder (SPD) die Initiative, um Deutschlands Ölinteressen zusammenzufassen. Das bedeutete die Übernahme von Gelsenberg durch die VEBA. RWE trennte sich leichten Herzens von den Gelsenberg-Aktien, deren Börsenkurs zudem gesunken war. Friderichs bot RWE und den übrigen Gelsenberg-Aktionären einen Spitzenpreis: Die Bundesrepublik Deutschland legte 700 Mio. DM auf den Tisch. Beide Politiker machten anschließend Karriere als Wirtschaftsbosse. Rohwedder wurde 1979 Vorstandsvorsitzender der Hoesch AG, und Friderichs ging 1977 in den Vorstand der Dresdner Bank AG. Er saß bis zum 31. Mai 1985 auch im RWE-Aufsichtsrat.

Im Juni 1988 stieg RWE erneut in großem Stil in das Öl- und Chemiegeschäft ein, als für 2,1 Mrd. DM die Deutsche Texaco AG übernommen wurde. Der amerikanische Ölmulti Texaco war zum Verkauf größerer Teile des Konzerns gezwungen, um eine in einem Vergleichsverfahren richterlich angeordnete Schadenersatzzahlung von 5,6 Mrd. US-$ (damals 9,5 Mrd. DM) an die Pennzoil Co. leisten

Abb. 14: RWE-Aktivitäten bei Mineralöl und Chemie

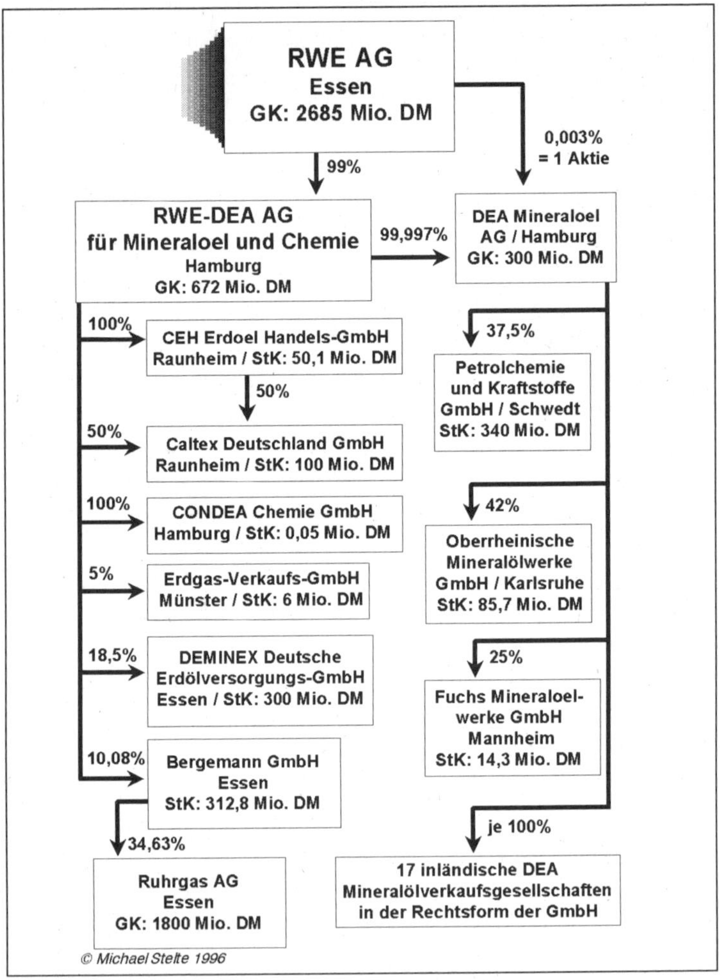

zu können. Aus dieser Neuerwerbung etablierte sich ein Jahr später die RWE-DEA-Gruppe als neuer Konzernbereich. Die DEA, Deutsche Erdöl-AG, Hamburg, war 1966 an die Texaco gegangen und nach Aral zur zweitgrößten deutschen Benzingesellschaft ausgebaut worden. Die »RWE-DEA AG für Mineralöl und Chemie« trat aufgrund des Beschlusses der Hauptversammlung am 8. Juni 1989 an die Stelle der Deutschen Texaco AG und wurde Führungsgesellschaft für diesen Konzernbereich.
Mit einem Außenumsatz von 23 Mrd. DM und 8.000 Beschäftigten ist die RWE-DEA-Gruppe inzwischen das zweite Standbein des Energiemulties RWE geworden. Die DEA Mineraloel AG betreibt mit über 1.800 Stationen eines der größten Tankstellennetze in Deutschland. Erdöl und Erdgas werden im In- und Ausland aufgeschlossen und gewonnen, z.B. über die DEMINEX, dem größten deutschen Erdölproduzenten. Mit einer Rohölverarbeitungskapazität von 18 Mio. Tonnen mischt DEA auch an der Spitze der deutschen Raffinerien mit. Über zahlreiche Tochter- und Beteiligungsgesellschaften und weltweite Chemieaktivitäten gehört die Gruppe zu den großen Unternehmen der Branche.
Mit der Vista Chemical Company in Houston, Texas, mauserte sich RWE-DEA 1991 auf einen Streich zu einem Chemieunternehmen von Rang. Vista wurde für 880 Mio. DM von Du Pont erworben. RWE-DEA mußte das Kapital von Vista, die der größte amerikanische Produzent von Tensid-Vorprodukten und Alkohol sowie anderen Industriechemikalien ist, um 250 Mio. US-Dollar verstärken.

Maschinen-, Anlagen- und Gerätebau

Zu den übrigen Konzernbereichen zählen die Unternehmen der Lahmeyer-Gruppe, der Rheinelektra AG, die zu den bedeutenden Elektroinstallationsunternehmen in der Bundesrepublik gehört, sowie die NUKEM und ihre Töchter. Rheinelektra hat so bedeutende Beteiligungen wie die Stierlen-MAQUET AG, die Rheinelektra Technik GmbH und vor allem die Tochter Heidelberger Druckmaschinen AG.
Die Lahmeyer AG – bis 1902 die Mutter des RWE – organisiert als Führungsgesellschaft mit nicht einmal 200 Mitarbeitern über Beteiligungsgesellschaften die regionale Energieversorgung in Teilen von Bayern, Baden-Württemberg und Rheinland-Pfalz (s.a. Abbildung 6). Die Tochter Lahmeyer International GmbH ist eines der größten deutschen Unternehmen »unabhängig beratender Inge-

nieure«. Lahmeyer International beschäftigt für die Bereiche Energie, Wasser, Umwelt und Verkehr etwa 2.300 Mitarbeiter in über 90 Ländern.

Weitere Lahmeyer-Töchter sind auf dem Gebiet des Energietechnischen Anlagenbaus und im Bereich Energietechnische Komponenten und Geräte tätig. Die Starkstrom-Anlagen-Gesellschaft (SAG) repräsentiert eine Firmengruppe mit

Abb. 15: Aktivitäten im Maschinen-, Anlagen- und Gerätebau

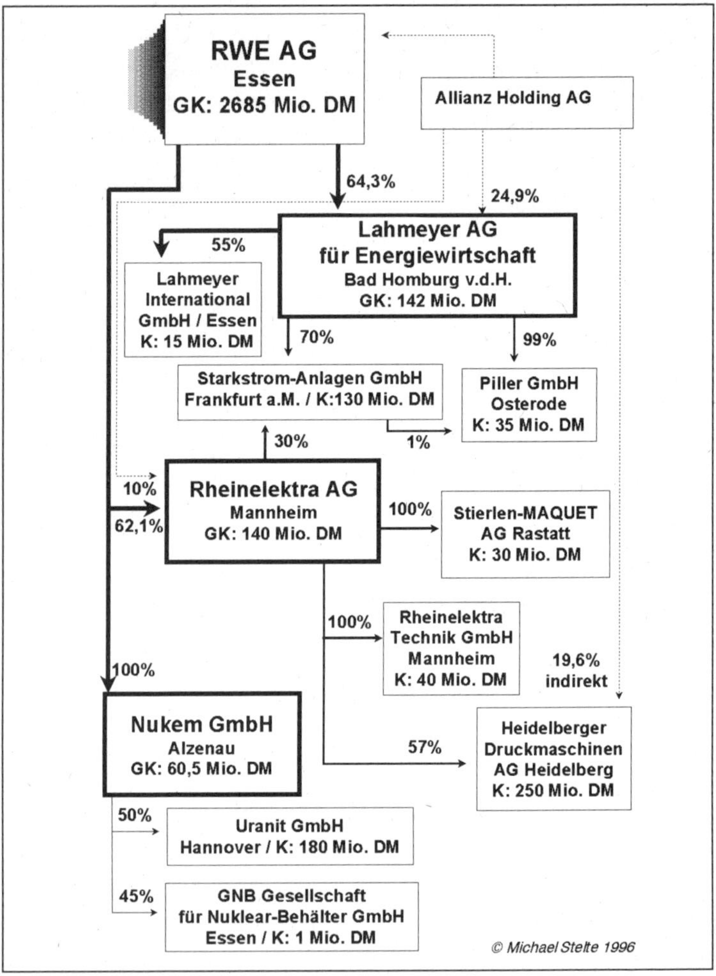

mehr als 1,4 Mrd. DM Jahresumsatz und rund 9.400 Beschäftigten. Die SAG ist spezialisiert auf die Planung und Errichtung von Freileitungen, Schaltanlagen und Verteilernetzen. Inzwischen verdient die SAG auch bei der Installation von Kraftwerks- und Industrieanlagen, der Leittechnik, Verkehrs- und Beleuchtungseinrichtungen, Kommunikationsnetzen und Rohrleitungen für Gas-, Wasser- und Fernwärmeversorgung.

Die Starkstrom-Gerätebau GmbH (SGB) baut ölisolierte Großtransformatoren und Trockentransformatoren bis zu Leistungen von 100 MVA sowie Rundsteuerungsanlagen, Drosseln und Erdschlußspulen.

1993 wurde die Piller GmbH erworben, die Stromversorgungsanlagen, Schalt- und Steuerschränke und andere mechanische Komponenten herstellt.

Die Rheinelektra Technik AG ist Anfang 1995 aus dem ehemaligen Unternehmensbereich Technik der Rheinelektra AG entstanden. Rheinelektra Technik hat über 50 Niederlassungen in Deutschland und ist auf dem Gebiet des elektrotechnischen Anlagenbaus, der Kommunikations- sowie der Daten- und Automatisierungstechnik tätig.

Mit einem Jahresumsatz von etwa 3,5 Mrd. DM und 11.400 Beschäftigten ist die Heidelberger-Gruppe die größte Sparte dieses RWE-Unternehmensbereiches. Rund drei Viertel des Umsatzes entfallen auf den Verkauf von Bogenoffsetmaschinen. Der weltgrößte Hersteller dieser Druckmaschinen, die Heidelberger Druckmaschinen AG, produziert in drei deutschen Werken.

Bereits 1988 wurde für 530 Mio. DM die Harris Graphics Corporation übernommen, wodurch die auf Bogendruck spezialisierte Heidelberger Druckmaschinen in den Bereich der Rollendruckmaschinen expandierte. Vier von fünf Druckmaschinen werden in über 150 Länder exportiert. Der größte Auslandsmarkt sind die USA.

Die Stierlen-MAQUET AG, eine 100%-Tochter der Rheinelektra, vertreibt medizinisch-technische Geräte und Zubehör mit Schwerpunkten auf Operationstische und auch schlüsselfertige Operationssäle. Darüber hinaus bestehen Beteiligungen im Bereich der Hygienetechnik.

Die Unternehmen der NUKEM-Gruppe sind neben dem Uranhandel und dem Anlagenbau für die Kerntechnik (s. Kapitel 3) auch auf dem Gebiet der Umwelttechnik, der chemischen, petrochemischen und Gasindustrie sowie in der zerstörungsfreien Prüftechnik oder der Photovoltaik tätig und bieten Ingenieurleistungen an.

Das Geschäft mit dem Müll

Das anbrechende Zeitalter der Entsorgungswirtschaft hat RWE nicht verschlafen. Das Marktvolumen des Müllgeschäfts in Deutschland wird derzeit auf jährlich 75 Mrd. DM geschätzt. RWE kaufte sich beim ehemaligen Müllkutscher und Multimillionär Trienekens ein und sicherte sich bei inzwischen über 200 weiteren Gesellschaften eine Führungsstellung. Ähnlich wie beim Stromgeschäft hat RWE in weiten Teilen der Republik eine Monopolstellung erobert. Rund 5 Mio. Haushalte sind von den Essenern nicht nur bei Strom, sondern nunmehr auch beim Müll abhängig.

Die RWE Entsorgung AG entstand im Zuge der Neustrukturierung des RWE-Konzerns am 3. Oktober 1989. Vorgängerin war die RWE-Gesellschaft für Entsorgung mbH. Am 16. Oktober 1989 erfolgte die Eintragung ins Handelsregister. Die RWE Entsorgung bündelt als Führungsgesellschaft die Geschäftsfelder des RWE im Bereich der Entsorgung. Im einzelnen sind das:

- Abfallentsorgung,
- Rohstoffrückgewinnung,
- Sonderabfallentsorgung,
- Abwasserreinigung,
- Klärschlammentsorgung,
- Altlastensanierung.

In der Abfallentsorgung gelang RWE mit der 49%-Beteiligung an der Trienekens Entsorgung GmbH, Viersen, ein Blitzstart. RWE-Vorstandsmitglied Krämer gab die Neuerwerbung im September 1988 auf der »Entsorga '88« bekannt. Der bisherige Inhaber Hellmut Trienekens wandelte sein Unternehmen in eine GmbH um. Die Trienekens-Gruppe mit 650 Mitarbeitern und einem Jahresumsatz von 200 Mio. DM kann auf eine mehr als 30jährige Erfahrung zurückblicken und gehört zu den bedeutendsten mittelständischen Unternehmen auf dem deutschen Entsorgungsmarkt. Trienekens sammelt Abfälle im Auftrag von Kommunen sowie Gewerbe- und Industriebetrieben in den Kreisen Düren, Heinsberg, Neuss und Viersen, im Erftkreis sowie in Städten wie Neuss und Mönchengladbach.

Die Trienekens-Gruppe betreibt neben 16 Deponien auch mehrere Recyclinganlagen und verwertet Altpapier, Altglas, Schrott, Kunststoffe, Holz und Kompost.

Abb. 16: RWE-Aktivitäten in der Abfallwirtschaft

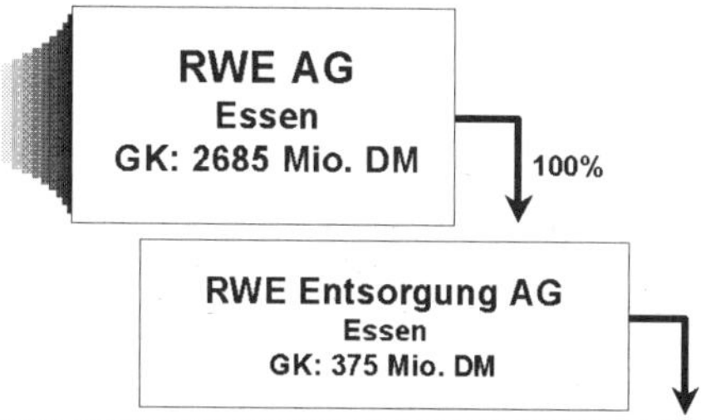

Unternehmen	Sitz	Kapital in Mio. DM	Anteil in %
RWE Entsorgung Nord GmbH	Melsdorf	20	100
R + T Umwelt GmbH	Leipzig	25	100
Fischer Recycling GmbH & Co. KG	Ravensburg	12	97
R.E.W. RWE Entsorgung Wasserwirtschaft GmbH	Essen	0,6	100
URT Umwelttechnik GmbH	Hürth	15	100
DAR Deutsche Abwasser Reinigungsgesellschaft mbH	Wiesbaden	1	100
OMS Kläranlagen GmbH	Wiesbaden	2	60
ProMineral Ges. zur Verwendung von Mineralstoffen mbH	Bergheim	5	100
R + T Recycling GmbH	Mainz	20	100
R + T Entsorgung GmbH	Viersen	100	51
Trienekens Entsorgung GmbH	Viersen	150	49
ORG-CONSULT Ges. für Unternehmensberatung mbH	Essen	1	75
SICOWA Verfahrenstechnik für Baustoffe GmbH & Co.KG	Aachen	1,5	49
BFI Automation Dipl.-Ing. Kurt-Henry Mindermann GmbH	Ratingen	1	74
Bonnenberg + Drescher Ingenieurgesellschaft mbH	Aldenhoven	0,4	60
Städtereinigung Nord GmbH & Co. KG	Schleswig	0,667	100
RWE Ambiente Italia SpA	Mailand	6,3	100
American NuKem Corporation (ANC)	Mahwah	0,138	100

© Michael Stelte 1996

Als Stromerzeuger hat RWE natürlich ein lebhaftes Interesse an fast allen Abfallprodukten, die mit Kraftwerken zu tun haben. Ein besonders Problem ist die Entsorgung des Gipses aus Rauchgasentschwefelungsanlagen. Nachdem die RWE-Kohlekraftwerke für 6,4 Mrd. DM mit solchen Anlagen nachgerüstet wurden, fallen seit 1989 über eine Million Jahrestonnen Gips an, die zunächst weitgehend deponiert werden mußten. Zum 1. Juli 1990 erwarb RWE eine 75%-Beteiligung an der ProMineral Gesellschaft zur Verwendung von Mineralstoffen mbH, die an den Kraftwerksstandorten Niederaußem und Weisweiler Verwertungsanlagen für REA-Gips errichtet hat. Inzwischen hält RWE Entsorgung 100% an der ProMineral. Die Verwertung von jährlich bis zu 1,4 Mio. t REA-Gips aus der Rauchgasentschwefelung der Braunkohlenkraftwerke erfolgt z.B. in der Form von Doppel- und Hohlraumböden aus REA-Gips. Vor allem in Büro- und Verwaltungsgebäuden werden diese »Unterflursysteme zur Aufnahme von Kommunikationsleitungen« eingesetzt.[4] Die Doppelbodenplatten werden von der ProMineral-Tochter NORIT hergestellt und vom Konzernunternehmen Hochtief in Bürogebäuden verbaut.

Nach nur wenigen Jahren ist die RWE Entsorgung in mehreren europäischen Ländern aktiv und in Nordamerika in mehr als 30 Geschäftsstellen vertreten. Größtes ausländisches Konzernunternehmen ist die American NuKEM Corp. (ANC), Mahwah/New Jersey. ANC bietet in den USA, Kanada und Mexiko vor allem Sonderabfallbehandlung, Altlastensanierung und Industrieabfall-Recycling an.

In Österreich ist über eine Beteiligung an der Firma Kröpfel, einem der größten privaten Entsorgungsunternehmen im Alpenland, das Geschäft mit dem Haus-, Gewerbe- und Sperrmüll sowie Sondermüll und Baustellenabfällen fest in RWE-Hand.

Die Interessen in der Tschechischen und der Slowakischen Republik werden durch die im Dezember 1992 gegründete RWE Entsorgung s.r.o., Prag, wahrgenommen. In Ungarn erschloß die Firma Kröpfel den Entsorgungsmarkt. Inzwischen gibt es in Ungarn, Rumänien und Bulgarien Beteiligungsgesellschaften. In Spanien wurde eine RWE Entsorgung España gegründet, und in Italien entstand mit der RWE Ambiente Italia S.p.A. mit Sitz in Mailand sogar eine Führungsgesellschaft.

Die RWE Entsorgung expandierte gewaltig in den neuen Bundesländern, wo die R + T Umwelt GmbH, Leipzig, die Geschäfte der AG wahrnimmt. In den von ihr übernommenen Sero-Betrieben organisiert R + T die kommunale Müllabfuhr und die Wertstofferfassung von Glas, Kunststoff und Papier. In Sachsen-Anhalt errichtete RWE für 500 Mio. DM ein Entsorgungszentrum, bestehend aus einem Sonderabfall-Zwischenlager, einer Behandlungsanlage, einer Sonderabfall-Verbrennungsanlage sowie einer Sonderabfall-Deponie.

Warum RWE das Duale System Deutschland (DSD) rettete

Am 12. Juni 1991 wurde die Verpackungsverordnung erlassen, die eine Rücknahmeverpflichtung für Verpackungsmüll festlegt. Händler und Hersteller können sich der Rücknahmepflicht entledigen, wenn Sie sich an einem privatwirtschaftlichen »Dualen Entsorgungssystem« beteiligen. So startete im Juli 1991 – als Folge der Verpackungsverordnung – das Duale System Deutschland GmbH (DSD).

Knapp zwei Jahre später ist das DSD bankrott. Handel, Industrie und die privaten sowie kommunalen Entsorgungsfirmen schießen als Nothilfe rund 500 Mio. DM nach. Im September 1993 ist das DSD erneut pleite. Es schuldet der Entsorgungswirtschaft rund 860 Mio. DM. Im Oktober 1993 verzichteten die Entsorgungsfirmen – allen voran RWE – gegen entsprechende Gegenleistungen auf ihre Forderungen. Und RWE besetzte die Schlüsselpositionen im Dualen System.

So wurde Michael Mevisen, ehemaliger Manager der RWE-Beteiligungsgesellschaft Trienekens Entsorgung GmbH, einer von vier DSD-Geschäftsführern. Er betreut von nun an die Gebührenkalkulation, das Vertragscontrolling und die Vergabe des Grünen Punkts. Zudem hält RWE jetzt ein Sechstel der Sitze im Aufsichtsrat, der sich aus Vertretern des Handels, der Industrie und der Entsorgungswirtschaft zusammensetzt.

Zusammen mit dem Entsorger Norbert Rethmann, mit dem Interessengleichheit besteht, kontrolliert RWE nun schon ein Viertel der Aufsichtsratsstimmen. Das heißt, der Stromriese kann mitbestimmen, wieviel die produzierende Industrie für den Grünen Punkt bezahlen muß – Geld, das den Entsorgungsbetrieben zufließt, die vom DSD die Aufträge bekommen.

Besonders im Kunststoffrecycling zeigt sich, wer die Müllmacht in den Händen hält: In der DKR Gesellschaft für Kunststoffrecycling mbH besitzt RWE – zusammen mit VEW und den drei Entsorgern Otto, Alba und Rethmann – im Aufsichtsrat die absolute Mehrheit. Die DKR ist Verwerter des DSD. Sie ist Alleinherrscherin über den sortierten Kunststoffmüll. Sie entscheidet, welche Recyclingunternehmen welche Mengen erhalten; außerdem legt sie fest, wie hoch die Subventionen aus den Grüne-Punkt-Gebühren für den Verwerterbetrieb sein sollen.

Somit ist RWE mit seinen Firmen Gesellschafter und Geschäftspartner zugleich. Und die Recycler der Energieversorger kassieren in der Regel höhere Preise als die rund 150 kleinen und unabhängigen Verwerter. Beispielsweise bekommt Bechthold knapp 500 DM Verwertungszuschuß pro Tonne Kunststoff, nur die Hälfte dessen, was die RWE Entsorgung einstreicht – genau 1050 DM pro Tonne. Wenn das DSD wirklich pleite gegangen wäre, hätte RWE nicht nur auf diese sichere Einnahmequelle verzichten, sondern auch eine Alternative aus dem Boden stampfen müssen. Dabei hätte die dominante Stellung des Stromriesen im Entsorgungsmarkt nicht so gut verschleiert werden können, wie beim Dualen System.

Quelle: Tasso Enzweiler: »Dreckige Geschäfte« in: Manager Magazin, H. 5, 1994, S. 138-147.

RWE trug maßgeblich dazu bei, daß die Duales System Deutschland GmbH 1993 ihre Liquiditätsprobleme überwinden konnte.

Im millionenschweren Geschäft mit Altkleidern tummeln sich nicht nur das Rote Kreuz, die Caritas oder Kommunen. Seit RWE hier tätig geworden ist, sind mittelständische Betriebe einem gnadenlosen Verdrängungskampf ausgesetzt. 300.000 Tonnen Lumpen werden jedes Jahr in Deutschland gesammelt und für 40 bis 65 Pfennige pro Kilo an etwa 130 Sortierbetriebe verkauft. Ein Teil davon landet nach der Reinigung in Secondhand-Läden. Das Geschäft mit gebrauchter Kleidung boomt. Allein in Hamburg gibt es etwa 60 Secondhand-Läden, die je nach Qualität zwischen 2,50 und 6,50 DM je Kilo an die Sortierbetriebe zahlen. Die mittelständisch strukturierte Branche setzt jährlich 300 bis 350 Mio. DM um.

Der König der Secondhandshops in Deutschland heißt Ohanian. Er gebietet über ein Altkleider-Imperium, das über 10 Firmen umfaßt. Angefangen hatte Ohanian 1984 mit einem Geschäft in Bad Oldesloe. Inzwischen betreibt er über die SOEX Textil-Vermarktungsgesellschaft mbH Sortieranlagen in Oldesloe, Lüneburg und Schwerin. Ferner hat Ohanian unter dem Namen N + H in Hamburg, Wien und Amsterdam 18 Läden sowie in Frankreich eine Kette mit 34 Läden. Kleidung beschafft sich SOEX über die Sortieranlagen und aus Nordamerika. Jeden Monat werden 40 Tonnen Altkleider aus den USA importiert, 70 bis 75% der Ware in den Shops. 1992 beteiligte sich RWE über die Textilrecyclingtochter R + T Umwelt, Leipzig, mit 50% an Ohanians Unternehmen SOEX.

Hans Löwer, der Erste Vorsitzende des Fachverbandes Textilrohstoffe: »Da hätte das Kartellamt einschreiten müssen. Hinter SOEX steht nun eine Kraft, die die ganze Branche kaputtmachen kann.«[5] Und SOEX expandiert seitdem gewaltig. Alle Bereiche, vom Sammeln über das Sortieren bis hin zum Recyceln, will das Unternehmen besetzen. In Bassum bei Bremerhaven wurde der mit 50.000 Tonnen größte deutsche Sammelbetrieb übernommen, die Efiba GmbH & Co. KG.

Im Norden Deutschlands koordiniert die RWE Entsorgung Nord GmbH (REN) das Müllgeschäft des Konzerns. 1992 verdoppelte REN den Umsatz und die Beschäftigtenzahl.

Bereits 1990 hatte RWE Entsorgung mit dem Abfallentsorgungsunternehmen Städtereinigung Nord GmbH & Co. KG eine Partnerschaft vereinbart. Dann wurde die Städtereinigung Nord, deren Ziel die Verwirklichung integrierter abfallwirtschaftlicher Konzepte ist, von RWE voll übernommen.

RWE auf dem Telekommunikationsmarkt

Mit einem Jahresumsatz von 85 Mrd. DM ist der Telekommunikationsmarkt in Deutschland schon heute gewaltig, er wird aber bis zum Jahr 2000 auf mindestens 110 Mrd. DM anwachsen und damit die Automobilbranche als Top-Branche verdrängen. Wenn 1998 das Festnetzmonopol der Deutschen Telekom wegfällt, wird der Telefonmarkt für alle Anbieter freigegeben. Die Konkurrenten der Telekom formieren sich. Die Zeit der Alleingänge ist vorbei, eine Elefantenhochzeit folgt der anderen. Am Ende werden der Telekom zwei große Gegner gegenüberstehen. Natürlich ist RWE einer davon.

Deswegen wird die Telekommunikation von den Essener Herren »als ein bedeutendes, für die Zukunft unseres Unternehmens erfolgversprechendes Investment« eingestuft. Dabei konzentriert RWE seine Aktivitäten auf »Synergiepotentiale« zur »Kernkompetenz«, dem Stromgeschäft und der damit verbundenen Infrastruktur. RWE verfügt über jahrzehntelange Erfahrungen mit dem Bau und Betrieb von Kommunikationsnetzen. Bereits 1928 erhielt das Unternehmen eine Sondergenehmigung für den Betrieb des unternehmenseigenen Netzes. Auf der Grundlage dieses Know-how errichteten die Essener in ihrem Versorgungsgebiet eines der modernsten Hochgeschwindigkeitsnetze Deutschlands. Das bundesweite Netz von RWE deckt die wichtigen Ballungszentren und war bis Ende 1995 auf rund 4.500 km Lichtwellenleitungen (LWL) mit einer Übertragungsgeschwindigkeit von bis zu 2,5 GigaBit pro Sekunde ausgebaut, das entspricht etwa 70.000 km Glasfaserkabel.

Seit der Umstrukturierung des Konzerns im Jahre 1989 befand sich RWE sieben Jahre lang in einer »Akquisitionsphase«, wie Konzern-Chef Dietmar Kuhnt euphemistisch die planvolle Diversifizierung des Multis und die historische Landnahme in den neuen Bundesländern bezeichnete.[6] Nun wolle sich der Konzern der Optimierung der inneren Struktur verschreiben. Das hindert RWE jedoch nicht daran, in dem zukunftsträchtigsten Infrastrukturbereich, der Telekommunikation, ebenfalls eine starke Marktstellung anzustreben. Bis zum Jahr 2000 will RWE – mit Partnern – einen Umsatz von 8 bis 10 Mrd. DM erzielen und 4 Mrd. DM investieren. Dabei sollen 5.000 neue Arbeitsplätze entstehen.

Im Mai 1994 erhielt ein von RWE geführtes Konsortium die Lizenz für den Betrieb eines privaten Datenfunknetzes. Ziel ist ein bundesweites Funknetz zur vorwiegend mobilen Übertragung von digitalen Daten. Dazu wurde die GfD Gesellschaft für Datenfunk mbH gegründet, an der RWE 38,5%, Mannesmann Eurokom 19% und die Deutsche Bank, die Energieversorgung Schwaben sowie das wichtigste französische Unternehmen auf diesem Gebiet, Cofira, jeweils 10% halten. Thyssen Telecom hält weitere 6,5%, die restlichen 6% der Anteile liegen bei RAM Mobile Data Network, einer deutschen Tochter der Bell South Corporation, dem größten amerikanischen Telefonunternehmen. Die GfD begann mit dem Netzaufbau im Januar 1995 und will bis 1997 eine flächendeckende Infrastruktur haben.

Am 16. September 1994 gründete RWE zur Bündelung aller Aktivitäten auf dem Telekommunikationsbereich die RWE Unitel AG. Aus »firmenrechtlichen Gründen« mußte sie in RWE Telliance AG umbenannt werden.[7] Der neuen Führungsgesellschaft wurden die Beteiligungen von RWE Energie an der inzwischen verkauften der CNI Communications Network International GmbH, der GfD Gesellschaft für Datenfunk mbH, der RWE Mobilfunk GmbH sowie der TERRAFON Bündelfunk GmbH & Co KG übertragen. Im Rumpfgeschäftsjahr 1994/95 erzielte die RWE Telliance-Gruppe mit mehr als 1.200 Mitarbeitern einen Umsatz von 467 Mio. DM. Konzernchef Kuhnt kündigte Anfang 1996 an, daß die RWE Telliance, die bislang bei der RWE Energie angesiedelt war, unmittelbar bei der Holding zugeordnet wird.

Abb. 17: RWE-Aktivitäten bei der Telekommunikation

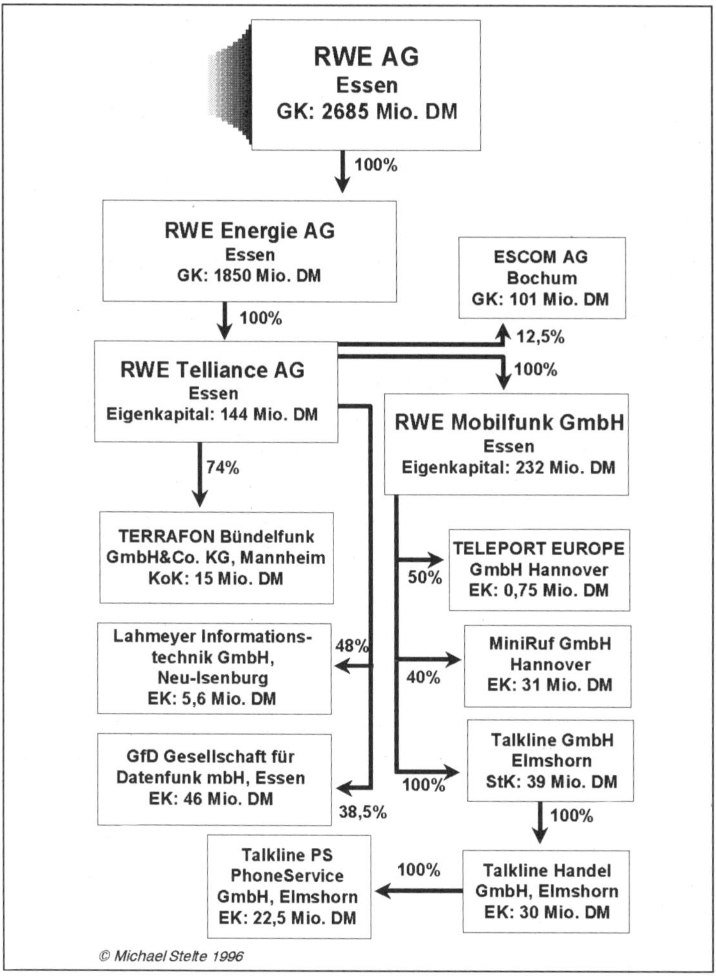

Zu Vorständen der RWE Unitel bzw. Telliance AG wurden zunächst Dr. Rolf Bierhoff und Volker Hoffmann bestellt. Bierhoff ist gleichzeitig Vorstandsmitglied der RWE Energie AG.[8] Ein weiteres Vorstandsmitglied wurde Peter Schwarzmann, zuständig für Informationstechnik, Neue Dienste und Multimedia. Nachdem

Herr Bierhoff aus dem Telliance-Vorstand ausschied, wurde Dr. Thomas Mecke, der seit Januar 1990 als Justitiar für die RWE AG tätig war, zum vierten Vorstandsmitglied berufen. Mecke ist für den Bereich Personal, Recht und Organisation verantwortlich. Gemeinsam mit dem Finanzchef Dietrich Schmidt, ebenfalls Vorstandsmitglied der RWE Telliance, wurde Mecke zum Geschäftsführer der RWE Telekommunikation bestellt.[9] Vorsitzender des Vorstandes der RWE Telliance ist seit dem 15. Mai 1996 Alex Stadler. Stadler ist gebürtiger Schweizer und US-Staatsbürger. Zuvor war er Vice President für Strategie und Technologieplanung der US-Telefongesellschaft GTE Telephone Operations.
Mit ihren Beteiligungen ist die RWE Telliance-Gruppe inzwischen in allen Telekommunikationsbereichen, von der Netzinfrastruktur über die Diensteanbieter bis hin zum Vertrieb aktiv. Das operative Geschäft in allen Sektoren plant die RWE Telekommunikation.
Im September 1994 kaufte RWE sämtliche Anteile an der Preussag Mobilfunk GmbH und nannte diese Gesellschaft RWE Mobilfunk GmbH. Damit hält RWE mittelbar alle Anteile an der TALKLINE-Gruppe, 49,7% an der TELEPORT EUROPE GmbH und 40% an der MiniRuf GmbH. TALKLINE bietet Mobiltelefondienste für die Netze D1, D2 und E-Plus an und ist bereits europaweit präsent. Eine gemeinsame Tochter von RWE Telliance und VEBACOM ist die TELEPORT GmbH, die internationale Satellitendienste vermarktet. RWE wirkt darauf hin, auf dem deutschen Telekommunikationsmarkt eine »führende Wettbewerbsposition« einzunehmen. Auf der Basis einer vertikal integrierten Voll-Lizenz sollen flächendeckend Sprach-, Daten und Mehrwertdienste einschließlich der Infrastruktur bis hin zum Endkunden angeboten werden.
Mit TELEDANMARK (20%) und VEBACOM (40%) wurde 1994 die gemeinsame Tochter MiniRuf GmbH gegründet, die ein bundesweites Funkrufnetz aufbauen und betreiben wird. Der kommerzielle Betrieb begann im August 1995. Ein neuer Digital-Standard ermöglicht eine grenzüberschreitende, europaweite Nutzung der Funkrufempfänger.
Die RWE-Tochter Rheinelektra veräußerte mit Wirkung zum 1. Januar 1995 ihre 55,6% Anteile an der TERRAFON Bündelfunk GmbH & Co KG an die RWE Telliance. Inzwischen hält RWE Telliance 74% an der TERRAFON, die in acht Lizenzgebieten ein leistungsfähiges Sprachbündelnetz errichtet. Außerdem war Rheinelektra mit 30% an der DEKRAPHONE Telekommunikations-Service GmbH beteiligt, die bereits rund 125.000 Teilnehmer in den Mobilfunknetzen

D1, D2 und E-Plus betreut.[10] Anfang 1996 übernahm RWE Telliance die DEKRAPHONE voll. Talkline und Dekraphone verfügen bereits über 450.000 Kunden in Europa (davon rund 350.000 in Deutschland).

An der zum RWE-Konzern gehörenden Lahmeyer Informationstechnik GmbH (LIT) hat RWE Telliance 48% der Anteile erworben. Die restlichen 52% hält weiterhin Lahmeyer International. LIT ist ein etabliertes Consultingunternehmen für Planung und Aufbau von Telekommunikations-Diensten und -Vertriebsaufgaben.

Natürlich ist RWE Telliance auch im Internet aktiv. Dabei wurden gleich Nägel mit Köpfen gemacht. RWE beteiligte sich mit 15% an der 1995 in Frankfurt am Main gegründeten »callisto germany.net GmbH«, die den Online-Dienst germany.net betreibt. In Zusammenarbeit mit regionalen Inhaltsanbietern wie Zeitungsverlagen werden lokale Dienste angeboten. Darüber hinaus wird den Teilnehmern – Ende August 1996 waren es bereits 100.000 – der Zugang zu allen nationalen und internationalen Internet-Diensten angeboten.

Privatkunden bietet germany.net zwar einen kostenlosen deutschen Internet-Zugang an. Aber erst als Premium-Teilnehmer kann man richtig im Netz surfen. Und das kann durchaus teurer als bei anderen Online-Diensten werden. Das inhaltliche Angebot reicht von Informationen regionaler Anbieter über die Fahrplanauskunft der Deutschen Bahn AG bis zum allgemeinen Internet-Zugang. Die Teilnehmer zahlen lediglich die Telefongebühren zum nächsten Einwählpunkt in das Netz. Die Infrastruktur wird 1996 so ausgebaut, daß in ganz Deutschland ein Netz-Zugang zum Ortstarif möglich sein wird. Wie beim Privatfernsehen sorgen Werbeeinnahmen für eine Mitfinanzierung der Dienste.

Dank der 12,5% Beteiligung an dem Aachener Computer-Discounter Escom AG ist es RWE möglich, in deren Filialen europaweit Telekommunikationsprodukte und -dienste anzubieten.[11] Partner bei Escom ist mit 25% das Versandhaus Quelle.

In Netzkooperation mit anderen Stromverbundunternehmen will RWE zu noch größerer Flächendeckung kommen. Im Frühjahr 1995 verständigten sich sieben der neun deutschen Verbundunternehmen auf eine Zusammenarbeit im Telekommunikationsbereich.

Zunächst vereinbarten RWE, VEAG und VEW, ihre Telekommunikationsnetze zu verbinden. Im Februar 1996 stieß die Bayernwerk-Mutter VIAG hinzu, die als weiteren Partner die British Telecom mitbrachte. Die Stromkonzerne verfügen derzeit über rund 8.000 km Lichtwellenleiter, die über 70% Deutschlands abdecken. Ziel sind natürlich 100%.

Die weiteren Kooperationspartner stehen schon vor der Tür. Es handelt sich um die Energie-Versorgung Schwaben (EVS) und das Badenwerk, die gemeinsam die CNS (Communikationsnetze Süd-West GmbH) besitzen. EVS ist – gemeinsam mit RWE Telliance und Thyssen – an der Gesellschaft für Datenfunk (GfD) beteiligt. Auch Thyssen, die mit Veba das e-plus-Mobilfunknetz betreibt, fühlt sich zum RWE hingezogen.

In den neuen Bundesländern bedient sich RWE auch der Neuerwerbung LAUBAG. In weiser Voraussicht hatte die Lausitzer Braunkohle in das Streckennetz ihrer Betriebsbahn Glasfaserkabel gelegt. Jetzt wird dieses für Telekommunikationszwecke aktiviert.

Die Newcomer als Netzbetreiber müssen keine Kupferleitungen zu den Hausanschlüssen legen, sondern können mit der drahtlosen Ortsvermittlung – Wireless-Local-Loop – die Ortsvermittlung organisieren. Die Stadtteile werden per Funk versorgt. Die Sender in der Größe von einem Schuhkarton lassen sich leicht an jeder Hauswand anbringen. Mit DECT[12] kann der mobile Privatkunde natürlich nicht nur in seiner Nachbarschaft telefonieren, sondern er kann in jedes Netz gelangen und auch aus anderen Netzen angerufen werden.

Die Zukunft sieht rosig aus, denn wer wird sich in Zukunft in Großstädten noch ein herkömmliches Telefon zulegen, wenn ein mobiles DECT-Telefon samt Dienstleistung für denselben Preis erhältlich ist?

Den zweiten neuen Akteur bilden bislang Veba und Mannesmann. An der Veba-Tochter Vebacom ist das britische Unternehmen Cable & Wireless mit 45% beteiligt. Die Veba hält 10,5% an Cable and Wireless, die mit 42.000 Beschäftigten und 11,3 Mrd. DM Umsatz etwa ein Drittel so groß sind wie British Telecom. Mannesmann hat den US-Giganten AT & T zum Partner und verfügt über 30.000 km Richtfunkstrecken für das D2-Netz, während Veba über die Tochter Preussen-Elektra über 2.000 km Glasfaserkabel nutzen kann. Auch bei diesem Konsortium sind weitere Verflechtungen geplant. Vebacom hat einen Vertrag mit der Wingas GmbH über die Nutzung der rund 1.200 km Glasfaserkabel an den Wingas-Leitungen. Wingas gehört zum BASF-Konzern und sichert nicht nur die Gasversorgung des Ludwighafener Chemieriesen, sondern hat sich zudem auch Verdienste beim Knacken des Monopols der Ruhrgas AG erworben. Ruhrgas, die über fast 10.000 km Glasfaserleitungen verfügt, will nicht selbst in das Telekom-

munikationsgeschäft einsteigen, verhandelt aber mit allen Seiten über die Nutzung ihrer Leitungen.[13] Bei der räumlichen Nähe von Ruhrgas und RWE in Essen liegt auf der Hand, daß RWE Telliance das Rennen macht.
Die Kommunen stehen bei diesem neuen Geschäftsfeld vor der Frage »Goldgrube oder Milliardengrab«? Dem Telekommunikationsmarkt wird eine goldene Zukunft vorausgesagt. Da es in Deutschland nicht zum Wettbewerb vieler Anbieter kommen wird, sondern zu einem von drei kapitalstarken Allianzen beherrschten Oligopol, ist schon absehbar, wer die Profite einstecken wird. Um der Deutschen Telekom Paroli bieten zu können, sind Übertragungsnetze nötig. Die hat inzwischen jedes Stadtwerk, da die Strom- und Gasleitungen entsprechend ausgelegt sind. Aber selbst mit leeren Rohren, die sich an Netzbetreiber verpachten lassen, ließe sich ein Geschäft machen. Wer genug Kapital hat, kann Übertragungsnetze selbst bauen oder vervollständigen oder diese in vorhandene Telekommunikationsdienste einbringen. Den meisten Profit verspricht natürlich, diese »Dienste« selbst anzubieten. Das sind z.B. Objektüberwachungen per Videokamera, Videokonferenzen, Konferenzschaltungen, Telefonzentralen (für Unternehmen mit mehreren Niederlassungen), Verkehrsleittechnik und andere Formen der Telematik.
Der strukturelle Netzaufbau gleicht der Stromversorgung: Lokale »City-Netze« der Kommunen oder kommunaler Unternehmen, auf der nächsten Stufe Regionalnetze und darüber ein bundesweites Verbundnetz. Um die Endkunden zu erreichen, ist die Kooperationsbereitschaft derzeit groß.
Die Bonner Gesetzgeber glänzen bei der Telekommunikation wieder einmal mit diffusen Formulierungen. Das Telekommunikationsgesetz sorgt durch unterschiedliche, teilweise sehr restriktive Auslegung der Gemeindeordnungen für Verunsicherung der Kommunen. Die vorgesehene Praxis der Vergabe von Funklizenzen will offensichtlich diejenigen bevorzugen, die »den höheren räumlichen Versorgungsgrad haben«. Ob sich diese Formulierung auf das Bundesgebiet, das Lizenzgebiet oder den relevanten räumlichen Markt bezieht, ist Interpretationssache. Der Wettbewerb begann am 1. Juli 1996 durch die Freigabe der sogenannten alternativen Netze. Konkurrenten der Telekom dürfen vor Ende 1997 zwar alles anbieten, jedoch nur für Firmen und Institutionen, nicht an Otto Normalverbraucher und Lieschen Müller. Telekommunikationsdienstleistungen sind ein Angebot an die Öffentlichkeit »für beliebige natürliche oder juristische Personen«. Vom Nutzerkreis hängt eine Lizenzpflicht ab. Eine Lizenz muß jeder

erwerben, der für die Öffentlichkeit einen Übertragungsweg betreiben oder Sprachtelefondienst anbieten will.
Während für die Nutzung der kommunalen Wegerechte für leitungsgebundene Energie wie Strom, Gas oder Fernwärme Konzessionsabgaben zu zahlen sind, sah der Gesetzesentwurf ein entgeltfreies Wegerecht für Telekommunikationsleitungen vor. Wieder einmal ein Streitfall für die Rechtsgelehrten. In einem Gutachten für die Kommunen kam Prof. Günter Püttner zu dem Schluß, die Vorschrift sei verfassungswidrig. Der Berliner Staatsrechtler Prof. Rupert Scholz beantwortete die Frage in einer Expertise für die Deutsche Telekom gegenteilig. Die Forderung nach einem Wegeentgelt sei unbegründet und der Gesetzesentwurf somit verfassungskonform.

RWE und die Bauindustrie

Seit den 20er Jahren ist RWE an der Essener Baufirma Hochtief AG für Hoch- und Tiefbauten vorm. Gebr. Helfmann beteiligt. Hugo Stinnes hatte das 1875 in Frankfurt von den Brüdern Balthasar und Philipp Helfmann gegründete Bauunternehmen Hochtief 1922 nach Essen geholt. Zuvor hatte er über 50% des Aktienkapitals erworben und Hochtief zu einem Stinnes-Unternehmen gemacht. Nur mit viel Mühe und mit der Hilfe von Banken konnte sich Hochtief aus dem Strudel des Zusammenbruchs des Stinnes-Konzerns heraushalten, der 1924 nach dem Tod des größten Konzernbauers der deutschen Wirtschaftsgeschichte stattfand. RWE ergriff die Gelegenheit beim Schopfe, erwarb ein Aktienpaket und trat 1926 erstmals mit einem Anteil von 31% als Großaktionär in der Hochtief-Generalversammlung auf.
Die Hochtief-Beteiligung wurde langsam aufgestockt, Ende der 50er Jahre auf 34% und dann auf 38,89%. Nach der Gründung der Finanzgesellschaft »Francommerz Vermögensverwaltungsgesellschaft mbH«, die eine 25%-Schachtel von Hochtief besitzt, hielt RWE weitere 5% der Aktien, also ingesamt rund 44%.
Bei der Finanzkraft des RWE wäre es schon lange möglich gewesen, die Rolle des Großaktionärs mit der des Mehrheitsaktionärs auszutauschen. Das passierte jedoch erst im Zuge der Neustrukturierung des RWE-Konzerns 1990. Auch das Bundeskartellamt spielte mit. RWE erwarb von der Commerzbank 40% der Francommerz und besitzt seitdem auf der Basis einer Durchstimmvereinbarung mit insgesamt 56% der Aktien die Mehrheit. Die Frankfurter Allgemeine schätzte den

Abb. 18: RWE-Aktivitäten in der Bauwirtschaft

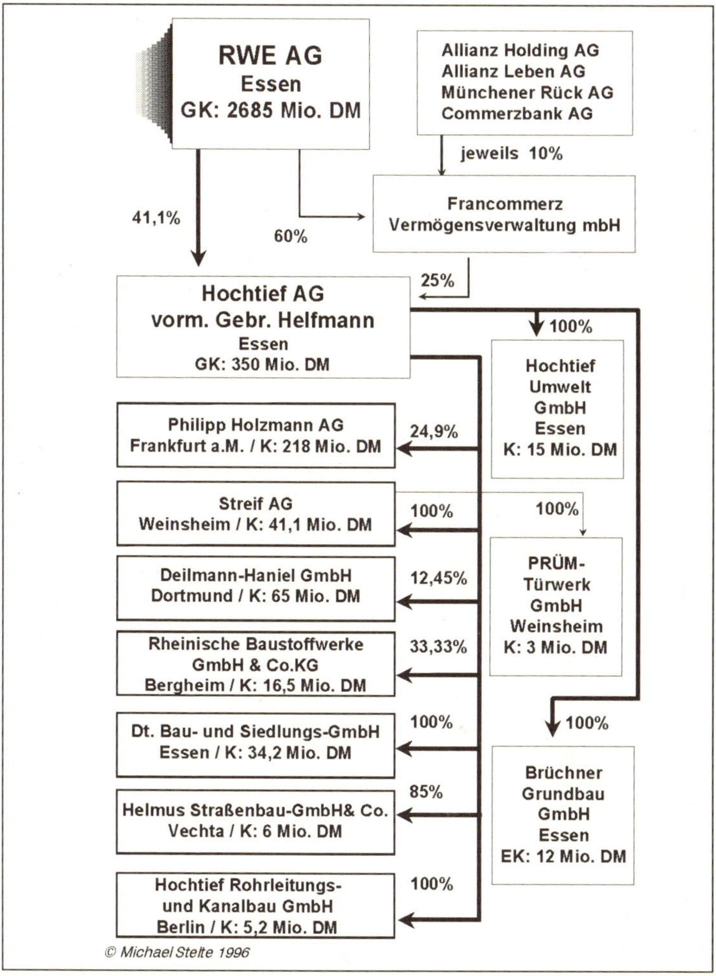

Kaufpreis des Pakets auf 600 Mio. DM. Hochtief wird seitdem als sechste Sparte der RWE Holding geführt. Die aktienrechtliche Anbindung an RWE, d.h. die Konsolidierung des Jahresabschlusses in der Konzernbilanz, fand erstmals im Geschäftsbericht 1989/90 seinen Niederschlag, wo der Konzernmutter 34 Mio. DM zuflossen.

Für RWE ergeben sich im Baubereich mit Hochtief »exzellente Synergien«.[14] Synergie ist für RWE keine leere Worthülse, denn Bauaufträge für Kraftwerke und andere Großbauten werden grundsätzlich an Hochtief vergeben. Durch den Konzernverbund werden jährlich dreistellige Millionenbeträge aus den Beteiligungen herausgeholt.

Die deutsche Bauindustrie ist mit rund 1,1 Mio. Beschäftigten eine mächtige Branche. Das gesamte Bauvolumen betrug 1993 insgesamt 516,4 Mrd. DM, wobei sich die Umsätze auf Bauhauptgewerbe, Ausbaugewerbe und sonstige Bauleistungen verteilen. Allerdings bestimmen die zehn größten Bauunternehmen weitgehend das Baugeschehen und die Wettbewerbsverhältnisse (s. Tabelle 4).

Tabelle 4: Umsätze und Beschäftige der 10 größten Bauunternehmen in Deutschland 1993

Name	Inlandsbauleistung in Mio. DM	Beschäftigte Inland
Philipp Holzmann	8.177	25.511
Hochtief	5.914	21.102
Walter-Gruppe:	9.688	43.782
– Dywidag	3.554	14.464
– Ed. Züblin	2.278	10.108
– Walter Bau	2.148	9.837
– Heilit + Woerner	1.708	9.377
Strabag	4.209	15.289
Bilfinger + Berger	3.117	15.570
SGE Deutsche Holding	2.626	14.700
Wayss & Freytag	2.009	6.653

Quelle: Bundeskartellamt 1995

Das Bundeskartellamt wertete darüber hinaus rund 520 Großprojekte (Bauvolumen über jeweils 50 Mio. DM) aus. Danach erhielt Holzmann 20,3%, Hochtief 14% und die Walter-Gruppe 14,7% des Auftragsvolumens. Im Falle des Zusam-

Hochtief steigt bei Holzmann ein

Am 24. Januar 1995 untersagte die 1. Beschlußabteilung des Bundeskartellamtes das angemeldete Vorhaben der Hochtief AG, ihren Anteil an der Philipp Holzmann AG von 20% auf 35% der Aktien zu erhöhen. Die Gebühr für diese Untersagung betrug 200.000 DM. Hochtief wollte von der Bank für Gemeinwirtschaft und der Commerzbank insgesamt weitere 15% der Aktien von Philipp Holzmann kaufen. Darauf kaufte Hochtief nur ein 4,9%-Paket von der Commerzbank, die bereits 1981 Hochtief zu dem 20%-Paket verholfen hatte. Schließlich kaufte die Commerzbank »auf Wunsch der Hochtief AG« im Mai 1995 von der BfG Bank das 10%-Paket an Holzmann. Diese »Zwischenlagerung« eines 10%igen Holzmann-Pakets zugunsten der Hochtief AG hat eine lange Vorgeschichte.

1976 hatte die WestLB im Einvernehmen mit der Deutschen Bank 25% des Holzmann-Kapitals zu einem Preis von 400 DM je Aktie übernommen. Die Anteile stammten aus dem Besitz des Augsburger Industriellen Hans Glöggler, der sie gegen Kredit an die WestLB bzw. deren Tochtergesellschaft verpfändet hatte. Glöggler hatte 1974 seinen auf 10% geschätzten Altbesitz an Holzmann auf zunächst 20% arrondiert und im Februar 1975 eine Schachtelbeteiligung von 25% angezeigt. Im gleichen Jahr stockte die Deutsche Bank ihren Holzmann-Anteil auf 34,6% auf, den sie inzwischen auf 25,8% (Mitte 1995) zurückgeführt hat. Bis 1981 war die WestLB mit von der Holzmann-Partie. Dann verkaufte die Landesbank völlig überraschend die Aktien an die Commerzbank, die ihrerseits unverzüglich 20% an den Holzmann-Konkurrenten Hochtief weitergab. Zurück blieben jene 5%, von denen 4,9% nach der Untersagungsverfügung an Hochtief gingen. Der spektakuläre Einstieg von Hochtief bei Holzmann war also von vornherein als Dauerbeteiligung angelegt.

menschlusses von Holzmann und Hochtief wäre das ein gemeinsamer Marktanteil von 34,3 bei den Großprojekten.

Die RWE-Tochter Hochtief ist zwar umsatzmäßig nur das zweitgrößte Bauunternehmen in Deutschland, aber dennoch sind die Essener an dem größten deutschen Bauunternehmen beteiligt. Anfang der 90er Jahre bemühte sich Hochtief um »eine engere Kooperation mit der Philipp Holzmann AG«, wie im Geschäftsbericht der Versuch umschrieben wird, unternehmerischen Einfluß auf den Konkurrenten auszuüben.

RWE und erneuerbare Energien

Für die »sichere Energieversorgung kommender Generationen« leistet RWE nach eigener Ansicht mit der Entwicklung und Erprobung von Nutzungsmöglichkeiten regenerativer Energien »ein Stück Zukunftsvorsorge«.[15]
Heute nutzt RWE Energie 115 Wasserkraftwerke mit einer Gesamtleistung von 2.800 MW. Am RWE-Stromaufkommen sind diese Kraftwerke nur noch mit 3% beteiligt. Bei der Wasserkraft sieht RWE Energie das Potential in Deutschland weitgehend ausgeschöpft und einem »noch stärkeren Beitrag zur Stromerzeugung ... aus hydrologischen und ökologischen Gründen Grenzen gesetzt«. Das kann sich allerdings schnell ändern, wenn um die Jahrtausendwende der Wasserstrom-Import aus Skandinavien beginnt.
In der Solartechnik leistet RWE nach eigenem Verständnis schon seit Anfang der 60er Jahre Pionierarbeit, insbesondere durch die Erforschung von Möglichkeiten zur thermischen Nutzung der Sonneneinstrahlung als Niedertemperaturwärme. Inzwischen spielt RWE bei der Entwicklung von solaren Pilotanlagen eine führende Rolle. Das Essener Unternehmen hat in Deutschland zwei Anlagen mit insgesamt 700 Kilowatt Leistung in Betrieb. In der 340-kW-Solaranlage Kobern-Gondorf werden seit 1988 unterschiedliche Solarzellentypen aus aller Welt auf ihre Leistungsfähigkeit und Zuverlässigkeit untersucht. Beim Betrieb der zweiten Anlage mit 360 kW Spitzenleistung am Neurather See bei Grevenbroich werden seit 1991 die Möglichkeiten zur Kostensenkung bei der Stromerzeugung aus Sonnenlicht erforscht.
Die dritte Anlage entstand in Toledo, 60 km südwestlich von Madrid. In Spanien kann RWE die Photovoltaik unter anderen klimatischen Bedingungen erproben. Die Anlage wird parallel mit einem benachbarten Wasserkraftwerk betrieben, um in den heißen Sommermonaten die verringerte Stromabgabe auszugleichen.[16] RWE Energie und der spanische Stromversorger Unión Eléctrica Fenosa S.A. weihten das 25 Mio. DM teure und mit einer Spitzenleistung von 1 MW »größte Solarkraftwerk Europas« im Juni 1994 ein.[17] Auf einer Gesamtfläche von ca. 50.000 m^2 sollen 7.940 Solarmodule rund 1,5 Mio. kWh Strom im Jahr produzieren, der in das spanische Versorgungsnetz eingespeist wird.
Bei RWE Energie schätzt man die Stromproduktion aus Sonnenenergie als »langfristige Zukunftsoption fürs Kerngeschäft Stromversorgung«. Für die nach RWE-Sicht »sinnvolle Förderung der Solarstrom-Technik« taugen weder »Strompfennige« noch »polit-ideologische Parolen«. Allerdings sei die staatliche Förderung

mit jährlich etwa 20 Mio. DM aus Bundes- und Landeskassen zu dürftig. Um die Markteinführung der Photovoltaik zu beschleunigen, müssen Privatleute und Energieversorger ein Vielfaches pro Jahr investieren.
Das für Finanzfragen bei RWE Energie zuständige Vorstandsmitglied Richard Klein – zuvor Oberstadtdirektor von Duisburg – forderte denn auch eine Aufstokkung der staatlichen Förderung zur Verbesserung der Marktbedingungen und Einsatzmöglichkeiten der Photovoltaik in Deutschland und der Exportchancen.
Die solare Unternehmensstrategie von RWE zielt auf Ausbau. Am 1. Juli 1994 brachten RWE und Daimler-Benz die Solartechnik-Aktivitäten der beiden Konzerne in die neugegründete Firma »Angewandte Solarenergie – ASE GmbH«, mit Sitz in Alzenau ein. Damit gibt es in Deutschland nur noch zwei große Hersteller von Photovoltaikzellen: Siemens solar und ASE.
An der ASE ist RWE über die Tochter NUKEM mit 50% beteiligt. Falls das Daimler-Benz-Unternehmen Deutsche Aerospace (Dasa) ihre 50%-Beteiligung an der ASE abstoßen möchte oder muß, ist die RWE-Gruppe zur Übernahme bereit.
Im Sommer 1994 kaufte ASE von der Mobil Oil Corporation deren Tochter Mobil Solar Energy Corporation und benannte diese in ASE Americas Inc. um. Durch den Kauf der US-Firma in Billerica, Massachusetts, übernahm die ASE das Produktionsverfahren »EFG« zur Herstellung von Silizium-Wafern. Der Anteil von ASE am Weltmarkt von 6% erhöhte sich nicht nennenswert. Siemens Solar hatte 1994 bei Solarzellen einen Marktanteil von 23%.
ASE produzierte in Deutschland an vier Fertigungsstandorten, die allerdings noch wesentlich kleiner sind als kommerzielle Solarmodulfabriken. Die Produktion im norddeutschen Wedel wurde inzwischen eingestellt und zur ASE Americas verlagert, weil dort die Personalkosten um 50% niedriger liegen und höhere Subventionen gezahlt werden. Dieser Schritt, so bedauerte RWE-Chef Kuhnt, sei angesichts von mehr als 40 Mio. DM Verlust bei 60 Mio. DM Umsatz »unumgänglich«.
Der »Standort Deutschland« gefährdet die Entwicklung von Zukunftstechnik, weil hierzulande zu hohe Löhne gezahlt werden und die Bundesregierung aus dem Topf der Steuerzahler den Kohlebergbau und die Stromwirtschaft subventioniert, anstatt auf Innovationen bei Energiesparen und erneuerbaren Energien zu setzen. Dabei wäre mit einer schlichten Umschichtung der Subventionen im Energiesektor das Problem einfach zu lösen. Mit 50% bzw. 10% Subventionsanteil gemessen am Umsatz sind der Bergbau und die Stromproduktion die beiden

vom Staat am meisten alimentierten Branchen in Deutschland. Die Lösung: Staatliche Markteinführungsprogramme in klimatisch günstigen Regionen der Dritten Welt, denn »neue Dauersubventionen zu Lasten des Steuerzahlers oder gar des Strompreises« sind aus RWE-Sicht nicht zu rechtfertigen.

Im Essener Stadtteil Gerschende hat RWE eine Reihenhaussiedlung mit 25 netzgekoppelten Photovoltaik-Anlagen zu »Europas erster Solarstromsiedlung« nachgerüstet. Jedes der 20 m^2 großen Module hat eine Spitzenleistung von 2 kW und versorgt die einzelnen Hausnetze direkt. Allerdings liegt die jährliche Stromerzeugung nur bei rund 1.400 kWh, das ist weniger als die Hälfte des Verbrauchs eines Haushalts. Die Kosten für das Projekt beliefen sich auf rund 1,2 Mio. DM, wozu die Europäische Union aus dem Thermie-Programm 40% beisteuerte.[18]

Auch die Erforschung von Windkraft zählt zu den Interessen des Essener Stromriesen. In den 80er Jahren hatte sich RWE mit 20% an der 3-MW-Großwindanlage (GROWIAN) bei Brunsbüttel wahrlich nicht mit Ruhm bekleckert. Die immensen Kosten für die überdimensionierte Anlage, an der auch die norddeutschen EVU HEW (49%) und Schleswag (31%) beteiligt waren, bezahlte das Bundesforschungsministerium. Die Größenordnung des GROWIAN widersprach allen Vorstellungen über angepaßte Technologie und stellte sich als untauglich heraus.

In den 90er Jahren wandelte sich das Forschungsinteresse von RWE gewaltig. Im Mai und Juni 1994 wurden bei Trier zwei Windkraftanlagen mit einer Leistung von zusammen 800 kW in Betrieb genommen. Nun erforscht RWE im Binnenland, welche Konstruktion – mit horizontaler oder vertikaler Drehachse – mehr Strom produziert. Die beiden Windkraftanlagen sollen jährlich etwa 1,2 Mio. kWh Strom erzeugen. An den Investitionskosten in Höhe von 2,8 Mio. DM beteiligt sich wieder die öffentliche Hand in Form des Bonner Forschungsministeriums und des Mainzer Wirtschaftsministeriums.[19]

In den Gipfellagen der Alpen sind ähnlich günstige Windverhältnisse wie im deutschen Küstenland anzutreffen. Deshalb hat die RWE-Tochter Lech-Elektrizitätswerke auf dem 1.800 m hohen Wendelstein die bisher größte Windturbine ihrer Art in hochalpiner Lage errichtet. Die Windkraftanlage wird durch eine Solarzellenanlage ergänzt.

Noch fristen die erneuerbaren Energien im RWE ein Nischendasein. Die Konzernaktivitäten auf diesem Zukunftsmarkt dienen hauptsächlich dazu, um das

Image des Stromriesen in der Öffentlichkeit aufzupolieren. Aber das wird sich ändern: Bei sinkenden Anlagenkosten und höheren Wirkungsgraden werden früher oder später auch beim RWE die CO_2-freien erneuerbaren Energieträger einen gewichtigen Beitrag zur Energieversorgung leisten.

DER WEG NACH OSTEN

DIE ÜBERNAHME DER ENERGIEWIRTSCHAFT DER DDR

Die Übernahme der Energiewirtschaft der ehemaligen DDR in die Regie der westdeutschen Stromwirtschaft ist ein Musterbeispiel für die Durchsetzungs- und Konfliktfähigkeit der westdeutschen Stromkonzerne und eine exemplarische Dokumentation der Folgen fehlender Transparenz in wichtigen Entscheidungsprozessen. Die Rolle des RWE in diesem Prozeß war wie immer zentral. Im Unterschied zu den anderen Verbundunternehmen hatten RWE und Rheinbraun vor allem ein Interesse an der Braunkohle als Schlüsselindustrie in den neuen Ländern. Diese sollte weiterhin die Basis der ostdeutschen Stromversorgung bleiben. Damit wurde die Chance einer schnellen ökologischen Modernisierung des Energiesektors in Ostdeutschland vertan.

Noch unter der Regierung Modrow war am 1. März 1990 die »Anstalt zur treuhänderischen Verwaltung des Volkseigentums« (Treuhandanstalt) eingerichtet worden, die das volkseigene Vermögen von Betrieben, Einrichtungen und Kombinaten in Treuhandschaft übernahm. Die Umwandlung der Kombinate und Volkseigenen Betriebe (VEB) in Kapitalgesellschaften wurde per Verordnung vorgeschrieben und die Bildung von Genossenschaften zugelassen. Die Treuhandanstalt sollte ferner Kooperationen mit westlichen Partnern prüfen und genehmigen. Nach Bildung der Koalitionsregierung de Maizière wurde die Treuhandanstalt in das Wirtschaftsministerium eingegliedert.

Im Bereich der Stromwirtschaft wurde der »Wirtschaftsverband Elektroenergie/Kraftwerke« als Dachverband gegründet, dem als Aktiengesellschaften eine Verbundnetz AG, eine Kernkraftwerke AG und eine Braunkohlenkraftwerke AG sowie die Staatliche Hauptlastverteilung angehörten. Damit wurde eine Verklammerung von Stromerzeugern und Verbundnetz vorgenommen, die sich nach internationalen Erfahrungen zunehmend als problematisch darstellt. In allen Ländern mit einer Reform der Stromwirtschaft wie z.B. in Großbritannien, Norwegen oder den Niederlanden wurde hier eine Trennung vorgenommen.

Die 15 territorialen Energiekombinate hatten bereits am 1. Februar 1990 mit ihrem gemeinsamen Ingenieurbetrieb den »Wirtschaftsverband Energieversorgung« gegründet. Aufgabe dieses Verbandes sollte die gemeinsame Interessenvertretung der regionalen Energieversorger gegenüber Staat und Kommunen sein.

In der Koalitionsvereinbarung der Regierung de Maizière vom 12. April 1990 war als energiepolitische Zielsetzung die »Schaffung dezentraler Wärme- und Energieversorgungsbetriebe (Stadtwerke) bei gleichzeitiger Entflechtung der Energiekombinate« vorgesehen.[1] Die Energiepolitik dieser Regierung, insbesondere des zuständigen Ministers Steinberg, orientierte sich allerdings zunehmend an den Vorgaben der großen Stromkonzerne der Bundesrepublik.

Der Verlauf der Neuordnung der Energiewirtschaft wurde durch die gegensätzlichen Standpunkte und Interessen der energiepolitischen Akteure bestimmt. Während von den Parteien in der Volkskammer versucht wurde, einen Großteil der Energiewirtschaft an Kommunen und Länder zu übertragen, verhandelten RWE, PreussenElektra und Bayernwerk mit den ehemaligen Kombinatsdirektoren und der DDR-Regierung um den gesamten Energiesektor.

Auf Initiative der Fraktionen Bündnis 90/Die Grünen und SPD wurde mit dem Gesetz zur Privatisierung und Reorganisation des volkseigenen Vermögens vom 17. Juni 1990 die Möglichkeit geschaffen, Volkseigentum nicht nur zu privatisieren, sondern auch den Kommunen oder Ländern zu übertragen.[2]

Am 6. Juni 1990 war das »Kommunalvermögensgesetz«[3] verabschiedet worden, dessen energiewirtschaftlich relevanten Regelungsinhalte wie folgt lauten:

> *§ 1: »Volkseigenes Vermögen, das kommunalen Aufgaben und kommunalen Dienstleistungen dient, wird den Gemeinden, Städten und Landkreisen kostenlos übertragen.«*
>
> *§ 6 (1): »Volkseigene Betriebe und Einrichtungen, die zur Erfüllung der kommunalen Selbstverwaltungsaufgaben (...) benötigt werden, sind in der Regel (...) Betriebe und Anlagen zur Versorgung mit Energie und Wasser, wie örtliche Elektrizitäts- und Heizkraftwerke, Gas- und Wasserwerke sowie gemeindliche Verteilernetze.«*
>
> *§ 7 (1): »Auf der Grundlage des Beschlusses der Gemeindevertretung, der Stadtverordnetenversammlung oder des Kreistages sind alle Ansprüche der Kommunen auf Übertragung volkseigenen Vermögens innerhalb von 2 Monaten nach Inkrafttreten dieses Gesetzes durch die*

Bürgermeister, Oberbürgermeister bzw. Landräte gegenüber dem Präsidenten der Treuhandanstalt (...) schriftlich geltend zu machen.«

Am 25. Juli 1990 wurde die »Durchführungsverordnung zum Kommunalvermögensgesetz«[4] verabschiedet, in der festgelegt wurde, daß das Eigentum als Geschäftsanteil und auch als Eigenbetrieb übernommen werden kann.[5]

Die Verhandlungen um die Stromverträge

Zeitgleich bereiteten die RWE, PreussenElektra und Bayernwerk mit der DDR-Regierung einen Vertrag zur Übernahme des gesamten Stromsektors vor. Ende Juni 1990 wurde durch Presseberichte ein bis dahin streng geheim gehaltener Vertragsentwurf bekannt.[6] Der mehrfach überarbeitete Vertrag sollte offensichtlich vor dem 1. Juli 1990, dem Inkrafttreten des neuen Treuhandgesetzes, unterzeichnet werden, was durch die öffentliche Debatte, durch die Proteste in der Volkskammer und die Einsprüche vieler Kommunen allerdings zunächst verhindert wurde.

Erst am 22. August 1990 wurden zwischen der Treuhandanstalt, der Regierung der DDR (vertreten durch das Ministerium für Umwelt, Naturschutz, Energie und Reaktorsicherheit) und den westdeutschen EVU Verträge zur Übernahme der DDR-Stromversorgung abgeschlossen. Dabei handelte es sich um:

1) Den Vertrag zur Übernahme der DDR-Verbund-EVU Vereinigte Kraftwerke AG Peitz (ehem. Kombinat Braunkohlenkraftwerke), Energiewerke Nord AG (Kombinat Kernkraftwerke) und der Verbundnetz AG (Kombinat Verbundnetze Energie) sowie der Hauptlastverteilung durch RWE Energie, PreussenElektra und Bayernwerk (im folgenden Verbundvertrag genannt).
2) Gesonderte Verträge der fünfzehn regionalen DDR-Energieversorgungsunternehmen mit allen acht westdeutschen Verbundunternehmen (im folgenden als Regionalverträge bezeichnet).

Das Ziel der Vereinbarungen war die »Privatisierung der DDR-EVU unter mehrheitlicher Beteiligung der westdeutschen EVU«.[7]

RWE, Bayernwerk und PreussenElektra verpflichteten sich zu Investitionen von insgesamt 1,3 Mrd. DM in die neu geschaffenen Geschäftsbesorgungsgesellschaften der regionalen EVU sowie von 600 Mio. DM in die Stromverbund-

Unternehmen. Das eigene unternehmerische Risiko wurde dabei in engen Grenzen gehalten, wie die Ausklammerung der Umwelt-Altlasten (§ 9 Verbundvertrag) sowie der DDR-Atomkraftwerke zeigt. Die Übernahme der Greifswalder AKW-Blöcke I bis IV sowie des Atomkraftwerks Rheinsberg wurde ausdrücklich ausgeschlossen. Auch im Bau befindliche Atomkraftwerke sollten nur übernommen werden, wenn eine »vollziehbare Dauerbetriebsgenehmigung«[8] vorliegt. Die Preisklausel für die eventuelle Übernahme der DDR-Atomkraftwerke spricht für sich: »Bei der Preisfindung für das zu übernehmende Objekt werden die Partner sicherstellen, daß ein wirtschaftlicher Betrieb möglich ist.«[9]

Im Verbundvertrag wurde außerdem festgelegt, daß die Regionalunternehmen »mit der Verbundnetz AG Stromlieferungsverträge mit einer Laufzeit von 20 Jahren über 70% ihres jeweiligen Strombedarfs abschließen«.[10] In den Regionalverträgen wurde diese, die zentralistische Erzeugungsstruktur begünstigende, Linie weitergeführt.

In deutlichem Gegensatz zu den Regelungen des Kommunalvermögensgesetzes lautet § 1, Abs. 6 des Regionalvertrages:

> *»Die DDR wird darauf hinwirken, daß (...) die Kommunen nach dem Kommunalvermögensgesetz nur Geschäftsanteile an dem regionalen DDR-EVU erhalten. (...) Falls dies nicht erreicht wird, ist das westdeutsche EVU berechtigt, von diesem Vertrag zurückzutreten.«*

Damit sollte die Übernahme des Realvermögens durch die Kommunen ausgeschlossen werden. Eine Vielzahl weiterer ähnlicher Bestimmungen sicherte die faktische Dominanz von RWE und Konsorten in der ostdeutschen Energiewirtschaft.

Die Stromverträge sahen folgende Neuordnung des Elektrizitätssektors in den neuen Bundesländern vor: Zunächst gründeten RWE Energie AG, PreussenElektra AG und Bayernwerk AG gemeinsam eine Aktiengesellschaft mit der Bezeichnung »Vereinigte Energiewerke AG« (VEAG). Die VEAG übernahm die Geschäftsbesorgung bei den neu gegründeten Verbundunternehmen der ehemaligen DDR, Vereinigte Kraftwerke AG Peitz (ehemals VEB Braunkohlenkraftwerke) und Verbundnetz AG (ehemals VEB Verbundnetz) und der Energiewerke Nord AG. Die Geschäftsbesorgungsgesellschaft war verantwortlich dafür, daß eine Eröffnungsbilanz und sonstige notwendige Testate (Ertragswertfeststellun-

gen, Ausgleichsforderungen und Kaufpreise) für eine Betriebsführung nach dem bundesdeutschen Aktienrecht erstellt wurden.
RWE Energie, PreussenElektra und Bayernwerk schlossen auch mit 11 der insgesamt 15 Regionalgesellschaften Verträge ab, nach denen sie für eine Übergangsfrist die Geschäftsbesorgung der Regional-EVU übernahmen. Die Geschäftsbesorgungsgesellschaften sollten sich später, in Anlehnung an das Modell auf der Verbundstufe, an den Regional-EVU beteiligen. Die Geschäftsbesorgung der Regional-EVU Berlin (Ost), Dresden, Halle und Schwerin, auf die insgesamt 39% der Stromabgabe in der ehemaligen DDR entfielen, wurden von den vier übrigen westdeutschen Verbundgesellschaften (BEWAG, HEW, VEW und EVS) übernommen.
Die endgültigen Beteiligungsverhältnisse an den Regional-EVU wurden wie folgt geplant: Mindestens 51% des Grundkapitals der Regionalversorger halten die westdeutschen Verbundunternehmen, und die Kommunen bzw. neuen Bundesländer erhalten lediglich eine Minderheitsbeteiligung von maximal 49%.
Im Einigungsvertrag zwischen der Bundesrepublik und der DDR wurde der Versuch unternommen, das Kommunalvermögensgesetz an die Stromverträge anzugleichen:

> *»Soweit die Summe der Beteiligungen der Gemeinden, Städte und Landkreise 49 vom Hundert des Kapitals einer Kapitalgesellschaft für die Versorgung mit leitungsgebundenen Energien überschreiten würde, werden diese Beteiligungen anteilig auf diesen Anteil gekürzt.«*[11]

Diese Formulierung im Einigungsvertrag sollte die Ansprüche der Kommunen auf die Beteiligung am Grundkapital der neu entstandenen Regional-EVU begrenzen und die Übertragung von Anlagen, beispielsweise auf kommunale Stadtwerke, verhindern.
In der zweiten Häfte des Jahres 1990 wurden diese Ansprüche aber massenhaft angemeldet. Von 145 Stadtwerken, die auf dem Gebiet der ehemaligen DDR enteignet worden waren, stellten 130 Anträge auf Rückübereignung von Anlagen und Grundstücken. Wie diese Restitutionsansprüche der Kommunen befriedigt werden sollten, regelte die »Arbeitsanleitung zur Übertragung des Kommunalen Vermögens«, die das Bundesinnenministerium Ende 1990 der Treuhandanstalt übermittelte. Hierin war festgelegt, daß in den Fällen, in denen eine Rückübertragung nicht möglich ist, z.B. aufgrund zwischenzeitlicher rechtswirksamer Ver-

äußerung, den Kommunen lediglich das Recht auf eine finanzielle Entschädigung zusteht.
Gegen diese Regelung protestierten zahlreiche Kommunen und drohten eine sofortige Verfassungsklage für den Fall an, daß die Treuhandanstalt tatsächlich entsprechende Entscheidungen treffe. Daraufhin wurde Ende 1990 die Übergabe der Aktien der ehemaligen Energiekombinate an die westdeutschen EVU ausgesetzt.
Auch die im Februar 1991 getroffene »Grundsatzvereinbarung zur Gründung von Stadtwerken« änderte nichts an den grundsätzlich unterschiedlichen Rechtsauffassungen von Kommunen einerseits und Verbundunternehmen andererseits. Zur Durchsetzung der kommunalen Rückgabeansprüche führte die Stadt Stendal einen Musterprozeß. Gegen die den Stromvertrag flankierenden gesetzlichen Regelungen, insbesondere den Einigungsvertrag, legten 164 ostdeutsche Städte und Gemeinden Verfassungsbeschwerde ein. Zentraler Punkt der Kommunalverfassungsbeschwerde war die Regelung des Einigungsvertrages, mit der § 4 Abs. 2 des Kommunalvermögensgesetzes um einen Satz 2 ergänzt worden ist, der die Kommunen auf 49% der Anteile an den Regionalunternehmen beschränkte.
Am 27. Oktober 1992 fand in Stendal die mündliche Verhandlung des Zweiten Senats des Bundesverfassungsgerichts statt, auf der das Gericht eine Vergleichsanregung unterbreitete. Als Einigungsfrist war ursprünglich der 16. November 1992 festgelegt worden. Aber erst Ende August 1993 konnte das Bundesverfassungsgericht den Verfahrensbeteiligten mitteilen, daß alle Gemeinden ihre Verfassungsbeschwerden zurückgenommen hätten und damit die Vergleichsvereinbarung in Kraft treten könne.
Der Vergleich sah die vollständige Übertragung der Anlagen für die örtliche Strom- und Fernwärmeversorgung auf Gemeinden mit eigenen Stadtwerken vor. Als Gegenleistung verzichteten die Kommunen auf ihre Kapitalbeteiligungen an den Regionalunternehmen.
Die Vereinbarung war in langwierigen Verhandlungen zwischen den beschwerdeführenden Gemeinden, dem Deutschen Städtetag und dem Verband kommunaler Unternehmen (VKU), den westdeutschen Partnern der Stromverträge und der Bundesregierung bzw. der Treuhandanstalt zustande gekommen. Die Verständigung sah vor, daß den Gemeinden, die eine Genehmigung nach § 5 Energiewirtschaftsgesetz erhalten, alle öffentlichen Versorgungsanlagen (Strom und Fernwärme) gegen Erstattung des Sachzeitwertes (Stichtag 31. 12. 1990)

übertragen werden. Übertragen werden alle Grundstücke, Gegenstände und Rechte der örtlichen Versorgung sowie das Umlaufvermögen und die Verbindlichkeiten, die der übernehmenden Gemeinde unmittelbar zugeordnet werden können. Als Gegenleistung für die Ausgliederung von Stadtwerken muß die Gemeinde auf die Kapitalbeteiligung am Regionalunternehmen verzichten, die ihr nach § 4 Kommunalvermögensgesetz zusteht. Der Kaufpreis für die freiwerdenden Kapitalanteile sollte dem Kaufpreis für die Anteile entsprechen, die auf der Grundlage der Stromverträge übertragen werden.
Zur Sicherung der ostdeutschen Braunkohle sollen die beschwerdeführenden Gemeinden für einen Zeitraum von 20 Jahren Eigenerzeugung von Strom nur auf der Basis regenerativer Energiequellen, von Müllkraftwerken oder wärmegeführten Kraft-Wärme-Kopplungsanlagen betreiben. 70% des Stromaufkommens der Summe der Stadtwerke soll von den Regionalversorgern bezogen werden. Der Kern der Stromverträge, die Übernahme der VEAG, blieb unberührt. Vier Jahre lang durften RWE und Co. ungestört »die Geschäfte besorgen«.
In der Zeit, in der die West-EVU die Geschäftsbesorgung im Osten machten, besetzten sie in Unternehmen, die sie kaufen wollten, im kaufmännischen Bereich alle Spitzenpositionen. Das RWE schickte z.B. Prof. Dr. August Wilhelm Eitz in die VEAG, der zuvor für das RWE-Atomgeschäft zuständig war. Damit erhielten sie Einblick in alle Bilanzen und konnten sich diese Tätigkeit sogar noch bezahlen lassen. Auf Stundenbasis wurden die West-EVU-Manager angeheuert, ein Betrag, der pro Regionalunternehmen ca. 10-15 Mio. DM pro Jahr ausmachte. Von 1990 bis zum eigentlichen Kauf im Jahr 1995 wurden die Gehälter doppelt bezahlt.

Zehn Milliarden DM für VEAG und LAUBAG?

Im September 1994 annoncierte die Treuhandanstalt ihren größten Coup. Für rund 10 Mrd. DM gingen das ostdeutsche Stromverbundunternehmen VEAG Vereinigte Energiewerke AG und die Lausitzer Braunkohle AG (LAUBAG) an zwei weitgehend identische, von sieben westdeutschen Stromkonzernen gebildete Erwerberkonsortien. Von den 500 Mio. DM VEAG-Grundkapital halten jeweils 26,5% RWE Energie und PreussenElektra, 22,5% das Bayernwerk und den Rest eine Holding aus EVS, HEW, Bewag und VEW.

Der eigentliche Clou des Stromdeals ist aber folgender: Die West-Konzerne mußten den Kaufpreis nicht einmal aus der eigenen Tasche aufbringen. Sie plünderten die Kasse der VEAG und entnahmen 4 Mrd. DM als steuerfreie »Vorab-Dividende«, um damit die Forderung der Treuhand zu begleichen.[12]

Bei der LAUBAG übernahm die Mehrheit von 55% die BBS-Braunkohle-Beteiligungsgesellschaft mbH, an der Rheinbraun mit 71,8%, RWE Energie 10% und VEW, HEW, EVS und BEWAG über die Zwischenholding EBH GmbH mit 18,2% beteiligt sind. Die restlichen 45% der LAUBAG gingen an PreussenElektra (30%) und Bayernwerk (15%). RWE und Rheinbraun sehen die Beteiligung an der Lausitzer Braunkohle »als ein Stück regionaler Diversifizierung im Kerngeschäftsfeld Braunkohle«.

Nach dem Verkauf des zweiten Braunkohleunternehmens MIBRAG an ausländische Investoren und der regionalen Stromversorger wurde damit die Privatisierung der ostdeutschen Strom- und Braunkohleunternehmen abgeschlossen. Ein Teil des Kaufpreises war bei Vertragsabschluß zu entrichten. Der Rest ist, abhängig von der Höhe der Stromerzeugung und der Kohleförderung, zwanzig Jahre lang in Raten zu zahlen.

Gemeinsam mit PreussenElektra ist RWE Energie der größte Gesellschafter des drittgrößten Stromverbundunternehmens in Deutschland, der VEAG. Die VEAG versorgt die ostdeutschen Regionalversorger sowie teilweise die Berliner BEWAG mit Strom. Der Stromabsatz der VEAG ist nach wie vor rückläufig. 1994 wurden rund 50 TWh Strom und 1,7 TWh Fernwärme verkauft. Die Erlöse der VEAG reduzierten sich 1994 um 4% auf 6,2 Mrd. DM.

Der Kraftwerkspark der VEAG besteht größtenteils aus Braunkohlenkraftwerken. Mitte 1995 betrug die Engpaßleistung 12.804 MW netto, davon 9.389 MW in Braunkohlenkraftwerken. Etwa die Hälfte aller Investitionen geht in die Nachrüstung und Modernisierung von acht 500-MW-Braunkohleblöcken, sechs in Jänschwalde und zwei in Boxberg. Zwei neue 800-MW-Braunkohleblöcke werden von der SVK Schwarze Pumpe-VEAG-Kraftwerksgesellschaft mbH gebaut. An dem 500-MW-Heizkraftwerk in Rostock ist die VEAG mit 25% beteiligt. RWE Energie hat ebenfalls einen Anteil von 25% an diesem Steinkohlenkraftwerk. Seit dem 1. Oktober 1994 läuft das Mittellast-Kraftwerk. Rostock bleibt vorläufig das einzige große Steinkohlenkraftwerk in den neuen Bundesländern, denn die VEAG hat den Bau von weiteren Blöcken in Stendal so lange

Abb. 19: Die Eigentümer von VEAG und LAUBAG

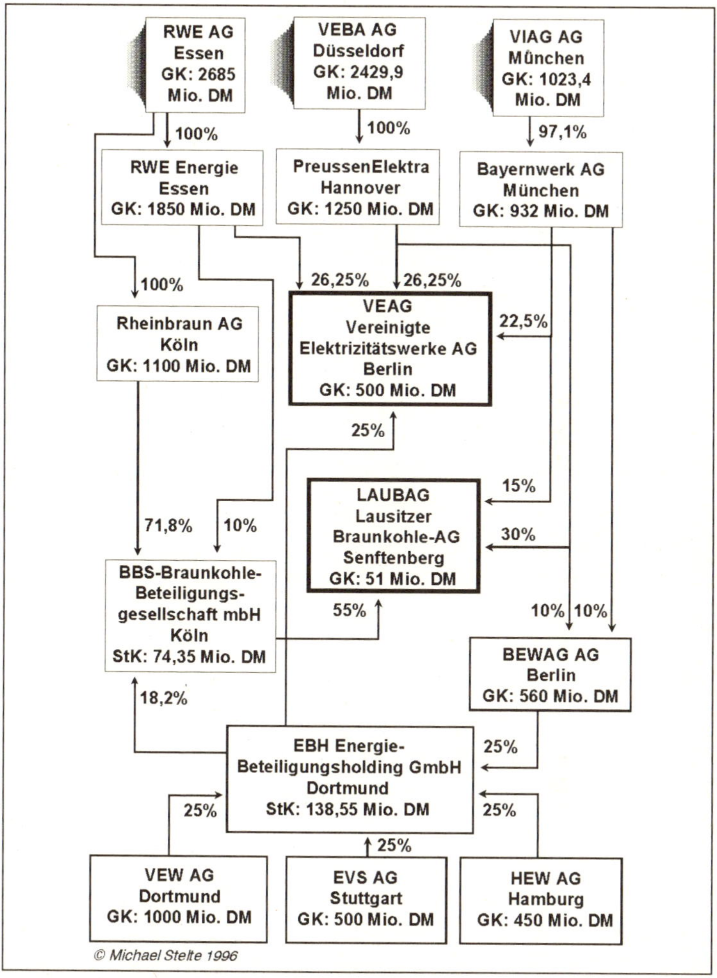

zurückgestellt, bis zwei neue Braunkohlenblöcke mit je 915 MW Leistung in Boxberg am Netz sind.

Obwohl die Länder Thüringen, Brandenburg und Sachsen weiterhin Rückerstattungsansprüche auf eine Kapitalbeteiligung an der VEAG verfolgen, übertrug die Treuhand-Nachfolgerin »Bundesanstalt für vereinigungsbedingte Sonderaufgaben« (BVS) im Herbst 1995 sämtliche Aktien der VEAG und der LAUBAG an RWE und Konsorten. Im August 1995 hatte das Berliner Verwaltungsgericht die Forderung der Länder als »offensichtlich unbegründet« zurückgewiesen.

RWE und seine ostdeutschen Regionalversorger

Nach der Geschäftsbesorgungsphase hat sich RWE im Frühjahr 1994 an vier Regionalversorgungsunternehmen in den neuen Bundesländern beteiligt.
Bei den regionalen Stromversorgern Spree-Schwarze Elster AG (ESSAG) in Cottbus und der Westsächsischen Energie AG (WESAG) in Markkleeberg bei Leipzig übernahm RWE Energie die 51%-Mehrheit. Bei der Energieversorgung Südsachsen AG (EVS AG), Chemnitz, stieg RWE Energie (30,6%) mit dem Bayernwerk (20,4%) ein, bei der Oder-Spree Energieversorgung AG (OSE), Frankfurt/Oder ist RWE mit 5,1% der Juniorpartner von PreussenElektra (45,9%). Die am 3. Februar 1994 geschlossenen Verträge garantieren Investitionen in Höhe von 2,6 Mrd. DM innerhalb von fünf Jahren sowie 5.150 Arbeitsplätze bis Ende 1995 und 4.750 Arbeitsplätze bis Ende 1998.
Die ESSAG versorgt gut 820.000 Einwohner des südöstlichen Teils von Brandenburg und angrenzender Kreise Sachsens und Sachsen-Anhalts mit Strom und Fernwärme. Im Geschäftsjahr 1994/95 wurden bei einem Umsatz von 804 Mio. DM rd. 3,4 TWh Strom verkauft. An die neuen Stadtwerke in Finsterwalde, Senftenberg, Lübben, Forst und Hoyerswerda wurde Leitungen und Anlagen übertragen, die ESSAG bleibt aber Vorlieferant der neuen Stadtwerke. Im ESSAG-Gebiet liegen auch die Kreise Boxberg, Peitz, Lübbenau und Vetschau, die vor allem durch die dortigen Kraftwerke traurige Berühmtheit erlangt haben.
Das rd. 6.000 km^2 große Versorgungsgebiet der EVS AG liegt in der Region um Chemnitz und hat 1,1 Mio. Einwohner. Im Geschäftsjahr 1994/95 betrug der Umsatz rund 1,1 Mrd. DM, 4,5 TWh Strom wurden verkauft. Die Stadt Chemnitz hat die Stromversorgung in eigener Regie übernommen und die Erzeugungskapazitäten zurückübertragen bekommen. Bei elf weiteren Stadtwerkegründungen, u.a in Freiberg und Zwickau, blieb die EVS AG Vorlieferant. Das direkte Fernwärmegeschäft der EVS AG wurde nach der Ausgliederung der Strom- und Wärmeversorgung der Kommunen Schwarzenberg und Glauchau eingestellt.

Abb. 20: RWE-Aktivitäten bei ostdeutschen Regionalversorgern

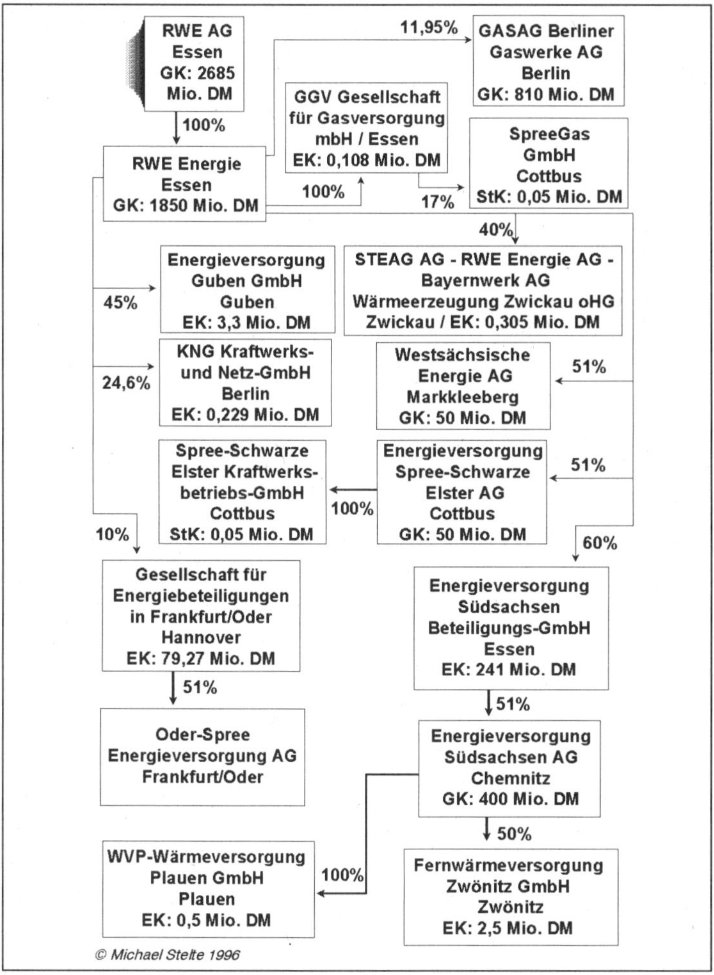

Das kleinste Versorgungsgebiet mit gut 4.700 km² und rund 630.000 Einwohnern hat die WESAG im westlichen Teil von Sachsen. Der Umsatz im Geschäftsjahr 1994/95 betrug rund 810 Mio. DM, etwa 4 TWh Strom wurden abgesetzt. Größter Konkurrent sind die Stadtwerke Leipzig GmbH, bei denen RWE mit 40% beteiligt war, 1995 aber den Stuhl vor die Tür gesetzt bekam. Außer Leipzig

wurden in Torgau, Döbeln, Borna, Schkeuditz und Delitzsch Stadtwerke gegründet, auf die von der WESAG Versorgungseinrichtungen übertragen werden mußten.
Im Wilden Osten wird auf dem Strommarkt mit harten Bandagen gekämpft. Was sich in Westdeutschland schon lange als Fehlentwicklung herausgestellt hat, wie z.B. der Einsatz von Strom in Nachtstromspeicherheizungen, wird zur Sicherung des Stromabsatzes von RWE in Ostdeutschland gnadenlos eingesetzt.
Was den Energieverbrauch und die Emissionen betrifft, haben Elektrospeicherheizgeräte die schlechteste Umweltbilanz von modernen Heizsystemen. Deswegen sind sie in einer Reihe von Bundesländern inzwischen auch verboten. In den neuen Bundesländern haben sich die Ergebnisse entsprechender Untersuchungen offenbar nicht herumgesprochen. Auf Betreiben der IG Bergbau und Energie wurde 1995 im Landtag von Brandenburg das Verbot von Nachtstromspeicherheizungen gekippt. Und das Verbundunternehmen VEAG bezuschußt die Regionalversorger wie MEAG und WESAG beim Neuanschluß von Elektroheizungen sogar mit 100 DM je kW.
In Heft Nr. 1/96 ihrer Kundenzeitung wirbt die RWE-Tochter WESAG für Elektrospeicherheizungen nach dem Motto »Komfortabel und sparsam« und »für jeden Wohnraum das passende Speicherheizgerät«. Im Versorgungsgebiet der WESAG wurden bereits mehrere hundert Wohnungen im Zuge der Modernisierung auf elektrische Heizungen und Warmwasserversorgung umgestellt. Natürlich »stimmen« auch die Strompreise des Wärmespeicherstrom-Sondervertrages: Grundpreis beträgt 6,90 DM/Monat und der Arbeitspreis 9,66 Pf/kWh (jeweils einschließlich 15% Mehrwertsteuer). Bei diesem Dumpingangebot kommen mittlere Heizkosten von 0,86 DM/m^2 im Monat heraus. Der »normale« Kunde muß mehr als das Dreifache für die Kilowattstunde Strom zahlen.
Eine andere trickreiche Strategie praktizierte RWE, um die neuen Stadtwerke mit Stromlieferverträgen zu knebeln. Vor der Rückübertragung der Stromnetze im Gebiet der RWE-Töchter ESSAG und EVS AG in Brandenburg und Sachsen sollten die Kommunen erst vertraglich zusichern, ihren Strom 20 Jahre lang nur bei diesen zu kaufen. Die Städte wollten natürlich kürzere Laufzeiten und das Recht, den Strom selbst zu erzeugen. In der entscheidenden Verhandlungsrunde im Oktober 1994 erklärte RWE-Chefjustitiar Ulrich Mutschler den Vertretern von 20 Städten: Wer das RWE-Angebot nicht annehme, werde »eben auf Herausgabe des Vermögens klagen müssen«.[13] Das wollten sich die Kommunen nicht noch

einmal antun. Alle unterschrieben und haben nun die RWE-Töchter als Vorlieferanten.

RWE und die Stadtwerke Leipzig

Bei dem Versuch, sich an ostdeutschen Stadtwerken zu beteiligen, stellte sich RWE aber auch etwas ungeschickt an. Als denkbar ungeeigneter Partner erwiesen sich die Essener für die Stadtwerke Leipzig. Nach drei Jahren gemeinsamer Bemühungen beim Aufbau des gemeinsamen Kindes Stadtwerke Leipzig wurde die Ehe zwischen der Stadt und RWE für gescheitert erklärt. Am 1. September 1995 setzte Leipzig dem RWE den Stuhl vor die Tür. Die 40%ige RWE-Beteiligung am Stammkapital in Höhe von 16,66 Mio. DM und ein Darlehen in Höhe von 72 Mio. DM wurde nebst Zinseszinsen auf einen Schlag zurückgezahlt.

1992 hatte sich Leipzig entschlossen, RWE Energie mit 40% an den Stadtwerken Leipzig GmbH zu beteiligen. Die größte ostdeutsche Kommune war der Auffassung, daß eigene Stadtwerke nur mit Beteiligung eines großen westdeutschen Energieversorgers zeitnah zu realisieren seien. Nach Lage der Dinge kam nur RWE in Frage, da deren Geschäftsbesorgungsgesellschaft den ansässigen Regionalversorger WESAG beherrschte und man sich vor allem Hilfe bei der raschen Ausgliederung des kommunalen Strom- und Fernwärmevermögens erhoffte. In einem sehr detaillierten Konsortialvertrag wurden die gemeinsamen Interessen für den Standort Leipzig festgeschrieben. Besondere Erwartungen hatte Leipzig hinsichtlich der Erschließung neuer Geschäftsfelder für die Stadtwerke, Vorteile beim Einkauf von Energie und Kraftwerksanlagen, Möglichkeiten bei der Kapitalbeschaffung und Transfer von Management-Know-how. All diese Erwartungen blieben unerfüllt. In den wesentlichen Punkten scheiterte die Kooperation mit den Essenern. RWE war zu keiner Zeit bereit, den Geschäftsinteressen der Stadtwerke Vorrang einzuräumen. Im ostdeutschen RWE-Konzert spielten der Regionalversorger WESAG und das Verbundunternehmen VEAG die erste Geige. An der WESAG ist RWE mit 51% und an der VEAG mit 26,5% beteiligt. Bei den Übertragungsverhandlungen der Stadtwerke mit der WESAG nahm RWE stets auf deren Seite teil. Michael Weber von der Leipziger Beratungsgesellschaft für Beteiligungsverwaltung charakterisierte die Rolle des RWE »als deren Verhandlungsführer«.[14]

Als in Leipzig die Entscheidung anstand, ob man in der 500.000-Einwohner-Kommune ein eigenes Grundlast-Kraftwerk bauen oder den Grundlast-Strom weiter aus dem ostdeutschen Verbundnetz beziehen wolle, setzte sich RWE aktiv für die Interessen von VEAG und WESAG ein, offensichtlich um keinen Zweifel an der 70/30 Regelung aus dem Stromvertrag von 1990 aufkommen zu lassen. Der Stromvertrag hatte den Käufern der ostdeutschen Stromwirtschaft eine 70%ige Absatzgarantie versprochen. Dazu kam eine Beteiligungsoption der westdeutschen EVU bzw. der von ihnen beherrschten Regionalversorger an den Stadtwerken in den neuen Ländern. Dies alles zur Marktabschottung und zum Erhalt der Preisstruktur, vor allem zur Verhinderung von Eigenerzeugung von Stadtwerken und industriellen Großkunden.

Energiekonsens Ost?

Bei der sogenannten »Energiekonsensrunde Ost«, die Ende Januar 1996 in Erfurt stattfand, saßen die Wirtschaftsminister der neuen Länder, unterstützt durch einige Ministeriale aus dem Bundeswirtschaftsministerium, mit Vertretern der ostdeutschen Stromwirtschaft aller Versorgungsstufen sowie der Braunkohlenwirtschaft und deren Gesellschaftern zusammen. Anlaß des Treffens waren die im Vergleich zu Westdeutschland höheren Strompreise im Osten, obwohl im Stromvertrag zugesichert worden war, daß die Strompreise nie über Westniveau liegen werden. Ein billiges Versprechen, denn in den neuen Ländern mußte nicht einmal die Ausgleichsabgabe für die Stützung der westdeutschen Steinkohle gezahlt werden.

Kurz vor den Bundestagswahlen im Oktober 1994 hatte das Bundesverfassungsgericht den Kohlepfennig für verfassungswidrig erklärt, dieses Urteil aber erst im Dezember verkündet. Vermutlich hätte eine sofortige Veröffentlichung dazu geführt, daß die knappe Mehrheit von CDU/CSU und FDP im 13. Bundestag nicht zustande gekommen wäre, weil die Wählerschaft in den Kohleländern NRW und Saarland der SPD eher zugetraut hätte, sich für die Interessen der deutschen Steinkohle einzusetzen. Trotz Verfassungswidrigkeit durfte der Kohlepfennig bis Ende Dezember 1995 weiterkassiert werden. Die Bundesregierung hatte ein Jahr Zeit, um alternative Finanzierungsmöglichkeiten für die Steinkohlensubventionen zu finden. Die naheliegende Lösung, auch in Deutschland eine Energiesteuer einzuführen und das Steueraufkommen teilweise zur Finanzierung der Primärenergieträger zu verwenden, fand bei allen Parteien rege Unterstützung. Verhindert wurde die Einführung der Energiesteuer jedoch, weil RWE und VDEW Gegenkurs steuerten.

Deutsche Steinkohle kostete 1995 etwa viermal soviel wie Importkohle vom Weltmarkt (ca. 290 DM gegenüber etwa 70 DM/t). Der Förderpreis variiert von Grube zu Grube zwischen 200 und 450 DM pro Tonne.

Das Artikelgesetz enthielt eine Anschlußregelung für den Kohlepfennig und sicherte die Subventionierung der Steinkohleverstromung bis zum Jahr 2000. Weitere Subventionen wurden bis zum Jahr 2005 in Aussicht gestellt. Der deutsche Steinkohlenbergbau sollte 1996 einen Zuschuß von 7,5 Mrd. DM und ab 1997 bis 2000 jährlich bis zu 7 Mrd. DM erhalten. Die Stromerzeuger kaufen deutsche Kohle zu Weltmarktpreisen ein, und die beiden Steinkohle-Unternehmen Ruhrkohle und Saarbergwerke müssen selbst entscheiden, welche Gruben weiterbetrieben und welche dichtgemacht werden sollen. Die bevorstehende Fusion der beiden Kohleunternehmen macht diese Entscheidungen noch leichter.

Nachdem Anfang 1996 die Strompreise für Großkunden im Westen durch den Wegfall des Kohlepfennigs und damit verbundener Stützungszahlungen für die westdeutsche Steinkohle – der sog. Selbstbehalt – teilweise um 15% billiger wurden, gab es im Osten keinen Preisnachlaß. RWE, VEAG und Co. nutzten die Gelegenheit, um die Braunkohleverstromung ein weiteres Mal abzusichern. Lediglich für den Teil des Strombezugs von der VEAG, der die jeweilige 70%-Bezugsquote übersteigt, will man einen Preisnachlaß einräumen. Dieser Braunkohlestromrabatt wird bis zu einer Größenordnung von jährlich 150 Mio. DM eingeräumt. Dieses Angebot soll die regionalen EVU und natürlich auch die kommunalen Stadtwerke vom Bau eigener Kraftwerksanlagen abhalten. Bis zum Jahr 2000 will man sich »im Zusammenwirken mit den Braunkohlelieferanten« bemühen, die Strompreise stabil zu halten. Angeblich ist dieser Verzicht auf Preiserhöhungen eine Milliarde DM wert.

Der Verband kommunaler Unternehmen kommentierte die Übereinkunft mit dem Hinweis, daß der normale Stromkunde in den neuen Bundesländern bereits 4 Mrd. DM zu viel bezahlt habe und daß ein Preisnachlaß von 1,5 Pfennig pro kWh zu fordern sei. Dies wäre ein Betrag von mindestens 500 Mio. DM pro Jahr. Außerdem würden stabile Strompreise im Osten, im Vergleich zu dem sinkenden Strompreisniveau im Westen, die Schere noch weiter öffnen. Die VEAG und ihre

Gesellschafter müßten Wege zur Absenkung des Strompreisniveaus in Ostdeutschland finden, und die eingeräumten Preisnachlässe müßten zunächst allen Kunden gleichmäßig zugute kommen. Auch der Energiekonsens Ost sei weit vom Abschluß der Verhandlungen entfernt.

Joint-ventures in Osteuropa

RWE nutzte die Erfahrungen, die bei der Übernahme der DDR-Energiewirtschaft mit der Privatisierung ehemaliger Kombinate und Volkseigener Betriebe gemacht worden waren, auch in anderen osteuropäischen Ländern, in denen sich seit 1990 eine Transformation des Wirtschaftssystems vollzieht. »Joint-venture« heißt das Zauberwort, mit dem westliche Unternehmen Kapital und Know-how im Osten einbringen und dafür Profite einstreichen.
Bereits im März 1992 wurde zwischen RWE und dem Ministerium für Brennstoffe und Energie der Russischen Föderation, Mintopenergo, eine Zusammenarbeit auf dem Energie- und Brennstoffsektor vereinbart. Ziel ist die Erschließung, Gewinnung und Vermarktung von Ölvorkommen. Dazu gehört der Know-how-Transfer. In das Abkommen einbezogen ist auch die Zusammenarbeit zwischen RWE Energie und dem Moskauer Energieversorgungsunternehmen Mosenergo. RWE Energie will die Erfahrungen bei der Umstrukturierung der Stromwirtschaft der ehemaligen DDR einbringen und den Moskauern zeigen, wie auf allen Stufen der Erzeugung, des Transports, von Verteilung und Anwendung eine »marktorientierte, technologisch effiziente und sichere Elektrizitäts- und Wärmeversorgung« aussieht.[15]
Ein von RWE Energie angeführtes Konsortium, dem die Energieversorgung Ostbayern AG (OBAG) und der mittelböhmische Regionalversorger Stredosceská Energetická a.s. (STE) angehören, hat zusammen mit Skoda und Volkswagen die Versorgung des Automobilwerkes in Mladá Boleslav bei Prag mit Energie, Druckluft und Wasser übernommen. Gleichzeitig wird die Entsorgung der Produktionsreststoffe organisiert und die Stadt mit Fernwärme versorgt. RWE und Konsorten haben ferner eine Finanzierungs- und Betriebsgesellschaft gegründet, die ein 80-MW-Steinkohlen-Heizkraftwerk mit einer Fernwärmeleistung von 300 MW bauen und betreiben wird. RWE ist mit 42,5% an der Finanzierungs- und mit 21% an der Betriebsgesellschaft beteiligt.[16]

Mit dem Prager Gasversorgungsunternehmen Prazská Plynárenská a.s. hat RWE Energie (jeder 50%) die Prometheus energetické sluzby s.r.o. gegründet, die den Erdgasverkauf in Prag und Umgebung durch »entsprechende Dienstleistungsangebote fördern« soll.[17]

Auch mit der überregionalen polnischen Netzgesellschaft wurde 1993 eine Vereinbarung über die Zusammenarbeit unterzeichnet. Die Kooperation mit der Przedsiebiorstwem Polskie Sieci Elektroenergetyczne S.A. (PPSE) umfaßt organisatorische, technologische und wirtschaftliche Aspekte der polnischen Stromversorgung. Dazu gehört, neben dem Umweltschutz, die Modernisierung und der Ausbau von Kraftwerks- und Transportkapazität sowie die Finanzierung der Investitionen. PPSE ist unter anderem für den Betrieb und die Lastverteilung im polnischen Verbundnetz zuständig, unterhält die Hochspannungsnetze und organisiert den internationalen Stromaustausch.[18]

Im Zuge der Privatisierung der ungarischen Stromwirtschaft hat das Konsortium RWE Energie (70%) und Energie-Versorgung Schwaben (EVS, 30%) über 40% der Aktien des größten Regionalversorgers ELMÜ, der Budapest und Umgebung versorgt, und eines kleineren Regionalversorgers erworben. Für beide Unternehmen besteht die Option auf 50% plus eine Aktie. RWE/EVS kauften sich mit 54% auch bei der Bergbau- und Kraftwerksgesellschaft MATRA ein, die zwei Braunkohletagebaue und ein 800-MW-Kraftwerk betreibt.[19] Für rund 1 Milliarde DM sicherten sich RWE/EVS allein rd. 45% des Strommarktes in Ungarn. Für die anderen deutschen Energiekonzerne blieben nur 24% übrig. Immerhin konnte in Ungarn die in der DDR vorexerzierte Landnahme nahezu wiederholt werden. Deutsche Konzerne sind ab 1996 mit rd. 69% am Stromabsatz in Ungarn mehrheitlich beteiligt.

Für die ehemalige Kern- und Dachgesellschaft MVM fand sich bisher kein Käufer. RWE ist am Erwerb des Stromnetzes nur interessiert, wenn das AKW Pacs nicht mitgekauft werden muß. In Pacs an der Donau wird das einzige ungarische Atomkraftwerk, bestehend aus vier 440-MW-Blöcken vom Typ WWER 230, betrieben.[20]

DER KAMPF UM DAS KLIMA

RWE ist nicht nur das größte Stromunternehmen, sondern auch der größte Luftverschmutzer in der Bundesrepublik. Die beiden in der Hauptsache emittierten Schadstoffe sind Schwefeldioxid (SO_2) und Stickoxide (NO_X). Diese und ihre Umwandlungsprodukte sind für das Waldsterben, aber auch für Gesundheitsschäden und Atemwegserkrankungen eine maßgebliche Ursache. Allein die Braunkohlenkraftwerke des RWE haben in den 80er Jahren ein Viertel der jährlichen SO_2-Menge aller Kraftwerke in der Bundesrepublik ausgestoßen. Daran wird deutlich, in welchem Ausmaß RWE tatsächlich zur Luftverschmutzung beigetragen hat. Auch wenn diese Emissionen aus den RWE-Kraftwerken inzwischen stark zurückgegangen sind – bei SO_2 um über 90%, bei NOx um 75% und bei Staub um nahezu 90% –, ist RWE immer noch einer der Hauptverantwortlichen für das Waldsterben.

Auch bei der Integration neuer Instrumente der Luftreinhaltepolitik – sogenannten »freiwilligen« Verpflichtungen des Unternehmens, den SO_2-Ausstoß in den Braunkohlenkraftwerken zu senken – in die deutsche Umweltpolitik hat RWE Geschichte gemacht. Die Selbstverpflichtungen wurden in Nordrhein-Westfalen als »große umweltpolitische Erfolge« gefeiert. Am Vorabend der Großfeuerungsanlagenverordnung (GFAVO), dem bisher schärfsten Instrument in der deutschen Luftreinhaltepolitik, das 1983 in Kraft trat, erwiesen sich diese Selbstverpflichtungen jedoch nicht einmal als das Papier wert, auf dem sie geschrieben waren. Das informale Verwaltungshandeln eröffnete lediglich die strittige Möglichkeit, ein »Weniger« an echtem Umweltschutz mit einem »Mehr« an Flexibilität zu legitimieren.[1]

Seitdem der Klimaschutz die umweltpolitische Tagungsordnung dominiert, ist RWE zusätzlich als Klimakiller in Verruf geraten. Als Meßlatte der Klimaschutzpolitik gilt die Verminderung der Emissionen von Kohlendioxid (CO_2). Damit holen die Folgen der Braunkohlenverstromung den RWE-Konzern wie ein Bumerang ein. Braunkohle verfeuern und von Klimaschutz reden ist ein Widerspruch in sich. Deswegen klagte Greenpeace den Konzern an: »RWE ist allein durch die Stromproduktion verantwortlich für die Emission von jährlich ca. 120 Millionen Tonnen CO_2. Das entspricht ca. 13 Prozent der jährlichen bundesdeutschen CO_2-Emissionen«.[2]

Schwefeldioxid und Waldsterben

Die problematische Rolle der Braunkohle als Energieträger wird besonders im Bereich der Luftreinhaltung deutlich. Darüber hinaus führt ihre Nutzung auch zum Anfall großer, teilweise toxischer Aschemengen, die das Grundwasser beeinträchtigen können, zu Landschaftszerstörung durch den Tagebau und zu einer großräumigen Grundwasserabsenkung. Die Luftverschmutzung über hohe Schornsteine hat auch in industriefernen Gebieten zu einer kontinuierlichen Belastung der Wälder und damit auch des Waldbodens geführt. Über Staub, Regen, Schnee und Nebel gelangen die Schadstoffe in den Boden. Bei der Reaktion von Schwefeldioxid (SO_2) und Stickoxiden (NO_x) mit Luftsauerstoff und Wasser entstehen Säure-Ionen, die je nach Beschaffenheit des Bodens früher oder später zu Schäden führen. Bei Luftschadstoffen wie SO_2 und NO_x handelt es sich nicht um Fluß-, sondern um Bestandsgrößen.[3] Anfang der 70er Jahre schlugen die skandinavischen Länder Alarm. Die Ferntransporte der Luftschadstoffe hatten zur Versäuerung der Seen und Böden geführt. In Deutschland war das Waldsterben, das schon in den 60er Jahren begann, ab Ende der 70er Jahre nicht mehr zu übersehen. Aber erst 1983 erließ die Bundesregierung die Großfeuerungsanlagenverordnung (GFAVO), die für die Emissionen von SO_2 und NO_x aus Großkraftwerken Grenzwerte festlegte.

Die Entwicklung der SO_2- und NO_x-Emissionen aus RWE-Braunkohlenkraftwerken stellt Abbildung 21 dar. Um den Anforderungen der GFAVO Rechnung zu tragen, hat RWE in den 80er Jahren für rund 6 Mrd. DM seine Kraftwerke mit Rauchgasreinigungsanlagen nachgerüstet und modernisiert. Die deutlich erkennbaren Emissionsverminderungen resultieren letztlich aus diesen »end of the pipe«-Maßnahmen.

Die SO_2-Emissionen der RWE-Braunkohlenkraftwerke betrugen 1983 rund 420.400 t. Außerdem wurden fast 8 Mio. t Steinkohle für das RWE verstromt; diese Steinkohlenkraftwerke emittierten weitere 300.000 t SO_2. Mit zusammen mehr als 700.000 t SO_2 pro Jahr – das waren knapp 40% der Emissionen aus Kraftwerken bzw. fast 25% aller SO_2-Emissionen in der Bundesrepublik – war

Abb. 21: Emissionen aus Kraftwerken der RWE Energie AG

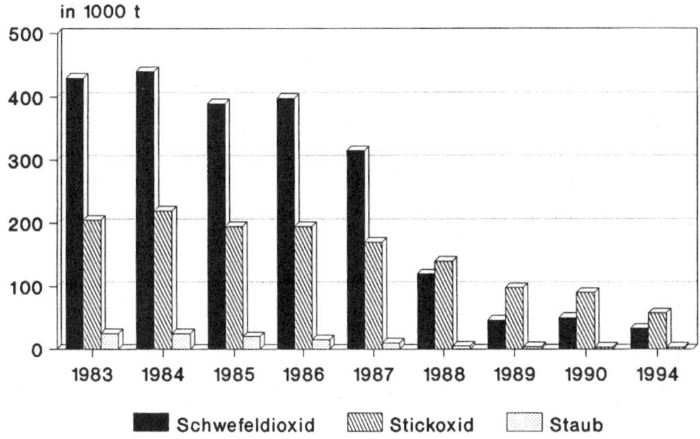

Quelle: RWE 1990/91, RWE Energie 1993/94

RWE der größte Einzelverursacher von SO_2-Emissionen in Deutschland und der Hauptakteur der Luftverschmutzung.

Die SO_2-Emissionen aus Braunkohlenkraftwerken gingen 1985 auf 390.000 t zurück. Die Reduktion war in erster Linie auf den geringeren Brennstoffeinsatz zurückzuführen. Darüber hinaus wurde seit Anfang 1986 im Kraftwerk Frimmersdorf und zuvor bereits im Block A des Kraftwerks Neurath gemäß einer Vereinbarung mit der nordrhein-westfälischen Landesregierung das Trocken-Additiv-Verfahren zur Entschwefelung angewandt. Die Emissionsminderungsmaßnahmen konnten jedoch nicht verhindern, daß 1986 trotz weiter sinkenden Brennstoffeinsatzes die SO_2-Emissionen wieder anstiegen. Das war vor allem auf den Einsatz von Braunkohle mit höherem Schwefelgehalt im Kraftwerk Weisweiler zurückzuführen. So erhöhten sich dort die spezifischen SO_2-Emissionen pro eingesetzter Tonne Braunkohle gegenüber 1983 um mehr als 70%. Die ergriffenen Emissionsminderungsmaßnahmen haben zunächst nur die negativen Aus-

wirkungen dieser Entwicklung begrenzt. Ein nachhaltiger Rückgang der SO_2-Emissionen trat erst ein, als die Naßentschwefelungsanlagen für insgesamt 9.300 MW installierter Leistung in Betrieb gingen. Im Sommer 1987 nahmen die ersten Rauchgasentschwefelungsanlagen (REA) in den Braunkohlenkraftwerken Weisweiler und Niederaußem den Probebetrieb auf.[4] Bis Mitte 1988 waren die Nachrüstungsarbeiten – bis auf die durch einen Großbrand zerstörte REA für Neurath Block C, die erst 1989 übergeben wurde – termingerecht abgeschlossen. Die nordrhein-westfälische Landesregierung ging in ihrer Prognose für die RWE-Braunkohlenkraftwerke von einer Reduzierung der SO_2-Emissionen auf 147.000 t im Jahr 1988 und 118.200 t im Jahr 1989 aus. Diese Emissionsdaten waren zu hoch angesetzt, weil sie lediglich die Grenzwerte der GFAVO hochrechneten, die faktisch aber weit unterschritten wurden. 1988 emittierten die RWE-Braunkohlenkraftwerke 120.000 t und 1989 nur noch 46.000 t SO_2. Nach Ende der Restlaufzeit für alte, unentschwefelte Blöcke liegt der Jahresausstoß bei 33.000 t SO_2. Auch die Senkung der NO_X-Emissionen von 220.000 t (1984) auf 170.000 t (1987) war zunächst auf den geringeren Brennstoffeinsatz zurückzuführen. Ab August 1985 wurden unterschiedliche Katalysatoren an einem 300-MW-Block im Kraftwerk Neurath erprobt. Darüber hinaus wurden feuerungstechnische Versuche zur Minderung der NO_X-Emissionen durchgeführt. Diese Untersuchungen ergaben, daß die Einhaltung des Grenzwertes von 200 mg NO_X/m^3 Rauchgas allein durch Primärmaßnahmen, z.B. durch den Einbau von stickoxidarmen Brennern und durch Rauchgaszirkulation, möglich ist.[5] Zusätzliche sekundäre Emissionsminderungsmaßnahmen wurden deshalb für die Braunkohlenkraftwerke nicht geplant. Die abgasseitige Entstickung ist jedoch bei Braunkohlenkraftwerken Stand der Technik. Je nach Auslegung der Katalysatoren können Abscheidungsgrade von 70-90% erreicht werden.[6]
Im Jahr 1989 wurde mit 98.000 t NO_X eine Halbierung dieser Emissionen erreicht. Nach Stillegung der älteren Blöcke liegt der Ausstoß bei 57.000 t jährlich.
Auch bei Feinstäuben verbesserte sich die Situation durch das gewählte Naßentschwefelungsverfahren. Der Kohlestaub im Rauchgas wird vollständig in den Reinigungsanlagen ausgewaschen, in der Abluft sind nur noch Gipspartikelchen als Staub meßbar. Von jährlich 25.000 t (1983) gingen die Staubemissionen zunächst auf 5.000 t (1988) und bis Anfang der 90er Jahre auf 3.000 t zurück.

Aber für die weiträumige Luftverschmutzung und Belastung der Böden gilt auch, daß sich die sauren Niederschläge der Vorjahre nicht in Wohlgefallen auflösen, sondern akkumulieren, so daß weitere Langzeiteffekte zu erwarten sind.

Verhandlungslösungen und Minderungspläne

Am 1. Juli 1983 trat die Großfeuerungsanlagenverordnung (GFAVO) in Kraft, die für Neuanlagen über 300 MW_{th} – das sind etwa 100 MW_e – die SO_2-Emissionen auf 400 mg/m^3 begrenzte. Altanlagen – das heißt alle Kraftwerke, die bereits in Betrieb, im Bau oder im Genehmigungsverfahren waren – mußten bis Mitte 1988 entsprechend der Anforderung für Neuanlagen entschwefelt werden oder durften bis zum 1. April 1993 bis zu 30.000 Stunden lang mit Maximalemissionen von 2.500 bzw. 3.200 mg SO_2/m^3 in Vollast betrieben werden. Nicht von ungefähr wird die Ausnahmeregelung der GFAVO von Kritikern auch »Lex RWE« genannt, weil für Braunkohlenkraftwerke mit 650 mg SO_2/m^3 ein höherer Emissionsgrenzwert als für andere fossil gefeuerte Kraftwerke erlaubt wird. Die NRW-Landesregierung hatte sich – ganz im Interesse des RWE – bei der Behandlung der GFAVO im Bundesrat für eine Braunkohle-Sonderregelung und für die Beibehaltung einer zehnjährigen Übergangsperiode eingesetzt.
Bereits im Juli 1982 – ein Jahr vor der Verabschiedung der GFAVO – kam eine Vereinbarung zwischen dem RWE und dem Ministerium für Arbeit, Gesundheit und Soziales (MAGS) zustande, wonach die SO_2-Emissionen der RWE-Braunkohlenkraftwerke um etwa 60.000 t/a reduziert werden sollten, indem bis 1987 schrittweise alle größeren Kraftwerksblöcke nachträglich mit Entschwefelungsanlagen ausgerüstet und ältere Blöcke bzw. Kraftwerke durch neue Anlagen ersetzt werden sollten.
Die später in Kraft getretene GFAVO berührte diese Vereinbarung in verschiedener Hinsicht. Sie räumte RWE nicht nur einen längeren Zeitraum für Umrüstungsmaßnahmen ein, sondern gestattete für Braunkohlenkraftwerke höhere SO_2-Emissionen als für Steinkohlenkraftwerke. Andererseits galten die Anforderungen der GFAFO jedoch für alle RWE-Braunkohlenblöcke, also auch für jene, die durch die Vereinbarung vom Juli 1982 ausgeklammert worden waren. Auch die älteren und kleineren Braunkohlenblöcke mußten innerhalb von fünf Jahren mit Entschwefelungsanlagen nachgerüstet oder bis 1993 stillgelegt werden.

Hierdurch hatte sich die ursprüngliche Vertragsgrundlage für das RWE in ungünstiger Weise verändert. Es war jedoch nicht nur der umweltpolitische Vorstoß des Bundesrates, der das RWE mit den Inhalten der ersten, von der NRW-Landesregierung bereits als großen umweltpolitischen Erfolg gefeierten Vereinbarung »unzufrieden« machte: Auch die stagnierende Stromnachfrage trug dazu bei, daß die Bauprojekte nicht so rasch benötigt wurden, wie 1982 vereinbart worden war. Schließlich war auf dem Gebiet der Entschwefelung von Braunkohlenkraftwerken der Stand der Technik hinsichtlich der vom RWE stets bezweifelten technischen Machbarkeit von Naßentschwefelungsverfahren in diesen Blöcken zu berücksichtigen. Nach Ansicht des RWE sollte die Entschwefelung zunächst durch das technisch relativ simple »Trocken-Additiv-Verfahren« erfolgen.
Die gegenüber der Vereinbarung vom Juli 1982 veränderte Situation führte schließlich durch Verhandlungen mit dem MAGS zu einer Abänderung dieser Vereinbarung. Das Ergebnis wurde im Oktober 1983 als Protokollnotiz festgehalten.
Nach Inkrafttreten der GFAVO war ein Dissens zwischen MAGS und RWE zutage getreten. Während das MAGS auf die Erfüllung der ersten Vereinbarung pochte, sah das RWE diese als obsolet an. Dabei verwies RWE darauf, daß man den Betrieb der Kraftwerke »allein auf Basis der Ausnahmeregelung« (§ 33 GFAVO) nicht für sinnvoll halte, da es zudem fraglich sei, ob das vorgesehene »Trocken-Additiv-Verfahren« die Auflagen der GFAVO überhaupt erfüllen könne und daß man sich aufgrund der neuen Rechtslage mit der »Naßentschwefelung« befassen müsse, »die in der Braunkohleverstromung technisch noch nicht erprobt sei«.
Trotz dieses Konflikts kam es zu einer neuen Vereinbarung zwischen dem RWE und MAGS, die zumindest eine Gemeinsamkeit mit der alten Vereinbarung hatte: Sie wurde wiederum vom MAGS als erfolgreiche umweltpolitische Maßnahme der Öffentlichkeit kundgetan – während sich RWE, wie schon im ersten Fall, bei seiner Außendarstellung sehr »bedeckt« hielt. Die im Herbst 1983 protokollierte Veränderung der Absprache weicht sowohl von der 82er Vereinbarung als auch von der Rechtslage nach Inkrafttreten der GFAVO ab.
Die 82er Vereinbarung ließ dem RWE die Möglichkeit, erst neue Kapazitäten in Betrieb zu nehmen und danach Zug um Zug alte Braunkohlenkraftwerke und -blöcke stillzulegen. Die relativ kurzen – d.h. für den Umweltschutz günstigeren – Fristen der 82er Vereinbarung wurden in der Protokollnotiz vom Herbst 1983

erheblich verlängert. Bereits für die Neubauten waren Verschiebungen von bis zu drei Jahren zu erkennen.

Nach Ablauf der »Erklärungsfrist« der GFAVO zum Juli 1984 und angesichts progressiv fortschreitender Waldschäden legte Nordrhein-Westfalen im November 1984 einen »Emissionsminderungsplan« vor. Außer dem RWE verpflichteten sich auch STEAG, VKR, VEW und Elektromark sowie das Gemeinschaftskraftwerk Weser »freiwillig« auf Jahreshöchstmengen bei den SO_2- und NO_X-Emissionen. Die Zielvorstellungen des RWE, die »als ernsthafte Absichtserklärung für jede Anlage konkretisiert sind«[7], weichen nicht wesentlich von den Inhalten der Protokollnotiz ab.

Eine Hochrechnung der Freien Universität Berlin für die SO_2-Emissionen der RWE-Braunkohlenkraftwerke für den Zeitraum 1983 bis 1994 ergab, daß die jeweiligen Verminderungseffekte sowohl im zeitlichen Ablauf als auch im gesamten Einsparungseffekt erheblich differieren. Gegenüber dem Emissionspotential von 5 Mio. t SO_2 für den Gesamtzeitraum – diese Menge hätten die RWE-Kraftwerke ohne Entschwefelungsmaßnahmen ausgestoßen – ergab sich folgende Reihenfolge. Den kleinsten Einspareffekt hätte mit 12,4% die 82er Vereinbarung gebracht. Gegenüber dem Trend von 5 Mio. t wären noch rund 4,4 Mio. t emittiert worden. Die GFAVO mit der Sonderregelung von 650 mg SO_2/m^3 (32,6%) und die Protokollnotiz (34,8%) hätten den Ausstoß um rund ein Drittel auf 3,3 bis 3,4 Mio. t vermindert. Den größten Luftentlastungseffekt erzielen mit 46,1% bzw. 46,2% der Emissionsminderungsplan bzw. die GFAVO-Variante, bei der auch bei Braunkohlenkraftwerken der für andere Kraftwerke geforderte Grenzwerte von 400 mg SO_2/m^3 eingehalten wird. Hier würden in dem Zeitraum insgesamt rund 2,7 Mio. t ausgestoßen, also etwas mehr als die Hälfte im Vergleich zum Trendverlauf.[8]

Die »freiwilligen« Vereinbarungen zwischen RWE und NRW hätten keinen zusätzlichen oder vorgezogenen Verbesserungseffekt bewirkt. Zwar annoncierten sowohl die 82er Vereinbarung als auch die Protokollnotiz eine Verminderung der SO_2-Emissionen schon vor 1988. Aber diese »Vorleistung« hätte im Zeitablauf aufgrund möglicher Verzögerungen bei der Inbetriebnahme von Entschwefelungsanlagen und neuen Kraftwerksblöcken zu einem kumulierten Minderungseffekt geführt, der bei konsequenter Durchführung der GFAVO selbst mit der Ausnahmeregelung für Braunkohle erzielt worden wäre.

Umweltschutzinvestitionen des RWE

In den Investitionsplänen des RWE ist der Anteil der Investitionen für Umweltschutzanlagen nicht gesondert ausgewiesen. Aus den Geschäftsberichten des RWE geht hervor, daß das Unternehmen von 1961 bis 1982 insgesamt rund 550 Mio. DM für Umweltschutzmaßnahmen investiert hat. Schon vor Inkrafttreten des Bundesimmissionsschutzgesetzes und des Wasserhaushaltsgesetzes habe das RWE, wie es in einer Selbstdarstellung heißt, »die Zeichen der Zeit in Bezug auf Umweltschutz erkannt«.[1]
In den 60er Jahren wurde parallel zur technischen Entwicklung der Kraftwerke auch in den Umweltschutz investiert. Der Einbau von »weiteren Rauchgasentstaubungsanlagen« wurde erstmals im Geschäftsbericht 1961/62 erwähnt, die Höhe der Investition jedoch nicht beziffert. Im Geschäftsbericht 1962/63 findet sich folgende Erläuterung: »Die Kraftwerke Essen-Karnap, Frimmersdorf, Goldenberg-Werk und Weisweiler wurden mit weiteren Rauchgasentstaubungsanlagen zur Reinhaltung der Luft ausgerüstet. Unabhängig davon, daß in neu erstellten Kraftwerken von vornherein hierfür entsprechende Anlagen nach dem heutigen Stand der Technik vorgesehen wurden, haben wir in den Geschäftsjahren 1960/61 bis 1962/63 in den bereits vorhandenen Kraftwerken verbesserte Rauchgasentstaubungsanlagen zur Reinhaltung der Luft mit einem Gesamtaufwand von rd. DM 27.500.000 eingebaut«.[2] Im Verhältnis zu den Gesamtinvestitionen für Sachanlagen betrug der Anteil der Umweltschutzinvestitionen 1,8% – gemessen an den Investitionen für Kraftwerke 5,8%.[3]
Subventionen für den Einbau von Anlagen zur Reinhaltung der Luft und des Wassers wurden erst ab Mitte der 60er Jahre gewährt. RWE hat erstmals im Geschäftsjahr 1965/66 Sonderabschreibungen für Umweltschutzmaßnahmen vorgenommen, und zwar in Höhe von 12,5 Mio. DM. In diesem Geschäftsjahr erreichte das Unternehmen mit 25,0 Mio. DM Umweltschutzinvestitionen absolut und – gemessen an den Sachanlageinvestitionen bzw. Investitionen für Kraftwerke – den relativ höchsten Stand der 60er Jahre.
Zwischen 1974 und 1976 gab es bei den Umweltschutzmaßnahmen einen zweiten Investitionsschub, der teilweise eine Reaktion auf die Anforderungen der TA Luft von 1974 für die Kraftwerke darstellt. Ab 1974 kann auch die Schere zwischen Investitionsplanung und realisierten Investitionen dazu beigetragen

haben, daß RWE verstärkt Umweltschutzinvestitionen tätigte, da sonst noch größere Rückstände gegenüber dem Investitionsplan eingetreten wären.
Von 1975 bis 1980 hat RWE nach eigenen Angaben etwa 30 Mio. DM für »Nachrüstungen für den Umweltschutz in konventionellen Kraftwerken ausgegeben«.[4] Die Nachrüstung der Kraftwerke bedeutete unter anderem den Einbau verbesserter Elektrofilter mit einem Staubabscheidegrad von 99,8%. Neben diesen Investitionsaufwendungen werden für den gesamten Zeitraum die Betriebsausgaben für Umweltschutzanlagen mit rund 100 Mio. DM beziffert.
Seit 1975 bestand die Möglichkeit, die dem Umweltschutz dienenden Investitionen nach § 7b Einkommensteuergesetz erhöht abzuschreiben. Seit 1979/80 ist der Anteil dieser Investitionen, gemessen an den Investitionen für Sachanlagen, in der RWE AG deutlich angestiegen. Betrachtet man die Entwicklung der Umweltschutzinvestitionen im Verhältnis zu den Investitionen für Kraftwerke, auf die der Großteil der Umweltschutzinvestitionen ja entfällt, so ist ein noch deutlicherer Sprung feststellbar.
Der weitaus stärkste Schub bei den Umweltschutzinvestitionen des RWE begann im Geschäftsjahr 1979/80. Dabei spielte zunächst vor allem das im August 1980 geänderte Einkommensteuergesetz eine Rolle. Seitdem können Unternehmen Umweltschutzinvestitionen mit 60% im ersten Jahr der Anschaffung oder Herstellung und mit jeweils 10% in den folgenden vier Jahren erhöht abschreiben. Die im Jahr 1980 vorgenommene Ergänzung bedeutet auch, daß eine Investition mit einem Umweltschutzanteil von 70% als Umweltschutzinvestition gilt, und daß zusätzlich Maßnahmen des innerbetrieblichen Umweltschutzes gefördert werden können.
Der Anstieg der Umweltschutzinvestitionen des RWE ist also einerseits durch die erweiterte Definition dieser Investitionen bedingt, andererseits schlägt der Kostenanstieg für Umweltschutzmaßnahmen in den letzten Jahren zu Buche. Die Differenz zwischen Kostenschätzung und realer Investitionshöhe für Umweltschutzanlagen belegen diese Tendenz. So wurden 1980 die Kosten für die Demonstrationsanlage zur Entschwefelung im Kraftwerk Neurath nach dem Trocken-Additiv-Verfahren (TAV) mit fünf bis acht Mio. DM geschätzt.[5] Anfang 1983, als diese Anlage den Betrieb aufgenommen hatte, lagen die tatsächlichen Kosten bei 30 Mio. DM.

Mit Verabschiedung der GFAVO im Jahr 1983 wurde beim RWE für Umweltschutzinvestitionen eine regelrechte Kostenexplosion ausgelöst. Gemäß der Vereinbarung vom Juli 1982 zwischen RWE und Arbeitsministerium NRW sollte die Rauchgasentschwefelung aller größeren Blöcke mit TAV ein Investitionsvolumen von insgesamt rund 100 Mio. DM und jährliche Betriebskosten von 50 Mio. DM haben. Im Sommer 1983 wurden die Kosten für nur einen 600-MW-Braunkohlenblock mit TAV bereits auf 20 bis 60 Mio. DM veranschlagt.[6]

Nach Inkrafttreten der GFAVO beschloß RWE den Einbau von Naßentschwefelungsanlagen und veranschlagte die Kosten für die Nachrüstung mit Entschwefelungsanlagen mit etwa 3 Mrd. DM. Schließlich stieg der Investitionsumfang für die Nachrüstung der Kohlenkraftwerke mit Rauchgasentschwefelungsanlagen jedoch auf 6,4 Mrd. DM an. Diese Nachrüstungsinvestitionen werden »entsprechend der durchschnittlichen Restnutzungsdauer der Kraftwerke« nicht überhöht, sondern linear über 10 Jahre abgeschrieben.[7]

Die Nachrüstung mit Entschwefelungs- und Entstickungsmaßnahmen hat für die Investitionspolitik des RWE einen völlig neuen Stellenwert bekommen. Da bis auf das Müllheizkraftwerk Essen-Karnap keine neuen Kraftwerke gebaut wurden, erhielten die Umweltschutzinvestitionen die Funktion des »Lückenbüßers«. Die Ursache für diese Entwicklung ist aber nicht nur die veränderte Rechtslage, sondern vor allem die rückläufige bzw. stagnierende Stromnachfrage beim RWE.

1 Franz Joseph Spalthoff
2 RWE-Geschäftsbericht 1962/63, S. 29.
3 Lutz Mez: Neue Wege in der Luftreinhaltepolitik. Eine Fallstudie zum informalen Verwaltungshandeln in der Umweltpolitik am Beispiel des RWE, IIUG rep 84-3, Berlin 1984
4 Neues Verfahren zur Rauchgasentschwefelung, in: Handelsblatt vom 28.5.1980, S. 11.
5 Laut Handelsblatt vom 28.5.1980: »Die Anlage wird 5 bis 8 Mio. DM kosten, wovon ein Teil das Umweltbundesamt Berlin trägt.« Auch die letztere Information erwies sich als unzutreffend.
6 Vgl. Interview mit Franz Joseph Spalthoff in: Aktionsreport, Nr. 13, 1983, S. 41.
7 Vgl. RWE-Geschäftsbericht 1986/87, S. 48.

Das MAGS versäumte durch die Verkoppelung von Neugenehmigungen für Ersatz- und Erweiterungsbauten – die realiter gar nicht gebaut wurden – mit der Erfüllung von Sanierungsanforderungen, die Verminderung der SO_2-Emissionen zu beschleunigen. Und juristisch betrachtet ist die Verbindlichkeit der freiwilli-

gen Absprachen auch eindeutig zu beantworten: Mit Rechtsmitteln kann man das RWE nicht zwingen, sich an die Absprachen zu halten.
Die reale Entwicklung führte zu wesentlich geringeren SO_2-Emissionen, weil RWE durch den umweltpolitischen Druck der kritischen Öffentlichkeit und kommunaler Aktionäre wie der Stadt Solingen befürchten mußte, ein schlechtes Image im Umweltschutz zu erhalten und langfristig Geschäftseinbußen hinnehmen zu müssen. Deswegen wurde mit dem Bau von Naßentschwefelungsanlagen in den RWE-Kraftwerken zwar nicht das Optimale, aber dennoch mehr verwirklicht, als gesetzlich vorgeschrieben war.

Das RWE-Umweltschutzprogramm

Mit Investitionen von rund 20 Mrd. DM lockte RWE im Oktober 1994 die nordrhein-westfälische Landesregierung. Bis zum Jahre 2030 (!!!) sollen die Braunkohlenkraftwerke Zug um Zug modernisiert bzw. durch neue Anlagen ersetzt werden. Aufgrund der höheren Wirkungsgrade liegen die CO_2-Emissionen bei gleicher Stromproduktion um etwa 27% niedriger. Allerdings reicht eine Verbesserung der spezifischen CO_2-Emissionen keineswegs aus, um das Ziel der deutschen Klimaschutzpolitik zu verwirklichen, denn dabei geht es um die 25%ige Verminderung der absoluten CO_2-Ausstoßmenge. Deswegen ist die Begeisterung das damaligen NRW-Wirtschaftsministers Günther Einert (SPD) nicht nachzuvollziehen: Einert hatte die Vereinbarung mit RWE als »das größte ökologische Investitionsprogramm, das je von einem Unternehmen einer Landesregierung zugesagt worden ist«, hochgelobt.
Diese Vereinbarung stand im Zusammenhang mit dem Genehmigungsverfahren für den geplanten Braunkohletagebau Garzweiler II, der ab 2005 in Betrieb gehen soll. Die Braunkohlenblöcke von RWE sind zwar in den 80er Jahren im Zuge der Nachrüstung mit Rauchgasreinigungsanlagen modernisiert worden, müssen jedoch spätestens ab dem Jahr 2000 ohnehin durch andere Kraftwerksleistung ersetzt werden. RWE und Rheinbraun vertraten gegenüber der Landesregierung die Position, dies würde nur bei erweiterter Brennstoffbasis geschehen. Allerdings benötigen neue Braunkohlenblöcke weit weniger Kohle, um dieselbe Strommenge zu erzeugen. Ginge es wirklich um eine konstante Stromproduktion aus Braunkohlenkraftwerken, wäre Garzweiler II gar nicht erforderlich. Aber dann würden weit mehr Arbeitsplätze in der Braunkohle wegfallen, als dies im Trend-

verlauf ohnehin der Fall ist. Und das soziale Risiko des wirtschaftlichen Strukturwandels in der Region wollen RWE und SPD hinauszögern.
In der Vereinbarung hatte sich RWE verpflichtet, »unverzüglich ein 900-MW-Braunkohlenkraftwerk mit jetzt verfügbarer moderner Anlagentechnik zu errichten.«[9] Das Genehmigungsverfahren für den Standort Frimmersdorf wurde 1994 eingeleitet. Der Bau sollte im 1. Halbjahr 1996 beginnen. Bei Fertigstellung der 3,1 Mrd. DM teuren Anlage im Jahr 1999 sollen sechs 150-MW-Blöcke »vorzeitig« stillgelegt werden. Durch den mit 43% ganze 13 Prozentpunkte höheren Wirkungsgrad der Neuanlage werden auf dem Papier jährlich etwa 2,2 Mio. Tonnen CO_2 eingespart.
Außerdem versprach RWE, weitere drei Jahre die sogenannte KoBra-Technik weiterzuentwickeln. Dabei wird Braunkohle vergast und in einer Gas- und Dampfturbine zur Erzeugung von Strom und Wärme genutzt. Der Wirkungsgrad dieser Anlagen soll bei 50% liegen. RWE versprach den Bau einer 300-MW-Demonstrationsanlage – Kostenpunkt etwa 1,6 Mrd. DM. Im Jahr 2009 soll die erste kommerzielle 1.000-MWKoBra-Großanlage folgen. Fünf weitere KoBra-Kraftwerke sollen zwischen 2013 und 2030 in Betrieb gehen.
Braunkohlenkraftwerke haben vergleichsweise sehr hohe Investitionskosten. Während moderne Gaskraftwerke derzeit für 1.900 DM/kW gebaut werden können, kostet der Braunkohlenblock 2.900 DM/kW, für die KoBra-Technik wird sogar mit 3.150 DM/kW gerechnet. Kein Wunder also, daß für die geplanten 20 Mrd. Investitionskosten für Braunkohlenkraftwerke fast doppelt so hoch ausfallen, wie dieselbe Kapazität mit gasgefeuerten Anlagen kosten würde.
Für den zukunftsweisenden Bereich der Energieeinsparung und der regenerativen Energien hat RWE nur »Peanuts« übrig. Ganze 80 Mio. der 20 Mrd. DM sollen der Förderung erneuerbarer Energieträger dienen. Und das KesS-Programm wird um weitere 20 Mio. DM aufgestockt.
Greenpeace rechnete RWE vor, daß die CO_2-Reduktion bei gleicher Investitionssumme in Steinkohlenkraftwerke höher ausfallen würde als beim Braunkohlenpfad. Ein alternativer Investitionspfad, der die Energieträger Braun- und Steinkohle vor allem durch Gas und auch durch Biomasse, Wasser, Wind und Sonne ersetzt, würde die CO_2-Emissionen der gesamten Stromproduktion in Nordrhein-Westfalen sogar um 48% absenken.
Nach der Landtagswahl im Mai 1995 machte RWE einen Rückzieher. »Nur auf verläßlicher Basis«, so Konzernchef Dietmar Kuhnt im Namen der Tochterun-

ternehmen Rheinbraun und RWE Energie, wolle man im RWE-Konzern über die Investitionen für den Tagebau Garzweiler II und über das damit verknüpfte Kraftwerkserneuerungsprogramm entscheiden. RWE will die 20 Mrd. DM zur Modernisierung des Kraftwerksparks und die 4,5 Mrd. DM in den Tagebau jetzt nur noch investieren, wenn die langfristige Nutzung politisch garantiert wird.

RWE als Klimakiller

Für RWE steht fest: Ohne den Einsatz von Atomkraftwerken bleibt das Ziel der Bundesregierung, bis zum Jahr 2005 etwa 25 bis 30% CO_2 einzusparen, eine Utopie. Um den Treibhauseffekt in den Griff zu bekommen, dürfe »uns die Frage ›Kernenergie ja oder nein‹ nicht spalten«. Nach Ansicht des RWE müssen »wir vielmehr darauf hinwirken, daß die energiepolitischen Entscheidungen in unserem Land auf der Basis eines parteiübergreifenden Konsenses getroffen werden«.
In Anzeigen wirbt RWE für seine Atomkraftwerke:
»Wenn man bedenkt, daß allein das Kernkraftwerk Mülheim-Kärlich gegenüber einer Stromerzeugung in Steinkohlenkraftwerken jedes Jahr 8 Millionen Tonnen CO_2-Emissionen verhindern würde, wenn es am Netz wäre, dann wird klar, warum wir zur Verbesserung des Weltklimas die Kernkraft brauchen.«[10]
Um 8 Mio. t CO_2-Emissionen durch Energieeinsparung zu verhindern, müßte tatsächlich im großen Stil gespart werden. Aber das ist nicht unmöglich. Eine Aktion kommunaler Versorgungsunternehmen »Was Watt erhellt ... spart Strom und Geld« zeigt die Möglichkeiten des sogenannten Least-Cost Planning auf. Im Rahmen der Förderaktion, an der sich in Remscheid neben den Stadtwerken auch Lampenhersteller und Betriebe des Einzelhandels und des Elektrohandwerks finanziell beteiligen, wird der Kauf einer Energiesparlampe mit 7,50 DM bezuschußt. Wenn z.B. alle 56.000 Remscheider Haushalte zumindest zwei Glüh- durch Sparlampen ersetzen, würde sich der jährliche CO_2-Ausstoß um ca. 4.000 Tonnen verringern. Sicher nicht mehr als ein Anfang, aber zumindest ein richtiger Schritt in die richtige Richtung.
Eine Plakataktion von Greenpeace brachte dann Ende 1994 RWE-Chef Kuhnt in Rage. Die Umweltschutzorganisation hatte dem damaligen Vorstandsvorsitzenden von RWE Energie als »Klimakiller« bezeichnet und ihm auf einem Plakat den Satz in den Mund geschoben: »Ich ruiniere das Klima, weil meine Kraftwerke jährlich 100 Mio. Tonnen CO_2 in die Luft schleudern«.

Nach Ansicht von Greenpeace steht die Vereinbarung zwischen NRW-Landesregierung und RWE zum Aufschluß von Garzweiler II »einer Klimaschutzpolitik diametral entgegen«. Der Kabinettsbeschluß kurz vor der Landtagswahl im Mai 1995 sei eine »historische Fehlentscheidung«. Und RWE streue mit dem Verweis auf eine spezifische CO_2-Reduktion von 27% bis 2030 der »Öffentlichkeit Sand in die Augen«. Nicht die spezifische CO_2-Bilanz sei für das Klima entscheidend, sondern »die absolute Menge verfeuerter Braunkohle«. Die Korrekturrechnung von Greenpeace ergab: »Mit dem von RWE skizzierten 20 Milliarden Investitionsprogramm (lassen sich) die CO_2-Emissionen bis 2030 nur um 10,5% reduzieren«.[11]

Der Anteil der Essener an den bundesdeutschen CO_2-Emissionen ist – wie schon seinerzeit bei SO_2 und NO_X – herausragend. Die Forschungsstelle für Umweltpolitik der Freien Universität Berlin veröffentlichte im Juni 1995 eine Rangliste der 20 größten Erzeuger von CO_2-Emissionen in Deutschland. Im Jahr 1992 betrug der gesamte energiebedingte CO_2-Ausstoß 918 Mio. t, davon emittierte der öffentliche Kraftwerkssektor insgesamt rund 255 Mio. t.

Wie nicht anders zu erwarten, landete RWE Energie als größter Stromerzeuger auch bei den CO_2-Emissionen auf dem 1. Platz (s. Abbildung 22).

Mit 83,6 Mio. t CO_2 bzw. 32,8% aller Emissionen aus öffentlichen Kraftwerken lagen die Essener noch weit vor der ostdeutschen VEAG, die mit 56,4 Mio. t oder 22,1% auf dem zweiten Rang folgte. Der RWE-Konzern ist damit mit weitem Abstand der deutsche Klimakiller, denn der RWE AG gehören nicht nur zu 100% die RWE Energie AG, sondern zu 26,5% auch die VEAG, ganz zu schweigen von den industriellen Braunkohlenkraftwerken von Rheinbraun oder der UK Wesseling. RWE ist weiterhin beteiligt an den CO_2-Emissionen der Kraftwerke Voerde und Ibbenbühren sowie der Stadtwerke Düsseldorf. Würden nach der Methode einer konsolidierten Konzernbilanz nicht nur die Umsätze, sondern auch alle CO_2-Emissionen addiert, kommt RWE auf etwa 120 Mio. t CO_2 jährlich.

Kein Wunder also, daß aus dem Hause RWE stets schweres Geschütz aufgefahren wird, wenn in Deutschland Umweltsteuern oder gar eine CO_2-Abgabe diskutiert werden. Als aus dem Bonner Umweltministerium leise Ankündigungen erfolgten, es würden Abgaben auf Abfall und auf Kohlendioxid geplant, trat der damalige Vorstandsvorsitzende Gieske vor die Presse. Die Einführung der neuen Umweltsteuern würden die rheinische Braunkohle mit jährlich zwei Mrd. DM und die ostdeutschen Reviere mit 1,5 bis 1,7 Mrd. DM belasten. Gieske betonte,

Abb. 22: Erzeuger von CO_2-Emissionen – Rangliste 1992

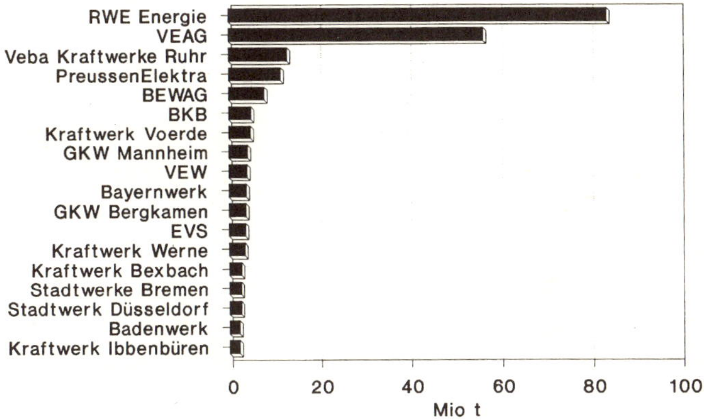

Quelle:
Forschungsstelle für Umweltpolitik 1995

daß auf diese Weise dem einzigen deutschen Energieträger, der bislang noch wettbewerbsfähig ist und in größeren Mengen zur Verfügung steht, die wirtschaftliche Basis bei der Verstromung entzogen würde. Genüßlich verwies Gieske auf Aussagen der Bundesregierung, nach denen die Braunkohlenverstromung langfristig zu den tragenden Säulen der deutschen Energiepolitik zählen solle. Dieses Beispiel offenbare die »Abstimmungsmängel« zwischen Energie-, Umwelt- und Wirtschaftspolitik. RWE erwarte von der Politik statt Widersprüchen »eindeutige Antworten«.

WIE MACHT DAS RWE PROFIT?

Will der interessierte Bürger die »Geschäfte« des RWE anhand von Daten und Informationen überprüfen, kommt er mit einer Materie in Berührung, die auf den ersten Blick vielleicht etwas trocken erscheint. Wer aber Ansatzpunkte erkennen will, wo der Riese Angriffsflächen bietet oder wo RWE die Öffentlichkeit nur halb oder gar nicht informiert hat, muß sich wohl oder übel mit der Erbsenzählerei beschäftigen, die unter Experten »empirische Konzern- und Bilanzanalyse« genannt wird. Sie ist zur Aufdeckung von »Geheimnissen« von nicht unbeträchtlichem Nutzen.

Grundlage derartiger Analysen sind die Geschäftsberichte von RWE AG bzw. der RWE-Konzernunternehmen sowie weitere für die Presse oder die Aktionäre freigegebene Unterlagen – wie Aktionärsbriefe oder Personal- und Sozialberichte. Auf andere Quellen sollte man zunächst getrost verzichten. Es wäre schon ein Lotteriegewinn, würden über diese allgemein zugänglichen Informationen »Betriebsinterna« in die Hände von Bürgerinitiativen oder kritischen Forschern fallen.

Um sich ein eigenes Bild von der wirtschaftlichen Macht des RWE machen und neue Entwicklungen erkennen zu können, reichen die Geschäftsberichte – möglichst von mehreren Jahren – völlig aus. Man bekommt sie bei jeder Bank oder von der Presse- und Informationsabteilung des RWE. Neben der allgemeinen Berichterstattung über den Geschäftsverlauf enthalten sie die Bilanz und eine Gewinn- und Verlustrechnung. Natürlich ist es heute auch möglich, im Internet Bilanzdaten abzurufen (etwa von Hoechst oder Daimler-Benz). RWE gehört jedoch noch nicht zu diesen informationsfreudigen Unternehmen.

Die professionellen Bilanzanalytiker der Banken stellen auf der Grundlage von Geschäftsberichten Kennziffern und Vergleichszahlen bei Unternehmen derselben Branche oder Größe fest, ergänzen sie durch Daten über die Marktsituation oder das Management. Und sie finden heraus, wo RWE vor Problemen stand oder gar in Schwierigkeiten geraten ist. Über einen längeren Zeitraum betrachtet, lassen sich nämlich bei den Hauptkennziffern Trendveränderungen oder Brüche feststellen. Wer tiefer in den Stoff einsteigen will, kann hier ansetzen und die speziellen Ursachen ermitteln. Dazu braucht man dann zusätzliche Informationen aus Presseberichten oder Analysen.

Der in der Gewinn- und Verlustrechnung ausgewiesene Gewinn ist mit Vorsicht zu genießen. Bei der RWE AG ist der Bilanzgewinn in der Regel so groß wie die Dividendenzahlung an die Aktionäre. Deshalb kann man davon ausgehen, daß der reale Profit wesentlich höher ist. Die hohe Kunst der Bilanzanalyse besteht darin, die »verschleierten Profite« zu entdecken und zu beziffern.[1]

Zu viel darf man sich von Bilanzanalysen allerdings auch nicht versprechen. Bei den publizierten Daten handelt es sich um »manipulierte« Zahlen, damit RWE möglichst wenig Steuern an den Staat abführen muß. Die Rechnung enthält einerseits Posten, die als Aufwendungen bezeichnet werden, aber versteckt ausgeschüttete Gewinne sind, wie Pachtzahlungen an Tochterunternehmen, Konzessionsabgaben usw. Andererseits lassen die steuerrechtlichen Möglichkeiten bei einer Reihe von Posten sehr unterschiedliche Bewertungen zu. Kritische Bilanzforscher korrigieren grundsätzlich die Abschreibungen, um den realen Profit zu entschleiern. Abgesehen von den Sonderabschreibungen für Umweltschutzinvestitionen ist dies aber bei einem Energieversorgungsunternehmen wie dem RWE problematisch.[2]

Besondere Aussagekraft hat dagegen der Cash flow. Darunter versteht man das Geld, das ein Unternehmen in einem Geschäftsjahr über die zur Abdeckung des laufenden Geschäftsbetriebs notwendigen Mittel hinaus flüssig hat. In der Kapitalflußrechnung des RWE besteht der Cash flow aus dem Jahresüberschuß, den Abschreibungen, den Zuführungen zu langfristigen Rückstellungen und den sonstigen Erträgen.[3] Der Cash flow dient als Indikator für die Kreditwürdigkeit von Unternehmen. Im Vergleich zu anderen Unternehmen der Strombranche hat RWE natürlich auch den größten Cash flow vorzuweisen. Im Geschäftsjahr 1994/95 stand den Investitionen von rund 7 Mrd. DM ein Cash flow in Höhe von 8,6 Mrd. DM gegenüber. Deswegen konnten die Investitionen vollständig im Wege der Innenfinanzierung bestritten werden.

Die Methode der Verflechtungsanalyse zeigt, in welchen Gesellschaften das RWE seine Finger drin hat und ob Gewinne oder Verluste an die RWE Holding »abgeführt werden«. Im Anhang sind 430 direkte und indirekte Beteiligungen des RWE-Konzerns aufgelistet. Der Geschäftsbericht 1994/95 der RWE AG führt weniger als die Hälfte, nämlich nur 189 Beteiligungen auf. Wenn man davon aus-

geht, daß ein Unternehmen bereits mit einer Kapitalbeteiligung von 10%, der sogenannten Steuerschachtel, vom Großaktionär wirkungsvoll beeinflußt oder kontrolliert werden kann, müssen alle Beteiligungen erfaßt werden, bei denen RWE direkt oder indirekt über die 10%-Hürde kommt. Dazu wurden die Geschäftsberichte der Führungsgesellschaften und anderer wesentlicher Beteiligungen ausgewertet (s. Anhang).
Wir wollen uns in diesem Kapitel darauf beschränken, den Verlauf von Umsatz, Kapital und Beschäftigtenzahl zu betrachten. Dann werden die Investitionen und deren Finanzierung durchleuchtet und eine in der Stromwirtschaft von RWE eingebrachte Novität untersucht – das Leasing von Kraftwerken. Schließlich wird noch die Forschungspolitik des RWE unter die Lupe genommen. Das betrifft speziell die staatlichen Zuwendungen für Forschungs- und Entwicklungsprojekte, die bei modernen Unternehmen einen immer größeren Teil der Subventionierung aus dem Steuersäckel darstellen.

Extraprofite am laufenden Band

Für das Geschäftsjahr 1994/95 hatte der RWE-Konzern üppige 10% Zuwachs beim Gewinn angestrebt. Der RWE-Anteil am Konzernjahresüberschuß wuchs jedoch um fast 18% auf 1,09 Mrd. DM und übertraf damit alle Erwartungen. Insgesamt schnellte der Konzernjahresüberschuß um 30% auf 1,447 Mrd. DM. Knapp die Hälfte davon stammt aus der Energiesparte, was wieder einmal belegt, daß die deutsche Strompreisaufsicht nicht funktioniert. Während Stromversorgern in den USA maximal 6% Gewinn aus dem Stromgeschäft zugestanden werden, übertrifft das deutsche System hinsichtlich der Monopolgewinne noch das privatisierte britische System.
Auch in den Bereichen Bergbau und Rohstoffe, Maschinen-, Anlagen- und Gerätebau sowie Bau wurden kräftige Profite eingefahren.
Nur die Sparte Entsorgung verbuchte mit 94 Mio. DM einen hohen Verlust, der allerdings 100 Mio. DM niedriger ausfiel als im Vorjahr. Das Defizit wurde zu einem Drittel von der Tochter American NuKEM verursacht, die sich auf dem Sonderabfallmarkt tummelt. Bei inzwischen stagnierendem Abfallaufkommen hatte NuKEM seine Verbrennungskapazitäten noch ausgebaut. Um weitere Verluste zu vermeiden, hat sich RWE zur Aufgabe des Geschäftsfelds Sonderabfall und zur Stillegung der Verbrennungsanlagen entschlossen.[4]

Die RWE Entsorgung war 1994/95 mit einer halben Milliarde an den Gesamtinvestitionen in Höhe von 7 Mrd. DM des Konzerns beteiligt. Das Geld wurde zum Großteil in die Konsolidierung des Dualen Systems gesteckt. Da im Kraftwerksbetrieb mit Rauchgasreinigungsanlagen riesige Gipsmengen anfallen, wurde weiterhin in die Gipsverwertung investiert, denn REA-Gips läßt sich mittlerweile durchaus für gutes Geld verkaufen.
Nachdem RWE in der Recyclingwirtschaft nunmehr eine starke Stellung erreicht hat, ist auch die Gewinnzone nicht fern. Schon im Geschäftsjahr 1995/96 will RWE Entsorgung schwarze Zahlen schreiben.

Abb. 23: Anzahl der Beschäftigten im RWE-Konzern seit 1986

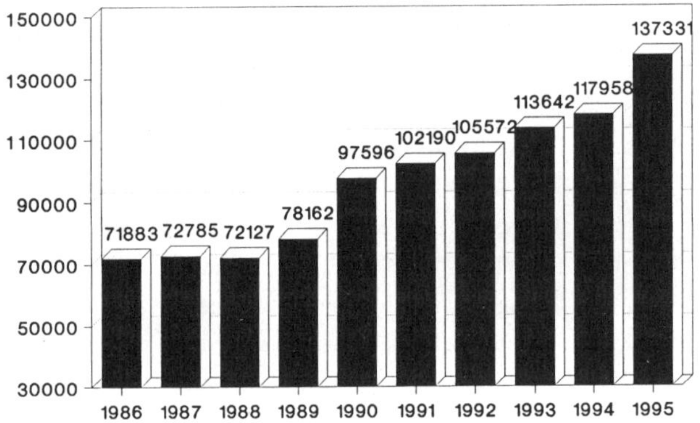

Quelle:
RWE Geschäftsbericht 1985/86 - 1986

Im Jahresdurchschnitt hatte 1994/95 die RWE Energie AG 37.176 und der Konzern 137.331 Beschäftigte. In den letzten zehn Jahren hat sich die Anzahl der Beschäftigten fast verdoppelt (s. Abbildung 23). Waren im Geschäftjahr 1985/86 noch knapp 72.000 Personen im Konzern beschäftigt, so stieg die Zahl seit der Neuordnung im Jahr 1989 stetig an. Heute ist gut ein Viertel der Beschäftigten des Konzerns in der Elektrizitätserzeugung und -verteilung tätig. Jeweils ein knappes Viertel ist im Bergbau, ebenso viele im Maschinen-, Anlagen und Gerätebau beschäftigt. Die übrigen Konzernbereiche (Entsorgung, Bau, Mineralöl und Chemie) ergeben zusammen in etwa das letzte Viertel.

Umsatz- und Kapitalentwicklung

In der letzten Dekade hat sich auch der Außenumsatz des RWE-Konzerns mehr als verdoppelt (s. Abbildung 24). Von 28,9 Mrd. DM im Geschäftsjahr 1985/86 wuchs das Geschäftsvolumen auf 63,6 Mrd. DM (1994/95). Die Umsatzsteigerung ist auf das Engagement des RWE in den neuen Bundesländern auf dem Strom- und Braunkohlensektor zurückzuführen. Der Umsatz des Energiebereichs wuchs im letzten Geschäftsjahr um 14,6% auf 21,6 Mrd. DM und verdoppelte sich im Bereich Bergbau und Rohstoffe auf knapp 5 Mrd. DM. Größere Umsatzsteigerung erfolgten auch in der Druckmaschinensparte und im Unternehmensbereich Bau. Der Bereich Mineralöl und Chemie steuerte mit einem Umsatz von rund 23,8 Mrd. DM zwar den größten Teil des Außenumsatzes bei, darin enthalten ist jedoch die Mineralölsteuer in Höhe von 10,6 Mrd. DM, die als »durchlaufender Posten« betrachtet werden muß.

Darüber hinaus wurden zwischen den Konzernbereichen Lieferungen und Leistungen im Wert von 4,2 Mrd. DM ausgetauscht. Dabei handelt es sich um Kohlelieferungen von Rheinbraun an die Kraftwerke, um Stromlieferungen und um Montageleistungen.

Ein Blick auf die Bilanzstruktur des RWE-Konzerns zeigt, daß die Bilanzsumme in Höhe von 73,3 Mrd. DM zu knapp einem Viertel durch Eigenkapital und zur Hälfte durch langfristige Rückstellungen gedeckt ist. Kurzfristige Rückstellungen und Fremdmittel tragen ebenfalls ein gutes Viertel bei. Die im Vergleich zu anderen Branchen überaus hohen Rückstellungen für die Entsorgung im Atombereich und die Rekultivierung im Braunkohlenbergbau führen zu einer geringen Eigenkapitalquote.

Die Liquidität des RWE-Konzerns betrug zum Jahresende 1995 20,7 Mrd. DM, davon sind 7,8 Mrd. DM flüssige Mittel.[5] Zum Großteil steht diese Liquidität in

Abb. 24: Außenumsatz und Cash flow – RWE-Konzern seit 1986

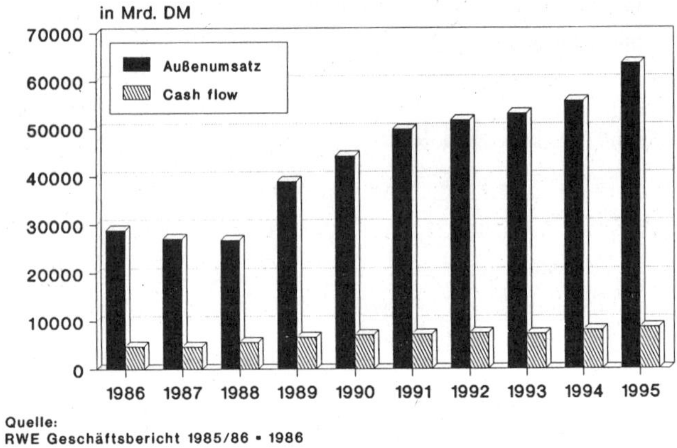

engem Zusammenhang mit den hohen Entsorgungs- und Rekultivierungs-Rückstellungen.

Die ungelöste Entsorgungsfrage bei Atomkraftwerken und Atommüll hat RWE »ein bequemes Instrument der Innenfinanzierung zum Nachteil der Steuerbehörden« verschafft.[6] Niemand weiß derzeit genau, wie teuer der Abriß der Atomkraftwerke und die Lagerung des Atommülls tatsächlich wird. Daher langt RWE über die Stromrechnung schon vorab kräftig zu. Und weil den Einnahmen in absehbarer Zeit keine Kosten in gleicher Höhe gegenübergestellt werden können, stockt die RWE Energie AG diese Rückstellungen ständig auf. 1994 wurden für die Entsorgung im Atombereich weitere 2 Mrd. DM eingestellt. Dadurch entgingen dem Land Nordrhein-Westfalen auf einen Schlag Steuereinnahmen in Höhe von 500 Mio. DM. Bis Mitte 1995 hatte RWE Energie für diesen Zweck insgesamt 12,4 Mrd. DM rückgestellt. Dazu kommen noch sonstige Rückstellungen in Höhe von 4,9 Mrd. DM, die für umweltschutzbedingte Nachrüstungen im Atomkraftwerksbereich und Verpflichtungen aus Strombeschaffung und -abgabe gebildet wurden. Ob und wann diese Mittel in dieser Höhe wirklich gebraucht werden, kümmert RWE derzeit nicht. Die Frage stellt sich erst bei der realen Stillegung der Atomkraftwerke.

Investitionsvolumen und Finanzierung

Von 1961 bis 1989 hat die RWE AG über 34 Mrd. DM in Sachanlagen investiert, davon rund 13,5 Mrd. DM in Kraftwerke. Nach der Neuordnung ist das jährliche Investitionsvolumen nahezu stetig angewachsen und erreichte 1994 gut 7 Mrd. DM. Im Geschäftsjahr 1994/95 wurde dieses Volumen abermals erreicht (s. Abbildung 25).

Das hohe Investitionsvolumen ist zum einen auf den Aufbau der RWE-Position in den neuen Bundesländern zurückzuführen. Andererseits wurde in den Zu-

Abb. 25: Investitionen und Abschreibungen – RWE-Konzern seit 1986

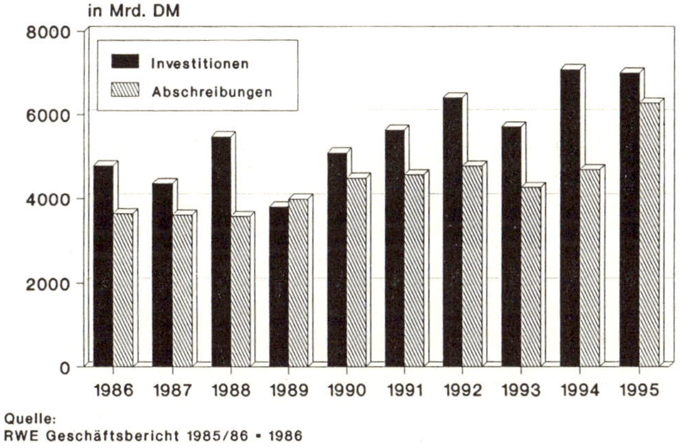

kunftsmarkt Telekommunikation und in die Verstärkung der Hochtief-Interessen im Bausektor investiert. Von den 7 Mrd. DM sind allein 2,4 Mrd. DM Zugänge bei Finanzanlagen.
In Sachanlagen wurden 1994 und 1995 jeweils 4,6 Mrd. DM eingebracht. Die RWE Energie AG investierte seit dem Geschäftsjahr 1989/90 insgesamt 9,6 Mrd. DM in Sachanlagen und Brennelemente für die Atomkraftwerke.
Seit Mitte der 70er Jahre hat RWE in den Geschäftsberichten auf Schwierigkeiten bei der Erfüllung von Investitionsplänen hingewiesen. Diese sind in der Bilanz als Einbrüche bei den Sachanlageninvestitionen insgesamt und insbesondere bei den Investitionen für Kraftwerke ablesbar.
In den 80er Jahren – insbesondere nach Verabschiedung der GFAVO – sind die Sachanlageinvestitionen aber kräftig angestiegen. Im Geschäftsjahr 1986/87 investierte die RWE AG die Rekordsumme von 2,5 Mrd. DM – davon allein 1,76 Mrd. DM für Maßnahmen zur Rauchgasreinigung.[7] Die Nachrüstung der alten Blöcke kostete insgesamt über 6 Mrd. DM.
Bis zum Jahr 2030 will der Konzern über 20 Mrd. DM vor allem in den Bau neuer Braunkohlenkraftwerke und in den Bergbau investieren. RWE Energie und Rheinbraun hatten der nordrhein-westfälischen Landesregierung im Oktober 1994 dieses Investitionsprogramm zugesagt, um das Projekt Garzweiler II noch vor den Landtagswahlen auf den Weg zu bringen.
Bei der Frage der Finanzierung interessiert vor allem, wie sich das Verhältnis von Finanzierungsmitteln zu den strategisch wichtigen Ausgaben im Laufe der Jahre entwickelt hat. Der wichtigste Posten ist die Finanzierung aus dem Geschäftsbetrieb – also aus dem Cash flow. Es handelt sich um die Summe aus dem Überschuß aus betrieblicher Tätigkeit, Überschuß aus Finanzgeschäften und Einnahmen aus Bestandsminderungen. Dabei ist der Finanzierungsbeitrag durch Abschreibungen von Sachanlagen dominant. In den letzten zehn Jahren konnte ein Großteil der Investitionen über Abschreibungen finanziert werden. Im Geschäftsjahr 1988/89 wurden sogar mehr Abschreibungen als Investitionen vorgenommen (s. Abbildung 25).
Abschließend gilt festzustellen, daß dem RWE stets mehr Finanzierungsmittel zur Verfügung standen als zur Finanzierung strategisch wichtiger Ausgaben benötigt wurden. Das hat zu erheblichen Zunahmen bei den Pensionsrückstellungen und anderen Rückstellungen geführt (s. Abbildung 26). Die Finanzierungsmittel lagen in der Regel so weit über der Gesamtsumme der strategischen Ausgaben, daß eine

Abb. 26: Rückstellungen und Jahresüberschuß – RWE-Konzern seit 1986

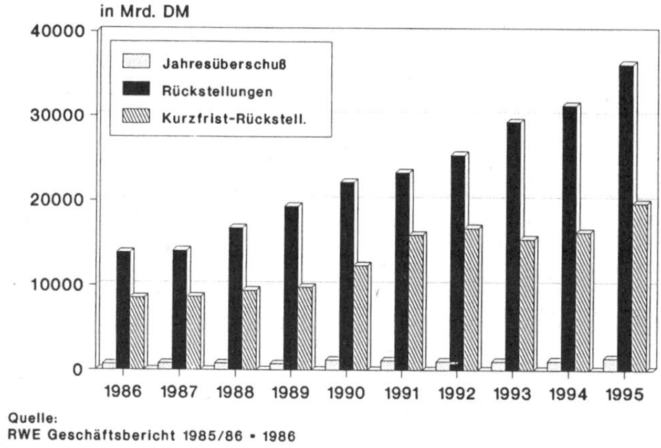

im Vergleich zu anderen Unternehmen wesentlich höhere Zuführung zu stillen Rücklagen und Rückstellungen erfolgen konnte.

Die Steuer-Sparstrategie des RWE

Die RWE AG hat in den 80er Jahren – bei stetig steigenden Umsatzerlösen – immer weniger Steuern gezahlt. Das hat dem Unternehmen den Vorwurf eingebracht, dem deutschen Fiskus Steuern in Millionenhöhe vorenthalten zu haben. Während die Umsatzerlöse des RWE zwischen 1980 und 1988 um rund 70% zunahmen, halbierte das Unternehmen in diesem Zeitraum seine Steuerzahlungen. Statt rund 770 Mio. DM, wie noch im Geschäftsjahr 1980/81 führte RWE

Abb. 27: Schere Steuer-Ist und -Soll – RWE AG 1981 bis 1988

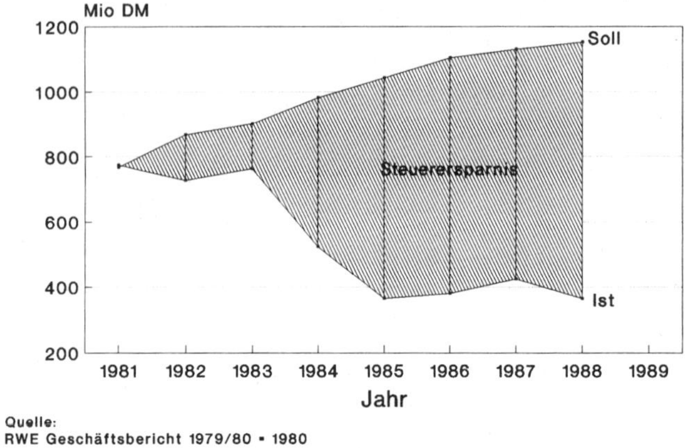

ab 1984/85 weniger als die Hälfte dieses Betrages an den Fiskus ab. Bezogen auf den Umsatz wurde im Geschäftsjahr 1987/88 mit 2,2% die niedrigste Steuerquote der Firmengeschichte erreicht.

In Form eines Szenarios läßt sich abschätzen, wieviel Steuern die RWE AG bei einer konstanten Steuerquote von 6,8% (Mittelwert der Geschäftsjahre 1979/80 und 1980/81) hätte zahlen müssen (s. Abbildung 27).

Die Annahme einer konstanten Steuerquote läßt sich unter anderem dadurch rechtfertigen, daß der Jahresüberschuß der RWE AG im betrachteten Zeitraum in etwa konstant geblieben ist. Die sich seit dem Geschäftsjahr 1981/82 öffnende Schere zwischen Steuer-Ist und Steuer-Soll legt den Verdacht nahe, daß bei den Steuern etwas Ungewöhnliches passiert ist. Hätte die RWE AG eine der Wachstumsrate bei den Umsatzerlösen entsprechende Steuerzahlung geleistet, hätte 1988 etwa das Dreifache der ausgewiesenen Steuern an den Fiskus abgeführt werden müssen. Für den Zeitraum zwischen den Geschäftsjahren 1981/82 und 1988/89 ergibt die aufsummierte Differenz zwischen Steuer-Ist und Steuer-Soll einen Betrag von über 3,5 Mrd. DM.

Wie war es möglich, daß RWE bei stetig steigendem Umsatz und stabilem Gewinn immer weniger Steuern zahlte? Die Strategie des RWE zur Steuerminderung besteht aus folgenden Bausteinen:

- Pachtraten für die »Leasing«-Atomkraftwerke Mülheim-Kärlich (s. Kasten) und Gundremmingen B und C. Seit dem Geschäftsjahr 1980/81 hat RWE Leasingraten für die Atomkraftwerke gezahlt, obwohl der erste Strom erst Jahre später geliefert wurde. Die Pachtraten für Mülheim-Kärlich enthalten zudem wesentlich höhere Abschreibungen, als sie in Deutschland möglich wären.
- Verlustzuweisungen von RWE-Töchtern und Beteiligungsgesellschaften. Hier verursachte lange die DWK, die den Atommüll wiederaufarbeiten und lagern wollte, den Hauptposten.
- Kosten, die dem Unternehmen eigentlich nicht entstanden sind. Darunter sind vor allem Abschreibungen auf staatlich gewährte Investitionszulagen zu verstehen, aber auch »erhöhte Abschreibungen für Umweltschutzmaßnahmen«.

Daneben nutzte RWE noch den Spielraum bei der Bewertung von Wertberichtigungen und Abschreibungen, so daß die Gewinne nicht zu hoch besteuert wurden.

Leasing von Kraftwerken

RWE hat als Erster in der Bundesrepublik die Finanzierung von Atomkraftwerken über Leasing praktiziert. Der Vorteil besteht darin, daß die Bilanz nicht mit langfristigen Verbindlichkeiten belastet wird und daß die Beschaffung der Finanzierungsmittel auf die Leasing-Gesellschaft abgewälzt werden kann. Rund 10 Mrd. DM sind für den Bau der Atomkraftwerke Gundremmingen B + C sowie Mülheim-Kärlich von den Leasingfirmen investiert worden.

Beim Bau der beiden Atomkraftwerke Biblis A und B hatte RWE Anfang der 70er Jahre die Erfahrung gemacht, daß der Bau weiterer Atomkraftwerke andere als bisher übliche Finanzierungsmodelle erforderlich machen würde. Atomkraftwerke haben nicht nur wesentlich höhere Anlagenkosten als konventionelle Kraftwerke, auch die Bauzeiten sind erheblich länger. Das hat zur Folge, daß der

Rückfluß der Anlagenkosten über Abschreibungen, die erst nach der Inbetriebnahme der Kraftwerke getätigt werden können, zu einem vergleichsweise späten Zeitpunkt erfolgt.
Damit während der Bauzeiten von Atomkraftwerken nicht zu hohe Kapitalmengen gebunden werden, erdachte sich RWE zusammen mit verschiedenen Banken ein neues Finanzierungsmodell: die »objektbezogene Finanzierung«. Die Besonderheit dieses Modells besteht darin, daß eine Objektträgergesellschaft gegründet wird und daß das Leasing – der Leihkauf – als Verpachtungsform herangezogen wird. Die Objektträgergesellschaft fungiert einerseits als Eigentümer des Kraftwerks und damit als Kreditnehmer und andererseits als Leasing-Geber. Wenn die Grundmietzeit des Leasing-Vertrages mindestens 40% und höchstens 90% der Nutzungsdauer umfaßt, taucht das Objekt – in diesem Fall das Atomkraftwerk – nicht in der Bilanz des Leasing-Nehmers (also von RWE oder der Beteiligungsgesellschaft) auf.
Selbst bei einer Kauf- bzw. einer Mietverlängerungsoption ändert dies nichts an den Bilanzierungsvorschriften. Deswegen erschienen die Investitionen für die Atomkraftwerke Mülheim-Kärlich und Gundremmingen B und C nicht in den RWE-Bilanzen.
Die Leasing-Verträge sind in der Regel so gestaltet, daß das Risiko fast vollständig auf den Leasing-Nehmer abgewälzt wird. So bestehen z.B. keine Gewährleistungsansprüche gegenüber dem Leasing-Geber. Die Miete wird aufgrund der tatsächlichen Kosten berechnet. Sie enthält neben einem Abschreibungs-Zinsanteil ein Entgelt für Dienstleistungen sowie den Gewinnanteil des Leasing-Gebers. Und sie muß immer gezahlt werden, auch wenn das Kraftwerk nicht läuft.
Das erste Kraftwerk, das RWE von einer Leasing-Gesellschaft mietete, war das Erdgas-Kraftwerk Meppen. Es wurde zwar von RWE in eigener Regie errichtet, aber 1974 an die Kraftwerks-Verwaltungsgesellschaft Meppen mbH, Hamburg, verkauft. Die Gesellschaft war eine Tochter der KG Allgemeine Leasing GmbH & Co, deren Gesellschafter die Dresdner Bank, die Bayerische Landesbank, Bayerische Hypotheken- und Wechselbank, Hamburger Sparkasse und WestLB sind. Aus den RWE-Geschäftsberichten ist ersichtlich, daß von 1975 bis 1989 Pachtzahlungen in Höhe von über 300 Mio. DM erfolgten. Der nachträgliche Einbau einer Entschwefelungsanlage ging zu Lasten des RWE.

Wie RWE mit dem Leasing-Projekt Mülheim-Kärlich Steuern gespart hat

RWE hat das AKW Mülheim-Kärlich im Wege der »Objektfinanzierung« außerhalb seiner eigenen Bilanz finanziert. 1975 wurde die Société Luxembourgeoise de Centrales Nucléaires S.A. (SCN) mit Sitz in Luxemburg gegründet, an der RWE mit 30,01%, die Deutsche Bank und die Dresdner Bank mit je 25% und die Schweizerische Kreditanstalt mit 19,99% beteiligt sind. Die geplanten Kosten für das Kraftwerk stiegen von 1,5 Mrd. DM auf das Dreifache. Nach Angaben des RWE betragen die Baukosten (einschließlich der Preisgleitung seit Vertragsabschluß im Jahre 1972, der Bauzeitzinsen und der darauf zu entrichtenden Steuern, der Zinsen seit der ersten Netzeinspeisung sowie der Grundstücks- und sonstiger Baunebenkosten) »recht genau 7 Milliarden DM«.
Zur Finanzierung des AKW mußte SCN bis 1985 rund 4 Mrd. DM Fremdkapital aufnehmen. RWE war an der Fremdfinanzierung von Mülheim-Kärlich mit mindestens 2,2 Mrd. DM beteiligt. Außerdem zahlt RWE die Brennelemente direkt. (Die Kosten für die Erstbeladung waren 400 Mio. DM; bei Normalbetrieb wären jährlich ein Drittel der Brennelemente auszutauschen.)
Der Pachtvertrag zwischen SCN und RWE vom 21.12.1976 nennt als Pachtbeginn den 1.1.1981. Der Pachtzins mußte ohne Rücksicht auf den Betrieb des AKW gezahlt werden. Laut Vertrag hätte das Pachtverhältnis erstmals 13 Jahre nach Pachtbeginn gekündigt werden können. RWE hat sich jedoch gegenüber der SCN verpflichtet, vom Kündigungsrecht frühestens zum 31. Dezember 1997 Gebrauch zu machen. Bis 1986 stiegen die Pachtraten an, seit 1987 haben sie einen degressiven Verlauf. Im Geschäftsjahr 1997/98 sollen sie enden. Der Pachtzins deckt folgende Aufwendungen der SCN:

- Zinsen für das aufgenommene Fremdkapital
- Erbbauzinsen
- Abschreibungen
- Verwaltungskosten
- anfallende Objektsteuern
- Dividende auf das Grundkapital der SCN und
- erforderliche Zuweisungen zur gesetzlichen Rücklage.

Seit 1981 hat RWE an die SCN insgesamt über 7 Mrd. DM Pacht gezahlt. Die Angaben über die Höhe der Pachtzahlungen differieren bei RWE und SCN, da

die Geschäftsjahre nicht übereinstimmen und weil SCN in der Gewinn- und Verlustrechnung lediglich Nettoumsatzerlöse ausweist.
Die Pachtraten in Höhe von bisher rund 7 Mrd. DM stehen zwar in der Gewinn- und Verlustrechnung des RWE zu Buche, das Unternehmen kann diese Kosten aber nicht zeitgleich über die Stromtarife zurückholen. Das liegt daran, daß die in Luxemburg als »Normal-Abschreibung« ausgewiesenen, aber überhöhten Abschreibungen in Deutschland nicht in vollem Umfang bei Strompreiserhöhungen geltend gemacht werden dürfen. Seit 1986 hat die SCN rund 4,6 Mrd. DM abgeschrieben.
Laut Aussage des zuständigen Referenten beim Wirtschaftsministerium von NRW werden RWE bei Strompreiserhöhungen für Mülheim-Kärlich nur Abschreibungen in Höhe von 350 Mio. DM jährlich anerkannt – 7 Mrd. DM Investitionssumme geteilt durch 20 Jahre veranschlagte Nutzungszeit. Seit 1986 durfte RWE also bisher nur 3,5 Mrd. DM auf die Stromtarife umlegen, so daß sich eine Schere auftut. Da die Pachtraten aber real bezahlt wurden, tauchen sie in der Gewinn- und Verlustrechnung als Kosten auf. Dadurch konnte der Gewinn entsprechend verringert werden, so daß RWE vor allem in den 80er Jahren weniger Steuern zahlen mußte. Das Leasing-Projekt Mülheim-Kärlich hat also nicht nur die Bilanz des RWE entlastet, sondern auch den Staat um Steuereinnahmen in Milliardenhöhe gebracht.

Tabelle 6: Pachtzahlungen für das AKW Mülheim-Kärlich seit 1.1.81 in Mio. DM

Jahr	lt. RWE*	lt. SCN**
1981	85,0	125,0
1982	216,0	145,5
1983	203,1	171,8
1984	222,9	220,3
1985	308,9	307,1
1986	835,9	1.348,0
1987	1.164,4	1.079,3
1988	969,3	865,6
1989	768,6	660,7
1990	592,7	527,9
1991	476,9	433,3
1992	387,3	346,1
1993	319,1	296,1
1994	258,0	220,9
1995	213,0	196,9
Summe	7.021,1	6.944,7

** Geschäftsjahr 1.7.-30.6. ** nach Abzug der allgemeinen Aufwendungen*

Das Atomkraftwerk Mülheim-Kärlich sollte ursprünglich in der zweiten Jahreshälfte 1979 in Betrieb gehen. RWE bestellte den Druckwasserreaktor bei dem Konsortium BBC/BBR/Hochtief. Anfang 1975 war Baubeginn. Kurz darauf trat in die von RWE abgeschlossenen Verträge die Société Luxembourgeoise de Centrales Nucléaires AS, Luxemburg (SCN) als Bestellerin von Mülheim-Kärlich ein. Inhaber der SCN sind RWE (30,01%), Dresdner Bank und Deutsche Bank (je 25%) und Schweizerische Kreditanstalt (19,99%). Seit dem Geschäftsjahr 1980/81 zahlte RWE über 7 Mrd. DM Pacht für das Atomkraftwerk, das bisher nur 1,8 TWh Strom produzierte. Die Pachtraten müssen bis 1998 gezahlt werden (s. Kasten).

Während Mülheim-Kärlich noch von RWE allein begonnen wurde, übertrug man die Verträge für die beiden Siedewasserreaktoren in Gundremmingen gleich nach ihrer Unterzeichnung auf die Kernkraftwerk Gundremmingen Verwaltungsgesellschaft mbH (KGV). Die KGV wurde mit einem Stammkapital von 1,0 Mio. DM als eine indirekte Tochtergesellschaft der Deutschen-Anlagen-Leasing GmbH (DAL), Mainz, gegründet, an der die WestLB (30%), die Landesbank Rheinland-Pfalz (26,66%), die Bayerische Landesbank und die Hessische Landesbank (je 16,67%) und ursprünglich die Dresdner Bank (10%) beteiligt waren. Die KGV verpachtet die beiden Reaktorblöcke Gundremmingen B und C an die Kernkraftwerk Gundremmingen Betriebsgesellschaft mbH (KGB). An der KGB sind RWE mit 75% und das Bayernwerk mit 25% beteiligt. Auch hier enden die Pachtzahlungen erst 1998.

Für RWE hatten diese Leasing-Konstruktionen vor allem den Vorteil, daß die Eigenkapitaldecke des Unternehmens intakt blieb und die Bilanz nicht mit langfristigen Verbindlichkeiten belastet wurde. Zum Vergleich: Die französische Electricité de France verschuldete sich bei der Realisierung ihres Atomprogramms mit über 80 Mrd. US-Dollar.

Die Forschungspolitik des RWE

Die Forschung und Entwicklung (F&E) des RWE betrifft einerseits die Verbesserung vorhandener Technologien – insbesondere die rationelle Energieverwendung – und andererseits den Bereich der »zukunftsorientierten Kraftwerkstechnologien«.[8] Darunter verstand RWE vor allem Forschungsprojekte im Bereich des nuklearen Brennstoffkreislaufs. Daneben wird über Sonnenenergie, Elektrofahrzeuge und Bohrplattformen geforscht. Entsprechend der Finanzierung dieser Forschung ist zwischen selbstfinanzierten Projekten – d.h. Forschungen, deren Kosten vom RWE selbst getragen und aufgebracht werden – und staatlich subventionierten Projekten zu unterscheiden.[9]

Allerdings war die RWE AG selbst in der Liste der Zuwendungsempfänger des BMFT (heute BMBF) viele Jahre nicht aufzufinden; dafür traten dort diverse Konzernunternehmen und deren Tochtergesellschaften als Zuwendungsempfänger auf. Den Hauptteil der staatlichen Förderungsmittel kassierten die folgenden RWE-Beteiligungsgesellschaften:

- Schnell-Brüter-Kernkraftwerksgesellschaft mbH (SBK),
- Deutsche Gesellschaft für Wiederaufarbeitung von Kernbrennstoffen mbH (DWK) sowie deren Beteiligungen,
- NUKEM GmbH,
- Hochtief AG,
- GES Gesellschaft für elektrischen Straßenverkehr mbH,
- Energietechnik GmbH.

Die meisten Projekte waren im Bereich »Energieforschung und Energietechnologien« angesiedelt. Daneben haben die RWE-Konzerngesellschaften F&E-Mittel für die Bereiche »Meeresforschung und Meerestechnik«, »Transport- und Verkehrstechnologien«, »Informationstechnologien«, »Bauforschung und Bautechnik«, »Forschung und Technologie zur Rohstoffsicherung«, »Biotechnologie«, »Fertigungstechnik«, »physikalische Technologien« sowie für ein Projekt im Bereich »Humanisierung der Arbeitswelt« erhalten.

In den Geschäftsberichten des RWE wird zwar regelmäßig über diese Forschungsprojekte berichtet, eine Information über die Kosten der Forschung bzw. über die Höhe der F&E-Subventionen fehlt jedoch in der Regel. Dabei gehört der RWE-Konzern neben der Siemens AG zu den größten Zuwendungsempfängern staatlicher F&E-Förderung.

Seit 1970 sind dem RWE-Konzern mehr als 5 Mrd. DM F&E-Subventionen zugeflossen oder bewilligt worden. Mehr als die Hälfte entfiel auf die SBK, die in Kalkar den Schnellen Brüter SNR 300 errichtete. Rheinbraun erhielt insbesondere für die Kohleveredlungstechnologie seit 1974 insgesamt knapp 300 Mio. DM. Ein Teil dieser Projekte ist mit der Entwicklung von nuklearer Prozeß- bzw. Fernwärme gekoppelt. Seit Mitte der 70er Jahre hat die Uranerzbergbau GmbH zur Sicherung der Uranversorgung der Bundesrepublik rund 100 Mio. DM erhalten. Die Forschungsprojekte der NUKEM GmbH lagen in den 80er Jahren insbesondere im Bereich der Brennelementeforschung und Hochtemperaturreaktortechnologie. Im Förderungskatalog 1994 des Forschungsministers ist die NUKEM mit 10 Mio. DM vertreten. Der größte Posten sind 9,2 Mio. für die Entwicklung von Inversionsschicht-Solarzellen. Aber auch für den Rückbau kerntechnischer Anlagen oder die Erarbeitung von einem Entsorgungskonzept für Sonderabfälle im ehemaligen DDR-Zentralinstitut für Kernforschung Rossendorf steht NUKEM auf der Zuwenderliste.

Schließlich wurde die 1977 gegründete DWK mit Forschungszuwendungen von rund 200 Mio. DM für die Entwicklung des »integrierten Entsorgungskonzepts« mit Prozessen zur Wiederaufarbeitung von Kernbrennstoffen und mit der Endlagerung von radioaktiven Abfällen bedacht. Mit einer halben Mio. DM wird die Gesellschaft für Nuklear-Behälter mbH für das verkehrs- und atomrechtliche Zulassungsverfahren im Rahmen des Transports des Lagerbehälters CASTOR MTR 2 gefördert, der für die Zwischenlagerung von abgebrannten Brennelementen aus Forschungsreaktoren entwickelt wurde.

Außerdem ist im Organisationsbereich der Rheinbraun-Gruppe und von RWE-DEA eine erhebliche F&E-Aktivität festzustellen. Diese reicht von Uranerzgewinnung und -aufbereitung über Kohlechemie, Solarenergie bis hin zu Erdölprospektion und -exploration. Der Förderungsschwerpunkt bei Rheinbraun liegt dabei auf dem Gebiet der Forschung und Entwicklung von nuklearer Fernenergie, insbesondere im Bereich hydrierende Kohlevergasung bei Verwendung nuklearer Prozeßwärme. Im Organisationsbereich der Lahmeyer AG wird über Windenergie und thermische Nutzung der Sonnenenergie sowie über Abwasserbeseitigung aus stillgelegten Kernkraftwerken geforscht. Im Rheinelektra- bzw. im Rhenag-Bereich waren keine staatlich subventionierten F&E-Projekte feststellbar.

Im Rahmen des »Umwelt- und Klimaschutzprogramms für die rheinische Braunkohle« will RWE die Technik optimieren und neue Verfahren entwickeln. Gegenüber einem alten Braunkohlenblock mit 30% Wirkungsgrad erreicht das Braunkohlenkraftwerk mit optimierter Anlagentechnik (BoA) rund 43%. Im Vergleich zu der auf den Dampfprozeß beruhenden BoA-Technik verspricht das Kombikraftwerk mit integrierter Braunkohlevergasung (KoBra) einen thermisch wesentlich effizienteren kombinierten Gas- und Dampfturbinenprozeß. Aller-

dings wird dabei eine vorgeschaltete Kohlevergasungsanlage benötigt. Die KoBra-Technik muß vor dem kommerziellen Einsatz erst in einer großtechnischen Anlage demonstriert werden. Für die Entwicklung der KoBra-Technik einschließlich der Trocknungs- und Vergasungsanlagen hat der RWE-Konzern über 1,1 Mrd. DM aufgewendet.[10] Davon entfielen auf die Entwicklung der Vergasertechnik und den Betrieb einer Demonstrationsanlage rund 940 Mio. DM, auf die Trockungsanlage 65 Mio. DM und auf die Planung der KoBra-Demonstrationsanlage bereits 130 Mio. DM. Das Bundesforschungsministerium hat zur Finanzierung dieser Projekte bisher eher minimal beigetragen. Knapp 500.000 DM erhielt RWE für eine Untersuchung über den Einsatz von Brennstoffzellen in einem Kraftwerk auf der Basis von Braunkohlegas. Weitere 1,4 Mio. DM zahlte das BMBF an RWE für die Weiterentwicklung von Brennstoffzellen und Kohlegastests. Und RWE Energie kassierte eine Dreiviertel Million für ein Verbundprojekt zur Braunkohlegas-Verstromung in Brennstoffzellen.[11]
Für Planung, Bau und Betrieb des 1-MW-Photovoltaikkraftwerks in Toledo/ Spanien erhielt RWE eine Zuwendung des BMBF von knapp 2 Mio. DM.
Selbst die Errichtung und der Betrieb einer 1,2-MW-WindkraftAnlage nach dem H-Rotor-Prinzip, also einer vergleichsweise sehr großen Windkraftanlage, erhielt RWE Energie fast 200.000 DM aus dem Steuersäckel.
Beteiligungsgesellschaften wie die Energieversorgung Oberhausen oder die ostdeutsche ESSAG sowie die Stadtwerke Düsseldorf bedienen sich aus ganz unterschiedlichen Töpfen der Forschungsförderung. Von der Betriebsoptimierung des (RWE-)Fremdstrombezuges durch Kraft-Wärme-Kopplung, über Demonstrationsvorhaben von netzgekoppelten Photovoltaikanlagen bis zur Entwicklung von Verfahren zur Zerstörung von Chlorverbindungen und Aromaten bei der Grundwassersanierung reicht das Forschungsfeld der RWE-Töchter.
Die Neuerwerbung LAUBAG ließ sich mit 196.139 DM die Nutzung von Fernerkundungsdaten für die Überwachung von Feuchtgebieten im Zusammenhang mit der Grundwasserabsenkung im Lausitzer Braunkohlerevier bezahlen. Die Beteiligungsgesellschaft VEAG kassierte rund 900.000 DM für verfahrenstechnische Versuche im Rahmen der Entwicklung einer zirkulierenden Druckwirbelschichtfeuerung auf Braunkohlenbasis.
Schließlich besteht auch bei der Abfallentsorgung Forschungsbedarf. Die Trienekens Entsorgung GmbH wurde zwischen 1986 und 1995 mit 1,3 Mio. DM für

die Optimierung von mechanischen Sortieranlagen einschließlich Kompostierung und Deponie von Reststoffen aus dem Hausmüll bezuschußt.

Die RWE-Aktie – Rentenpapier oder Volksaktie?

Unter den deutschen Stromunternehmen hat der RWE-Vorstand die höchste »Hausnummer« als Gewinn definiert. Mit 14 DM Dividende pro 50 DM-Aktie sind die »RWE-Stämme« mehr als ein solides »Rentenpapier«.

Der Marktwert des RWE-Konzerns wurde für Mitte 1995 mit 23,8 Mrd. DM angegeben. An den deutschen Wertpapierbörsen wurden 1995 börsentäglich rund 450.000 RWE-Aktien umgesetzt. Ein Aktionär, der vor zehn Jahren für 10.000 DM RWE-Stämme erwarb und die Bezugsrechte und Dividende wiederum in Stämmen angelegt hat, besaß Mitte 1995 RWE-Stammaktien mit einem Kurswert von 39.526 DM. Das ergibt eine durchschnittliche Rendite von 14,7%. Mit einem Ergebnis pro Aktie in Höhe von 26,80 DM ist das Geld bei RWE also gut angelegt.

Seit Jahren schielt der RWE-Vorstand auf den größten Kapitalmarkt der Welt, denn auch an der New Yorker Wallstreet soll der Name RWE erklingen. Im März 1995 wurde für die RWE-Aktien in den USA ein Programm aufgelegt, das den netten Namen »Sponsored Level 1 American Depositary Receipt« (ADR) hat. Ein ADR ist ein in US-Dollar notierter Hinterlegungsschein über Aktien eines ausländischen Unternehmens, den eine US-Depotbank »sponsored«. Der Wert orientiert sich an dem in Dollar umgerechneten Kurswert der Aktie. Die RWE-ADR beziehen sich auf ein Zehntel einer 50-DM-Aktie und werden im Freiverkehr gehandelt, daher »Level 1«. Bis zum Jahresende 1995 lagen bereits 5% des RWE-Aktienkapitals in den USA.

Und weil die RWE-Aktie im internationalen Vergleich so teuer war, beschloß die Hauptversammlung im Dezember 1995, den Nennwert der Stammaktien und der Vorzugsaktien ohne Stimmrecht auf 5 DM zu reduzieren. An die Stelle von jeweils einer Aktie im Nennwert von DM 50 traten 1996 zehn Aktien im Nennwert von je 5 DM. Diese Möglichkeit eröffnete das geänderte Aktiengesetz. In diesem Zusammenhang wurden auch die Stimmrechte angepaßt.

Damit ist die RWE-Aktie nun eine echte Volksaktie geworden, denn der aktuelle Kurswert von knapp 50 Mark ermöglicht es nicht nur Begüterten, an der Börse eine schnelle Mark zu machen.

DIE ORGANISATION DER MACHT

VON DER »GEFAHR FÜR DIE DEMOKRATIE«

Das RWE blickt im April 1998 auf eine hundertjährige Unternehmensgeschichte zurück. In diese Zeit fallen die beiden Weltkriege, eine Revolution, eine Inflation und zwei Währungsreformen. Aus nahezu jeder sich verändernden Situation ist der Konzern dabei als Sieger hervorgegangen. Nicht anders war dies nach dem Zusammenbruch des DDR-Staates 1989 und der anschließenden Vereinigung zwischen Ost- und Westdeutschland sowie den umfassenden politischen Veränderungen in Osteuropa. Hinter dieser Erfolgsgeschichte steckt System, und die Verfeinerung und Anpassungsfähigkeit der Konzerntaktik führte zum stetigen Ausbau der RWE-Macht.

Das RWE ist eine AG, eine Aktiengesellschaft. Die Aktienbesitzer sind die Herren des Konzerns. In der Aktionärsversammlung übertragen sie dem Vorstand die Geschäftsführung. Über den Aufsichtsrat werden die Aktivitäten der Unternehmensführung überwacht. Doch da das Aktienrecht die Zahl der Aufsichtsratsmitglieder auf derzeit höchstens 21 begrenzt, gibt es eine Reihe von Gremien, die beratend, kontrollierend und sanktionierend eingesetzt werden und in denen all die anderen Interessensvertreter des RWE Platz finden. So unterhält das RWE, neben den vorgeschriebenen, weitere Beiräte, die vor allem eines bewirken sollen: die Durchsetzung der Konzernstrategie im politischen Kontext.

Das RWE und seine Räte

Die Aktien des RWE gibt es in verschiedener Form: Stammaktien, Vorzugsaktien ohne Stimmrecht in der Aktionärsversammlung und Namensaktien mit 20fachem Stimmrecht, die sich ausschließlich in kommunalem Besitz befinden. Die kommunalen Aktionäre verfügen über einen Anteil am Aktienkapital von derzeit etwa 30%, durch die darin enthaltenen Namensaktien erreichen sie jedoch insgesamt eine Stimmenmehrheit.

Seit 1929 sind die kommunalen Aktionäre organisiert. Was damals die »kommunale Aufnahmegruppe für Aktien GmbH« war, ist seit 1947 der »Verband der kommunalen Aktionäre des RWE GmbH«, kurz VkA.
Mitglieder im VkA sind (Stand 1995): 21 Städte und Gemeinden, 33 Kreise, 5 Kommunale Verbände und 15 weitere Gesellschafter (wie z.B. die West LB, städtische Sparkassen und Versicherungen).
Aus dem Sitzungsprotokoll des VkA vom 22. Februar 1995 in Essen geht hervor, welche Bedeutung der RWE-Konzern dem Verband zukommen läßt. Als Gäste dabei waren Friedel Neuber, Vorstandsvorsitzender der West LB und Aufsichtsratsmitglied der RWE AG, die RWE AG-Vorstandsmitglieder Kuhnt, Büdenbender und Schmitt, sowie aus dem Vorstand der RWE Energie AG die Herren Klein und Schwan sowie weitere Gäste aus dem RWE-Wirtschaftsbeirat und der RWE AG.

Der Pate – Hugo Stinnes

Die Geschichte des RWE ist nicht denkbar ohne einen Mann, der am 12. Februar 1870 in Mülheim (Ruhr) das Licht der Welt erblickte: Hugo Stinnes. Bis zu seinem Tod im Alter von 54 Jahren errichtete er ein Firmenimperium von gigantischer Größe. So schreibt »Der Große Brockhaus« anerkennend: »S. erkannte früh die Bedeutung der vertikalen Konzentration sowie der Diversifikation«. Was damit gemeint ist, wird deutlich, wenn man sich das Erbe anschaut, das Hugo Stinnes seinerzeit hinterlassen hat: 1.535 juristisch selbständige Unternehmen mit 2.888 Betrieben. Darunter waren 69 Unternehmen der Bauindustrie, 66 Papier-, Chemie- und Zuckerbetriebe, 57 Banken und Versicherungen, 59 Erzbergwerke, 56 Hütten- und Walzwerke, 81 Steinkohlen- und 49 Braunkohlenwerke, daneben Ölfelder, Handels- und Verkehrsgesellschaften, Reedereien, Bahnen und zahlreiche andere Betriebe, nicht nur in Deutschland, sondern auch in nahezu allen Ländern Europas, in Nordamerika, in Süd- und Mittelamerika, ja selbst in Japan und China, in der Südsee und in Afrika.
Für das RWE begann seine bedeutende Rolle bereits mit der Unternehmensgründung. Das erste RWE-Kraftwerk entstand auf dem Gelände der Stinnes-Zeche »Gewerkschaft Victoria Mathias«. Stinnes lieferte Dampf, den er mit seiner Kohle erzeugte, und sicherte sich damit einen langfristig gesicherten Kohleabsatz ohne lange Transportwege. RWE konnte mit diesem Verfahren den

Einkauf teurerer Kohle beim Rheinisch-Westfälischen Kohlensyndikat umgehen und so kostengünstiger Strom produzieren. Dieser Handel brachte Stinnes einen Aufsichtsratsposten beim RWE ein. 1902 geriet die RWE-Mutter Lahmeyer in finanzielle Schieflage, woraufhin Stinnes zusammen mit seinem Freund August Thyssen helfend einschritt. Zwar brachte ihr finanzieller Einsatz ihnen keine Aktienmehrheit, aber durch ihren Status als Großaktionäre hatten sie faktisch das Sagen. Die Konsequenz: Stinnes übernahm den Vorsitz im Aufsichtsrat, Thyssen wurde sein Stellvertreter.
Mit der ab 1905 eingeleiteten Beteiligung der öffentlichen Hand am Aktienkapital bereitete Stinnes den Weg für das gemischtwirtschaftliche Unternehmen, das RWE heute noch darstellt. Das Hauptinteresse war dabei, daß die Kommunen durch ihre Beteiligungen den rapide vor sich gehenden Ausbau des Strommarktes größtenteils vorfinanzieren sollten. Mit diesem Schritt konnte zu weitaus günstigeren Konditionen, als sie je die Banken gegeben hätten, Investitionen vorgenommen werden.
Diese und zahlreiche andere unternehmerische Geniestreiche verschafften Stinnes ein Vermögen, das bereits 1914 auf über 30 Millionen Goldmark geschätzt wurde.
Dieses satte Polster verschaffte ihm im dann beginnenden Ersten Weltkrieg enorme Vorteile. Er entwickelte fieberhafte Aktivitäten, am Krieg zu verdienen, sein Imperium wuchs und wuchs. Das Ende des Krieges hinterließ Stinnes mächtiger und reicher als je zuvor.
In den Folgejahren fand sich Stinnes bei der Konferenz der Siegermächte in Spa (1920) als »deutscher Staatsmann« an der Seite des damaligen Reichskanzlers Fehrenbach, um über Reparationszahlungen zu beraten. Dort erwies er sich ebenso als Hardliner wie bei der Bekämpfung der durch die Novemberunruhen von 1918 erreichten sozialen Errungenschaften, wie z.B. den 8-Stunden-Tag.
Und auch die Zeiten der Inflation sollten sein Vermögen mehren. Er nahm ungeheure Kredite auf, erwarb Kapitalbeteiligungen und zahlte die Schulden dann mit wertlosem Geld zurück. Durch spekulative Devisenkäufe verhinderte er zudem eine Stabilisierung der Mark.
Bereits 1923 finanzierte Hugo Stinnes, gemeinsam mit seinem Freund Fritz Thyssen, die NSDAP. Sein Tod am 10. April 1924 verhinderte weitere Aktivitäten – das Stinnes-Imperium zerbrach.

Die Neuordnung 1989

Im Rahmen der Neustrukturierung des Konzerns im Jahre 1989 wurden auch neue Posten für kommunale Aufsichtsratsmitglieder geschaffen. Für die Aufsichtsräte von RWE AG, RWE Energie, RWE Entsorgung und Rheinbraun waren insgesamt zwölf Sitze für die Kommunen zu vergeben. Der VkA-Verwaltungsrat schlug vor, diese zwölf Sitze »jetzt und in Zukunft paritätisch« so zu besetzen, daß je sechs Aufsichtsratsmitglieder aus den Reihen der Städte und Kreise sowie von CDU und SPD kommen. Unter Berücksichtigung von drei vorhandenen Sitzen bei der RWE AG, die von Heinz Hager (Oberstadtdirektor, Mülheim), Josef Kürten (Bürgermeister, Düsseldorf) und Prof. Dr. Friedrich-Wilhelm Janssen (Oberkreisdirektor, Aachen) wahrgenommen wurden, wurde laut VkA-Gesellschafterversammlung vom 12. Dezember 1989 wie folgt aufgestockt:
In den Aufsichtsrat der RWE AG kamen Rudolf Schwan (Landrat, Koblenz) und Rudolf Drewel (Fraktionsvorsitzender, Essen), in den der RWE Energie AG wurden Dr. Richard Klein (Oberstadtdirektor, Duisburg), Dr. Jürgen Wilhelm (Vorsitzender der Landschaftsversammlung Rheinland), Wolfgang Kreft (Oberkreisdirektor, Osnabrück) und Dr. Richard Groß (Landrat, Trier-Saarburg) gesandt. Aufsichtsratsposten bei der RWE Entsorgung AG erhielten Klaus Lennartz (MdB, Ex-Landrat, Erftkreis) und Heinz-Josef Vogt (Oberstadtdirektor, Krefeld), während Dr. Horst Giese, Oberkreisdirektor, Wesel diese Aufgabe bei der Rheinbraun AG erfüllte.
Auf dieser VkA-Gesellschafterversammlung wurde Dr. Georg Klinkhammer im Hinblick auf seine Verdienste um den VkA mit Wirkung vom 1. Januar 1990 für die Dauer von zehn Jahren zum Ehrenvorsitzenden des VkA ernannt. Landrat Klinkhammer hatte sich nicht nur um den VkA bemüht, sondern insbesondere um das in seinen Zuständigkeitsbereich fallende Atomkraftwerk Mülheim-Kärlich ...

Macht und Pfründe

»Vorbei ist die Zeit, da sich der VkA vom RWE-Vorstand und den Großbanken gängeln ließ«, berichtete die Wirtschaftswoche Ende 1992.[1] Gemeinsam mit dem Chef der WestLB, Friedel Neuber, entwickelte sich der VkA Anfang der 90er Jahre zu einem schlagkräftigen Bündnis.

In monatelangen Verhandlungen zwischen dem Verband Kommunaler Aktionäre des RWE GmbH (VkA) und den RWE-Hausbanken Deutsche Bank und Dresdner Bank versuchten diese, den Kommunen ihr Mehrfachstimmrecht beim RWE abzuhandeln.
Der damalige RWE-Konzernchef Gieske wollte zunächst mit Großbanken und Privataktionären einen Pakt gegen die Kommunen schmieden. Aber auch er bekam schnell kalte Füße.
Auf der Hauptversammlung des RWE kontrollieren die Kommunen 60% der Stimmen, obwohl sie nur knapp 30% aller Aktien und 40% der stimmberechtigten Aktien besitzen. Gegen das kommunale Mehrfachstimmrecht lief die Deutsche Schutzvereinigung für Wertpapierbesitz (DSW) Sturm, denn nach Aktiengesetz sind Mehrfachstimmrechte grundsätzlich unzulässig. Ausnahmen kann ein Landeswirtschaftsminister nur genehmigen, »soweit es zur Wahrung gesamtwirtschaftlicher Belange erforderlich ist«. Das mag zwar für ein Stromversorgungsunternehmen alten Stils noch gegolten haben, aber aus dem Rheinisch-Westfälischen Elektrizitätswerk ist längst ein multinationaler Konzern entstanden, der in vielen Branchen aktiv ist. Das kommunale Privileg wurde vom NRW-Wirtschaftsminister mit der Argumentation verteidigt, daß Einzelaktionäre überhaupt nicht das Recht hätten, einen derartigen Antrag zu stellen. Wenn das kommunale Mehrfachstimmrecht dem Unternehmen schade, müßte RWE schon selbst den Antrag auf Abschaffung stellen.
Der damalige Duisburger Oberstadtdirektor und Vorsitzende des VkA-Verwaltungsrates Dr. Richard Klein (SPD) zog schließlich die Trumpfkarte: »Theoretisch könnten wir den Aufsichtsrat auf der Aktionärsseite auch nur mit kommunalen Vertretern besetzen.« Der Trumpf stach. Dr. F. Wilhelm Christians, damals Aufsichtsratschef von RWE und der Deutschen Bank, und Dr. Wolfgang Röller, Vorstandssprecher der Dresdner Bank, gaben klein bei. Im RWE-Aufsichtsrat stimmten Christians und Röller dem Verwaltungsvorschlag zu, keine Empfehlung für die Abstimmung über den DSW-Antrag zu geben.
Der Angriff der Frankfurter Banker auf die Kommunen entpuppte sich zudem als Eigentor, denn sie mußten obendrein den Vorschlag der Kommunen akzeptieren, auch deren neuen Verbündeten, WestLB-Chef Friedel Neuber in den RWE-Aufsichtsrat zu wählen.
Das Bündnis mit der WestLB stärkte vor allem die von den Oberstadtdirektoren der Großstädte geführte SPD-Fraktion im VkA. Um den größten Konzern in

NRW besser an die Kandare nehmen zu können, sollten nun erst einmal mehr Posten her. Darin waren sich SPD und CDU einig. Statt der ihnen traditionell zustehenden zwei Vorständler bei der RWE-Holding reklamierten die kommunalen Aktionäre drei Vorstandssessel. Zunächst verzichtete Franz Josef Schmitt (CDU) auf sein Amt als Chef der RWE Energie AG und übernahm im RWE-Holdingvorstand den Bereich Maschinen-, Anlagen- und Gerätebau. Im Herbst 1995 wurde Franz Josef Schmitt auch zum Verantwortlichen für den Konzernbereich Telekommunikation (RWE Telliance AG) ernannt. Für die SPD sitzt Dr. sc.pol.h.c. Herbert Krämer als Chef der RWE Entsorgung im Holdingsvorstand. In den Vorstand der RWE Energie rückte zunächst der Landrat von Koblenz, Rudolf Schwan (CDU). Im Dezember 1994 folgte Dr. Richard Klein (SPD), der sich als Sprecher des VkA bei der Verteidigung des kommunalen Stimmrechtsprivilegs seine Sporen verdient hatte. Damit war die Parität gewahrt.

Personalkarussell beim RWE

Als Vorsitzender des VkA-Verwaltungsrates boxte der Duisburger Oberstadtdirektor Dr. Richard Klein mit harten Bandagen. »Man muß wieder einmal klarmachen, wer hier der Mehrheitsaktionär ist«, tönte das RWE-Aufsichtsratsmitglied (seit 3. 6. 1991). Einen mächtigen Karrieresprung machte Klein im Dezember 1994. Der SPD-Mann nahm einen Vorstandssessel bei der RWE Energie ein. Er sollte zuverlässiger Aufpasser der SPD-regierten Kommunen werden, eine Rolle, die zuvor Dr. sc.pol.h.c. Herbert Krämer zugedacht war. Doch dieser hatte sich mit der Partei überworfen und wurde zur konzerninternen Bewährung zur RWE Entsorgung entsandt. Zum 1. November 1996 wechselt Klein in den Vorstand der RWE Entsorgung AG. Seine Funktion als SPD-Aufpasser im RWE Energie-Vorstand übernimmt dann Dr. jur. Klaus Bussfeld.
Vor Krämer hatte Heinz Heiderhoff, einst Oberstadtdirektor vom benachbarten Mülheim a.d.R., die SPD im RWE-Vorstand vertreten.
Heinrich Hoffschulte (CDU), Oberkreisdirektor von Steinfurt, wurde stellvertretender Vorsitzender des VkA-Verwaltungsrates und Mitglied im RWE-Aufsichtsrat, nachdem der frühere VkA-Vorsitzende, Rudolf Schwan (CDU), in den Vorstand der RWE Energie wechselte, und Dr. Richard Klein (SPD) VkA-Chef wurde. Hoffschulte will die kommunale Mehrheit verteidigen, damit RWE »nicht zum Spielball von Spekulanten« wird.[2]

Der ehrenamtliche Bürgermeister von Düsseldorf, Josef Kürten (CDU), sitzt bereits seit dem 28. 11. 1979 im RWE-Aufsichtsrat. Kürten hatte RWE seinerzeit ein lukratives Geschäft vermittelt, als die Stadt Düsseldorf vom Stromriesen Leitungen und Netze übernehmen wollte. RWE bekam dafür einen 20%-Anteil an der Stadtwerke Düsseldorf AG. Anders als kommunale Beamte, die Aufsichtsratstantiemen in die öffentlichen Kassen abführen müssen, darf der ehrenamtliche Politiker Kürten diese behalten.
Als strategischer Kopf der SPD-Gruppe im VkA galt Dr. jur. Klaus Bussfeld. Bevor er 1990 Oberstadtdirektor von Gelsenkirchen wurde, war der Jurist 14 Jahre lang Spitzenbeamter der NRW-Landesregierung. Gemeinsam mit dem damaligen SPD-Fraktionsvorsitzenden im Düsseldorfer Landtag, Friedhelm Farthmann, koordinierte er die Gründung der RW Holding AG. Diese wurde mit Unterstützung der Landesregierung von NRW von den Städten mit der WestLB, einer Reihe von Sparkassen, der Provinzial Versicherung und der Landesbank Rheinland-Pfalz gegründet, um den Zukauf neuer RWE-Aktien zu übernehmen. Angesichts leerer kommunaler Kassen war dies die Lösung, um in Zukunft bei jeder Kapitalerhöhung des RWE mitziehen zu können. Bussfeld zog in den VkA-Verwaltungsrat ein und besetzte vom 4. Januar 1993 bis zum 16. September 1994 einen Aufsichtsratssessel bei RWE Energie. Hier bewährte er sich offenbar so, daß er (zum 1. Oktober 1996) als Vorstandsmitglied der RWE Energie AG, zuständig für das Ressort Auslandsaktivitäten, ernannt wurde. Darüber hinaus ist er zuständig für die Datenverarbeitung und den Zentralen Einkauf/Materialwirtschaft.
Der ehemalige Sprecher der Deutschen Bank und damalige Aufsichtsratsvorsitzende von RWE, Dr. F. Wilhelm Christians lenkt seit 1968, als er in den RWE-Verwaltungsbeirat eintrat, die Geschicke des RWE mit. Nicht ohne Stolz hält er das Unternehmen in der privatwirtschaftlichen Form der Aktiengesellschaft für »das größte Energieversorgungsunternehmen Europas, ja meines Wissens der ganzen westlichen Welt.« (Günter Karweina). Christians räumte am 10.12.1992 seinen Platz im RWE-Aufsichtsrat für Friedel Neuber, den Vorstandsvorsitzenden der WestLB. Derzeit ist Christians Aufsichtsratsvorsitzender der Deutschen Bank und Mitglied des RWE-Wirtschaftsbeirates.
Seit dem 1. September 1995 ist der SPD-Bundestagsabgeordnete Klaus Lennartz Geschäftsführer des Erftstädter Forschungsinstituts für Wasser- und Abfallwirtschaft (FIW), zuständig für die Bereiche Umweltmanagement und Qualitätsmanagement. Im März hatte Lennartz noch hauptamtlicher Landrat im Erftkreis

werden wollen. Aber es kam anders, Lennartz unterlag dem anderen SPD-Kandidaten Wolfgang Bell, der Unterstützung von der CDU erhielt. Für den erfolgsgewohnten SPD-Politiker wurde diese Niederlage ein Schlüsselerlebnis besonderer Art. Er suchte – und fand – ein zweites Standbein bei FIW.

Der frühere Referent von Lennartz in seiner Eigenschaft als Bundestagsabgeordneter, der Frechener Kreistagsabgeordnete Hardy Fuß, wurde Geschäftsführer der Entsorgungsfirma Trienekens, an der RWE Entsorgung mit 49% beteiligt ist.

Aber auch in den Führungsetagen des RWE drehte sich das Personalkarussell: Dr. Dietmar Kuhnt wurde am 9. Juni 1994 vom Aufsichtsrat zum Nachfolger von Friedhelm Gieske gewählt, der aus Altersgründen (66 Jahre) Ende 1994 ausschied. Kuhnt war zuvor Chef der RWE Energie AG und trat sein neues Amt am 1. Januar 1995 an. Sein Nachfolger kam nicht aus dem eigenen Haus, sondern von der HEW.

Roland Farnung, bis Mai 1994 Chef der Hamburgischen Electricitäts-Werke AG, übernahm am 1.1.95 den Vorstandsvorsitz von RWE Energie und wurde auch Vorstandsmitglied der RWE AG. Der aussichtsreichste interne Anwärter auf den Chefposten bei RWE Energie, Dr. Klaus Kasper, verließ darauf den Wattikan.

Er wurde zum 1.3.96 in den Vorstand der Badenwerk AG berufen und ist zuständig für den Bereich Erzeugung. Kasper war bei RWE Energie Leiter des Zentralbereichs Verbundwirtschaft und als Arbeitnehmervertreter im Aufsichtsrat der RWE AG.

Prof. Dr.-Ing. August Wilhelm Eitz, Vorstandsmitglied der Veag Vereinigte Energiewerke AG, Berlin, erhielt das Bundesverdienstkreuz und trat im Februar 1996 in den Ruhestand. Eitz war zuvor beim RWE Generalbevollmächtigter neben Rittstieg für den Atombereich zuständig.

»Kommunale, regionale oder funktionale Betroffenheit« – Über Ausschüsse und Pläne zum Abbau der Braunkohle

Die geballte Macht der großen Stromgiganten in Deutschland hat der frühere SPD-Chef Rudolf Scharping als eine »Gefahr für die Demokratie« bezeichnet.[3] Das RWE wehrt sich gegen derartige Vorwürfe und sieht sich »selbstverständlich dem Primat der Politik unterworfen«.[4] Wie weit diese Unterwerfung geht, zeigte sich bei den Koalitionsverhandlungen zwischen SPD und Bündnis 90/Die Grünen 1995 in Nordrhein-Westfalen, in denen die Diskussion entflammte, den

Braunkohlentagebau Garzweiler II in der beabsichtigten Form nicht zu genehmigen. RWE drohte kurzerhand mit einem Investitionsstopp in bezug u.a. auf die mit 20 Milliarden Mark veranschlagte Modernisierung der alten Braunkohlenkraftwerke. RWE-Chef Kuhnt rechnete vor, daß dies den Verlust von Tausenden von Arbeitsplätzen bedeuten würde. Den Worten folgten Taten. Am 28. Juni 1995 suchten etwa »400 wütende, ortsfremde RWE-Mitarbeiter die friedliche 1.700 Seelengemeinde Otzenrath heim«.[5] Die nicht angemeldete Demonstration überraschte die Bürger. Viele Bewohner empfanden diese Invasion als »abscheulich, provozierend und unverschämt«.[6] Wie sich herausstellte, war diese Heimsuchung von Rheinbraun bzw. RWE in Zusammenarbeit mit der IG Bergbau und Energie organisiert und finanziert worden. Der Hintergrund: Otzenrath gehört zur Gemeinde Jüchen und soll nach den Rheinbraun-Plänen als einer der ersten Orte den Braunkohle-Baggern zum Opfer fallen. Die Gemeinde Jüchen hatte angekündigt, gegen den Braunkohlenplan Garzweiler II rechtliche Schritte einzuleiten.

Die Genehmigung des Braunkohlenplans Garzweiler II durch die SPD-Landesregierung wurde am 30. März 1995 erteilt. Der Zeitpunkt verwundert, waren es doch nur noch wenige Wochen bis zur nächsten Landtagswahl. Es schien, als ob die SPD noch schnell Fakten schaffen wollte.

Mit der Genehmigung des Braunkohlenplans Garzweiler II wurde ein 4.800 Hektar großes Areal im Städtedreieck Köln, Düsseldorf, Mönchengladbach als Abbaufeld für Braunkohle ausgewiesen. Der Abbau soll im Jahre 2006 beginnen. Der Braunkohlenplan regelt die Vorbereitungen für den Tagebau mit allen Konsequenzen, die indirekt mit dem Tagebau in Zusammenhang stehen und schafft die Voraussetzungen für die weiteren Planungen in bezug auf z.B. Umsiedlungen, Straßenverlegung und die Wasserwirtschaft. Nach dem Bergrecht folgt dem Braunkohlenplan ein Rahmenbetriebsplan, der die Abfolge des Abbaus der Braunkohle festlegt.

Nach den Landtagswahlen vom 14. Mai 1995 mußte die seit Jahrzehnten allein regierende SPD in Nordrhein-Westfalen eine Koalition eingehen. Nach schwierigen Verhandlungen kam eine Einigung mit Bündnis 90/Die Grünen zustande, die vor allem in der Frage der künftigen Braunkohlennutzung von beiden Seiten immer wieder unterschiedlich interpretiert wird (s. Kasten Koalitionsvereinbarung).

Ergebnisse der Koalitionsgespräche zwischen Bündnis 90/Die Grünen in NRW und der SPD/NRW (1. Juli 1995)

(Auszüge aus den Vereinbarungen zur Energiepolitik)

Als bedeutendes Energiezentrum in der Bundesrepublik Deutschland und in der Europäischen Union trägt Nordrhein-Westfalen eine besondere Verantwortung für den Klima- und Ressourcenschutz. Die Energiepolitik ist eine Schlüsselgröße für die Zukunft des Wirtschaftsstandorts Nordrhein-Westfalen, für sichere Arbeitsplätze und für die ökologische Erneuerung unseres Landes und unserer Wirtschaft. Ziel der Landesregierung ist es,

- die rationellen Energieerzeugung und -nutzung deutlich auszubauen und alle Möglichkeiten der Energieeinsparung auszuschöpfen
- die heimische Stein- und Braunkohle umwelt- und klimaverträglich zu nutzen,
- Die Markteinführung erneuerbarer Energiequellen offensiv voranzutreiben und
- die Nutzung der Atomenergie mit ihren unbeherrschbaren Risiken zu beenden

Ein tragfähiger politische und gesellschaftlicher Konsens in der Energiepolitik kann nach Auffassung der Landesregierung nur vor diesen Hintergrund gefunden werden.

1. Atomenergie

Die Landesregierung fordert denn bundesweiten Ausstieg aus der Atomenergie. Die Wiederaufbereitung abgebrannter Brennelemente muß generell beendet werden. (...)

2. Energiesparen, rationelle Energieerzeugung und -nutzung und erneuerbare Energien

Die Förderung der Energieeffizienz und des Energiesparens und der Ausbau der erneuerbaren Energien sind die Alternativen zum gegenwärtigen Energie-Mix in der Bundesrepublik Deutschland. Die Landesregierung will auf diesen Gebieten rasche und deutliche Fortschritte erzielen.

Für die Landesregierung stellt die Politik zum Schutz der Erdatmosphäre eine besondere Herausforderung dar. Das betrifft insbesondere die notwendige Reduzierung der CO_2-Emissionen. Zum einen ist Nordrhein-Westfalen das

Energiezentrum der Bundesrepublik. Zum anderen ist hier auch ein großer Teil derjenigen Industrien beheimatet, die in ganz besonderer Weise befähigt sind, zur rationellen Energienutzung und zur Entwicklung erneuerbarer Energien beizutragen. Ausdrücklich zu nennen sind hier die Energie- und Umwelttechniken. Daher hat die Landesregierung ein elementares Interesse daran, daß diese Techniken weltweit eine schnelle Markteinführung erhalten. (...)
Auf der Seite der Stromverwendung sind besonders die Elektrizitätsversorgungsunternehmen in der Pflicht, deutliche Anreize zu stromsparendem Verhalten zu geben. Die Kraft-Wärme-Kopplung, also die gemeinsame Erzeugung von Elektrizität und Wärme, muß nach Ansicht der beiden Parteien einen bedeutenden Beitrag zur Reduzierung der CO_2-Emissionen bei der Stromerzeugung leisten. In Neubaugebieten soll die Nah- und Fernwärme Vorrang haben – auch zu Lasten des Gasnetzausbaus. (...)

3. Kohlepolitik

Das Industrieland Nordrhein-Westfalen ist auf eine sichere Energieversorgung angewiesen. Um dies zu gewährleisten, ohne auf die wegen ihrer Risiken unvertretbaren Atomenergie zurückzugreifen, müssen nach wie vor fossile Energieträger genutzt werden. Beide Parteien sind sich einig, daß die Nutzung der heimischen Stein- und Braunkohle umweltverträglich gestaltet sein muß.
(...)
Im Hinblick auf die Tatsache, daß die Zahl der Beschäftigten und die Förderungen auch in den kommenden Jahren zurückgehen werden, wird die Landesregierung den nötigen Strukturwandel in den Kohlerevieren auch in Zukunft nachhaltig unterstützen. So können durch Energiesparmaßnahmen, durch rationelle Energienutzung, durch den Ausbau der Kraft-Wärme-Kopplung und der Nah- und Fernwärmeversorgung in großem Umfang neue und zukunftsträchtige Arbeitsplätze entstehen. (...)
Die beiden Parteien haben unterschiedliche Auffassungen darüber, ob und in welchem Umfang der heimische Steinkohlenbergbau über das Jahr 2015 hinaus weitergehen kann. (...)
Im rheinischen Braunkohlenrevier werden jetzt und in den nächsten Jahrzehnten im wesentliche die Tagebaue Hambach (bis 2040), Inden (bis 2032) und Garzweiler (bis 2006) abgebaut. Die Landesregierung hat durch Erlaß der Landesplanungsbehörde vom 31.03.1995 den Braunkohleplan Garzweiler II

genehmigt; dieser Tagebau soll im Jahre 2006 aufgeschlossen werden. Die Genehmigung ist an Auflagen gebunden, nämlich an die Entwicklung des Energiebedarfs und der energiepolitischen Rahmenbedingungen und an die sozialen und ökologischen Belange. Weder aus dem Plan selbst noch aus der Genehmigung erwachsen unmittelbare Rechte oder Verpflichtungen privater Dritter.
Bündnis 90/Die Grünen hält es angesichts der Bedeutung der Wesentlichkeit der Entscheidung über den Braunkohlenplan Garzweiler II für notwendig, sie nicht allein durch Erlaß der Landesplanungsbehörde, sondern durch Parlamentsgesetz zu treffen. Die SPD verweist auf die Bestimmungen des Landesplanungsgesetzes, denen zufolge die Bestellung des Benehmens mit dem zuständigen Landtagsausschuß ausreicht. Über das Organstreitverfahren, das Bündnis 90/Die Grünen in dieser Sache angestrengt haben, wird der Verfassungsgerichtshof für das Land Nordrhein-Westfalen entscheiden.
Zwischen den Parteien ist strittig, ob trotz der Anstrengungen zur rationellen Energieerzeugung und -nutzung und trotz des geplanten Ausbaus der erneuerbaren Energieträger der Aufschluß des Braunkohlentagebaus Garzweiler II im Jahre 2006 notwendig sein wird, um die Energieversorgung zu sichern. Die SPD ist der Auffassung, daß auf den Tagebau Garzweiler II nicht verzichtet werden kann. Er ist umwelt- und sozialverträglich angelegt. (...)
SPD und Bündnis 90/Die Grünen vereinbaren:

1. Zum Braunkohlenvorhaben Garzweiler II ist unter verschiedenen Gesichtspunkten eine verfassungsrechtliche Überprüfung angestrengt oder angekündigt worden. Die Landesregierung wird, sobald die Entscheidungen des Verfassungsgerichtshofs zur Organklage der Fraktion Bündnis 90/Die Grünen und zu kommunalen Verfassungsbeschwerden wegen des Braunkohlenplans zu Garzweiler II vorliegen, prüfen, ob die Rechtsgrundlagen für die Braunkohlenplanung in Nordrhein-Westfalen zu ändern sind und ob sich daraus Konsequenzen für die erteilte Genehmigung ergeben.
2. Für die Entscheidung über den Antrag auf Zulassung des Rahmenbetriebsplans nach den Vorschriften des Bundesberggesetzes gilt folgendes:
   a) Die Landesregierung wird bei dieser Entscheidung sicherstellen, daß die in der Genehmigung des Braunkohlenplans angekündigte Überprüfung des Braunkohlenplans nicht durch den Rahmenbetriebsplan ausgeschlossen wird (...)

b) Bei der Überprüfung des Braunkohlenplans geht es darum, ob die Grundannahmen Bestand haben: „Eine wesentliche Änderung der Grundannahmen des Braunkohleplanes Garzweiler II ist z.B. dann anzunehmen, wenn sich die Ziele zum Erhalte der grundwasserabhängigen schützenswerten Feuchtgebiete objektiv als nicht realisierbar erweisen oder sich die Erforderniss einer langfristigen Energieversorgung unter Berücksichtigung der klimatischen Auswirkungen entscheidend verändern sollten."
   Eine weiter Grundannahme stellt die Sozialverträglichkeit der Umsiedlungen dar. „Zu verstehen ist darunter die Verträglichkeit einer Umsiedlung mit den Lebensverhältnissen der Betroffenen zum jetzigen Zeitpunkt und in absehbarer Zukunft" (Zitate aus dem Braunkohlenplan).
   Diese Überprüfung des Braunkohlenplans findet nach dem Jahr 2000 statt.
   Die Landesregierung erwartet, daß der Bergbautreibende seinen Antrag auf Zulassung des Abbaugeschehens auf die Linie A 61 begrenzt.
c) Die Zulassung des Rahmenbetriebsplans setzt eine sorgfältige Prüfung nach § 55 des BundesbergG voraus. Auch bei zügiger Abwicklung dieses Verfahrens ist nicht damit zu rechnen, daß die Zulassung vor den Entscheidungen des Verfassungsgerichtshofs zur Organklage der Fraktion Bündnis 90/Die Grünen und zu den bis zum 31. März 1996 eingereichten kommunalen Verfassungsbeschwerden ergeht.

3. Vor Rechtskraft eines genehmigten Rahmenbetriebsplanes finden keine Umsiedlungen statt und wird niemand gegen seinen Willen zur Aufgabe von Grundstücken gezwungen. Das Land richtet einen Treuhandfonds ein, der Grundstückseigentümer, die aus darzulegenden persönlichen Gründen ihr Grundstück aufgeben, zugleich aber nicht an den Bergbautreibenden verkaufen wollen, als Alternative zur Verfügung steht. Der Kaufpreis orientiert sich an der üblichen Entschädigungspraxis. Es soll beim Kaufpreis kein Bürger einen finanziellen Nachteil erleiden. Die Verfügung über den Treuhandfonds liegt beim Finanzminister.
   Eine Ausweisung von Wohnbauflächen für mögliche Umsiedlungen im Gebiet der Gemeinde Jüchen kann vorsorglich erfolgen. Über die Bauleitplanung entscheidet die Gemeinde Jüchen in eigener Verantwortung.

4. Aktivitäten auf Bundesebene

Wichtig ist, daß Energieeffizienz/Energiesparen und erneuerbare Energie bundesweit vorangebracht werden und die Bundesregierung auch in der Europäischen Union für diese Politik eintritt. Das ist von der Sache her geboten und hilft zugleich, Wettbewerbsverzerrungen in Grenzen zu halten. Die Landesregierung wird auf Bundesebene Initiativen ergreifen, die sowohl eine Anpassung des Ordnungsrechts als auch verstärkte finanzielle Hilfen des Bundes zum Ziel haben. (...)

Vor allem bei der Auslegung des Rahmenbetriebsplans sehen viele Umweltschützer die Möglichkeit, den Tagebau, zumindest in der vollen Ausbreitung, zu verhindern. Denn die im Braunkohlenplan festgelegten Rahmenbedingungen von Garzweiler II sehen vor, daß eine Ausbeutung des Rohstoffs nur in Frage kommt, wenn die Umweltschäden das erwartete Maß nicht übersteigen und auch die Energieprognosen unverändert bleiben. Die Gegner des Tagebaus werden nun bei jedem Abschnitt des Rahmenbetriebsplans die Gelegenheit haben, die Bedingungen für die Genehmigungserteilung zu hinterfragen.

Der Braunkohlenplan

Seit 1979 unterliegt die Braunkohlenplanung der Regionalplanung, die im jeweiligen Bezirksplanungsrat, demnach in den Regierungsbezirken Köln oder Düsseldorf beschlossen wird. Bis dahin galt ein Braunkohlengesetz, dessen Ziel es war, »die Interessen der Industrie und des Bergbaus mit denen der Landwirtschaft und der Allgemeinheit im Rheinischen Braunkohlenrevier in Einklang zu bringen«.[7] Geregelt werden sollte dieser »Einklang« durch den Braunkohlenausschuß. Stimmrecht hatten vor allem sogenannte »funktionale Planungsträger«: 3 Vertreter der Bergbautreibenden, 5 Gewerkschaftsvertreter der Grundstoffindustrie, 3 Vertreter der Landwirtschaft, 1 Vertreter von Handwerk und Gewerbe sowie Vertreter von Verwaltungen, insgesamt 21 Personen. Von der Bevölkerung politisch gewählt waren allerdings nur fünf Vertreter der von den Tagebauen betroffenen Kreise. Der in dem Ausschuß grob festgelegte Rahmen des Kohleabbaus wurde im Einzelfall durch Abmachungen zwischen dem Bergbautreibenden, also der Rheinbraun AG, und der Landesregierung von NRW konkretisiert. Bedenkt

man, daß mit diesen demokratisch nicht legitimierten Zusatzvereinbarungen der Jahrhunderttagebau »Hambach« im sogenannten »Hambachvertrag« festgeklopft wurde, erscheinen die Änderungen in der Braunkohlenplanung mehr als verständlich.
Doch tatsächlich geändert hat sich auch nach dem Landesplanungsgesetz von 1979 nur wenig. Weiterhin gilt das oberste Prinzip, die Planungen derart aufzustellen, daß der Braunkohlenabbau möglich gemacht wird.
Nach wie vor trifft der Braunkohlenausschuß die sachlichen und verfahrensmäßigen Entscheidungen der Braunkohlenpläne und deren Aufstellung.[8] Seit 1989 besteht der Ausschuß aus 32 stimmberechtigten Mitgliedern, im einzelnen sind das: 32 Kommunal- und Regionalpolitiker und acht Vertreter der »funktionalen Bank« (Vertreter aus Landwirtschaft (1), Landwirtschaftskammer (1), Handwerkskammer (1), IG Bergbau und Energie (3), Industrie- und Handelskammer (1) und Arbeitgeberverbände (1)).
Doch geändert hat sich an der braunkohlenfreundlichen Politik des Ausschusses wenig. Die Vertreter der Kreise und Kommunen im Braunkohlenausschuß entscheiden sich bei der Abwägung der Interessen der durch die Tagebaue betroffenen Bevölkerung und der Braunkohlenförderung in der Regel für den Bergbautreibenden.[9] Daran haben auch die Änderungen in der Planungsgesetzgebung bis heute wenig geändert.

Die »Energiekonsens-Gespräche«

Als die Medien Ende 1992 verbreiteten, daß sich die Stromriesen RWE und VEBA mit dem niedersächsischen Ministerpräsidenten Gerhard Schröder (SPD) über die Zukunft der deutschen Atomanlagen verständigt hätten, ging ein Raunen durch die Republik. Sollten die lange geforderte Energiewende und der Ausstieg aus der Atomenergie nunmehr Wirklichkeit werden?
Handelt es sich wirklich um den »Einstieg in den Ausstieg« oder um eine Neuauflage des mißglückten »historischen« Atomkompromisses, der 1980 von der Enquete-Kommission »Zukünftige Kernenergie-Politik« erwirkt worden war. Der damals verabschiedete detaillierte Katalog zur Senkung der Energienachfrage blieb nahezu folgenlos, während die Atomprojekte zügig vollendet wurden. Im Sommer 1986, nach der Katastrophe von Tschernobyl, legten sich Sozialdemokratie und Gewerkschaften nach Jahren des Jeins programmatisch auf den

Ausstieg aus der Atomenergie binnen 10 Jahren fest. Seitdem läuft die Frist. Der von den Grünen geforderte Sofort-Ausstieg, obwohl technisch und wirtschaftlich kurzfristig machbar, scheiterte bisher an den »vested interests« der Stromkonzerne und am fehlenden politischen Willen der Regierungsparteien. Teilen der SPD war der Ausstiegsbeschluß von Anfang an nicht geheuer, und auch die SPD-geführten Bundesländer bekleckerten sich bei seiner Umsetzung bislang keineswegs mit Ruhm.

Im Zeichen der drohenden globalen Klimakatastrophe und angeblichen Vorteilen der Atomkraftwerke beim Treibhausgas CO_2 ging die Atomwirtschaft erneut in die Offensive. Von ihr selbst stammt die Forderung nach einem energiepolitischen Grundkonsens. Der zurückgetretene Wirtschaftsminister Möllemann – das Bundeswirtschaftsministerium ist für die Energiepolitik hauptverantwortlich – griff diese Idee bereitwillig auf. Während das Motiv der Stromkonzerne vor allem darin bestand, keine weiteren Nuklear-Investitionen in den Sand zu setzen, beschwor das Bundeswirtschaftsministerium im Einklang mit der Atomlobby die Unverzichtbarkeit der nuklearen Energieversorgung. Im Energieprogramm für das vereinigte Deutschland wurde als einzige soziale Innovation die Forderung nach einem »möglichst parteiübergreifenden Konsens« erhoben und die Einrichtung einer Kommission angekündigt, für die der Bundestag jedoch keine Mittel bereitstellte. Sie sollte zur kooperativen Klärung von Konsensmöglichkeiten beitragen und Optionen für langfristige energiepolitische Strategien erarbeiten.

Den atomaren Hardlinern paßte dagegen die ganze Richtung nicht. Bayernwerk, PreussenElektra und die süddeutschen VDEW-Mitglieder halten die Nutzung der Atomkraft für unverzichtbar und dulden deswegen keine Gegenmeinung. Sie lehnen den Ausstieg ebenso ab wie eine zeitliche Befristung. Unter einem energiepolitischen Konsens verstehen sie schlicht die Kapitulation von SPD und Gewerkschaften in der Atomfrage. Da gehen RWE- und VEBA-Vorstand schon taktischer zu Werke. Für sie lautet die entscheidende Frage, wie kann die SPD ohne Gesichtsverlust ihren Nürnberger Atom-Ausstiegsbeschluß revidieren? Wie können die Sozialdemokraten von ihrem Anti-Atom-Programm abrücken, ohne bei ihren Wählern ein für allemal unglaubwürdig zu werden?

Aus den Chefetagen von IG Chemie und IG Bergbau kamen erste Formulierungshilfen. In ihren gemeinsamen Leitsätzen zur Energiepolitik forderten die Gewerkschaften den Umstieg auf »sichere« Atomkraftwerke und daß die Frage

der Endlagerung von Atommüll endlich geklärt werde müsse. Ziel der Gewerkschaftsbosse war es, den unseligen Kohle- und Atompakt der 70er Jahre zu erneuern, um die Arbeitsplätze in der Braun- und Steinkohle zu sichern.
Mit diesen guten Ratschlägen im Ohr führte der einstige Anti-Atom-Kämpfer Schröder – noch 1981 begab er sich bei der illegalen Großdemonstration gegen das AKW Brokdorf vor dem Bauzaun in den Bereich polizeilicher Maßnahmen – monatelange Gespräche über die nukleare Zukunft Deutschlands mit den Feinden von einst. Sein Hauptmotiv: keine Atomanlagen in Niedersachsen. Aber anstatt eine konsequente Energiesparpolitik einzuleiten und die Rekommunalisierung der Energiewirtschaft in Richtung Stadtwerke zu unterstützen, setzten Schröder und die Stromkonzerne weiterhin auf Angebotserweiterung. In Niedersachsen sollen abgeschaltete Atomkraftwerke der VEBA-Tochter PreussenElektra durch Kohle- oder Gas-Großkraftwerke ersetzt werden. Die von der Klima-Enquete-Kommission geforderte neue Energiepolitik bedeutet dagegen die Entwicklung von Steuerungsinstrumenten für die Nachfrageseite, um insbesondere den Stromverbrauch zu senken.
Der Brief der Strommanager an Bundeskanzler Kohl vom Dezember 1992 ist ein Beleg für die energiepolitische Kapitulation des SPD-Spitzenpolitikers. Neben der Forderung nach einem »überparteilichen Kernenergie-Konsens« beinhaltet der Deal mit dem SPD-Strategen Schröder folgende Kernpunkte:

- »Ungestörte Restlaufzeiten« für alle Atomkraftwerke, die in Deutschland im Betrieb sind.
- Offenhalten der Option für den Bau neuer Atomkraftwerke mit verbesserter Sicherheitstechnik.
- Verzicht auf die Wiederaufarbeitung abgebrannter Brennelemente und statt dessen direkte Endlagerung.
- Verzicht auf Gorleben als Endlager. Als Alternative kommen Schacht Konrad, Morsleben oder das Ausland in Frage.
- Als Entsorgungsnachweis soll einstweilen die Zwischenlagerung anerkannt werden.

Bewertet man dieses Ergebnis im einzelnen, so beschreibt die Übereinkunft einerseits nur die reale Situation. Seit dem Stopp des Projektes Wackersdorf ist die Wiederaufarbeitung in Deutschland ohnehin gestorben. Eine direkte Endlagerung erfordert jedoch eine Konditionierungsanlage – Kosten mehrere Milliarden DM –, für die ein Standort in Deutschland kaum zu finden ist. In Gorleben mußte schon Schröders Vorgänger Albrecht erkennen, daß die Atompläne politisch nicht durchsetzbar sind. Angebote des Auslands – d.h. der VR China und der ehemaligen Sowjetunion – für die Abnahme abgebrannter Brennelemente aus deutschen Atomkraftwerken liegen seit den 70er Jahren vor. Perestroika, Glasnost und die politischen Veränderungen im Ostblock sind an der dortigen Atomindustrie jedoch spurlos vorübergegangen. Dort besteht nach wie vor ein militärisch-ziviler Atomkomplex, der von Fossilien der Breschnew-Ära kontrolliert wird. Wie wirkungsvoll diese Kontrolle ist, läßt sich an den zunehmenden Schiebereien mit nuklearem Material ablesen. Ein Weiterbetrieb der deutschen Atomkraftwerke ist rechtlich aber nur zulässig, wenn der Entsorgungsnachweis geändert wird.

Nach den nuklearen Fehlinvestitionen Wackersdorf, Kalkar, Hamm-Uentrop und Mülheim-Kärlich – Gesamtvolumen rund 26 Mrd. DM – dürfte in den Konzernetagen der Stromwirtschaft kaum jemand die Traute haben, ein neues Atomprojekt vorzuschlagen, ohne daß dessen Nutzung politisch langfristig garantiert wird. RWE-Chef Kuhnt: »Wir können uns weitere Investitionsruinen wie den Schnellen Brüter, den Hochtemperatur-Reaktor oder die Wiederaufarbeitungsanlage nicht mehr leisten«.[10]

Was liegt näher, als die bestehenden Anlagen möglichst lange weiter zu betreiben und den technischen Traum von einem inhärent sicheren Reaktor zu beschwören? Nebenbei wurde die Regellaufzeit eines Atomreaktors auf 36 Jahre erhöht. Die Wirtschaftlichkeitsberechnungen etwa des TÜV Rheinland gehen dagegen von Laufzeiten von 25 bzw. 30 Jahren aus. Die Praxis zeigt, je älter die Atomkraftwerke, desto störanfälliger werden sie. Und die Reparaturen werden immer kostspieliger.

Zuerst stiegen die Grünen aus der Konsensrunde 1993 aus. Dann die Umweltverbände, und schließlich stoppte die Konsenssuche ganz, weil das SPD-Präsidium in der Frage der Option für einen neuen Atomreaktor hart blieb. Eigentlicher Grund für das Scheitern war aber das höchst unterschiedliche Verständnis darüber, was einen Energiekonsens eigentlich darstellt. Nach RWE-Vorstellungen sollte so lange gerungen werden, bis ein Konsens gefunden ist. Die »Energiepolitik aus einem Guß« bedeutet für RWE und Co. den »bewährten Mix aus Kohle, Braunkohle und Kernenergie«, für die anderen den zügigen Ausstieg aus

der Atomkraft und der forcierte Einstieg in Energiesparen und Nutzung erneuerbarer Energiequellen.
Zur Lösung der offenen Fragen im Bereich Kohle und Atom brachte die Bundesregierung im Dezember 1993 das sogenannte Artikelgesetz auf die Schiene. Artikelgesetz heißt dieses legislative Opus deswegen, weil Artikel in verschiedenen Energiegesetzen geändert werden. Im März 1994 wurde der Gesetzesentwurf schließlich in den Bundestag eingebracht. Im Wahljahr 1994 erübrigte sich selbstredend der Versuch, die Energiekonsensgespräche fortzusetzen.
Mit der Mehrheit der Koalitionsfraktionen und gegen die Stimmen der Opposition beschloß der Bundestag am 29. April 1994 das Artikelgesetz zur Energiepolitik. Darin wurde die künftige Finanzierung der Steinkohlenverstromung, Änderungen des Atomrechts und eine erhöhte Vergütung von Strom aus erneuerbaren Energien festgelegt. Der Bundesrat erhob entgegen allen Erwartungen keinen Einspruch und ließ das Gesetz am 20. Mai 1994 passieren.
Da deutsche Steinkohle etwa viermal teurer als Importkohle ist - rund 290 DM gegenüber etwa 70 DM pro Tonne - soll ihr Einsatz 1996 mit 7,5 Mrd. DM und von 1997 bis zum Jahr 2000 mit jährlich bis zu 7 Mrd. DM bezuschußt werden. Nach dem Auslaufen des Jahrhundertvertrages gibt es keine Festlegung der Fördermengen, sondern nur noch einen Deckel für die Höhe der Subventionen. Das Artikelgesetz sah vor, daß der Kohlepfennig in Westdeutschland 8,5% und in Ostdeutschland 4,25% der Stromrechnung betragen sollte. Als das Bundesverfassungsgericht Ende 1994 den Kohlepfennig für verfassungswidrig erklärte, war diese Regelung natürlich hinfällig.
Im Atomenergiebereich stellte das Gesetz die direkte Endlagerung von Kernbrennelementen gleichberechtigt neben die bisher allein zulässige Wiederaufarbeitung. Nachdem mit dem Projekt Wackersdorf der Versuch gescheitert war, auf deutschem Boden eine Wiederaufarbeitungsanlage zu bauen, lag diese Veränderung natürlich im Interesse der deutschen Stromwirtschaft, denn die direkte Endlagerung ist der billigere Entsorgungsweg. Der damalige RWE-Chef Friedhelm Gieske wertete deswegen das Artikelgesetz als einen »Schritt in die richtige Richtung«. Allerdings sei es nur ein Zwischenschritt, der den Energiekonsens nicht ersetzen könne.
In seiner Regierungserklärung vor dem Deutschen Bundestag machte der wiedergewählte Bundeskanzler Kohl am 23. November 1994 deutlich, daß im Energiebereich Planungssicherheit herrschen muß. »Deshalb werden wir ... die Energie-

konsensgespräche wiederaufnehmen«, tönte der Bundeskanzler. Leider betraute Kohl mit dieser verantwortungsvollen Aufgabe die neue Umweltministerin Angela Merkel (CDU), die bis dahin weder durch kompetente Aussagen zur Umweltpolitik aufgefallen war noch über Verhandlungserfahrungen mit den mächtigsten Konzernen dieser Republik verfügte. In der 1995er Runde der Energiekonsensgespräche fehlten nicht nur die Umweltverbände und Gewerkschaften, sondern vor allem auch die Vertreter der Stromwirtschaft am Verhandlungstisch. Kein Wunder also, daß dieser Durchgang noch schneller beendet wurde als 1993.

Während für die Bonner Koalition ein Ausstieg aus der Atomenergie nicht in Frage kam, wollten SPD und Grüne nur über Modalitäten des Ausstiegs und Ersatzlösungen verhandeln. RWE-Chef Kuhnt erinnerte die Politiker daran, daß im Bereich der Atomenergie schon Milliarden »in den Sand gesetzt« worden seien. Notwendig, so Kuhnt, sei ein »politisch ungestörter Betrieb« der vorhandenen Atomkraftwerke. Seine Begründung: »Kernenergie ist ökonomisch und ökologisch sinnvoll«.[11] Ein »vorzeitiger Ausstieg« würde die deutsche Volkswirtschaft mit über 200 Mrd. DM belasten. Wie diese astronomische Zahl bei weitgehend abgeschriebenen Atomkraftwerken in Deutschland zustande kommen soll, verriet Kuhnt allerdings nicht. Er gab sich betont zweckoptimistisch: »Wir sind hier zum Erfolg verdammt.«

Während man sich bei der Finanzierung der Kohlesubventionen schnell einigen konnte, kamen die Gespräche beim zentralen Streitpunkt, künftige Nutzung der Atomenergie, wie erwartet ins Stocken und scheiterten im Juni 1995 an den gegensätzlichen Standpunkten von Regierungskoalition und SPD in dieser Frage. Selbst der neue Düsseldorfer Wirtschaftsminister Wolfgang Clement (SPD) äußerte sich in der Sache hart: »Der Erhalt der Option für den Bau zukünftiger Kernkraftwerke würde zur Fortsetzung der bisherigen Kernenergiepolitik führen. Deswegen lehnen wir sie ab.«[12]

Bei einer so klaren Anti-Atom-Position der SPD besteht für RWE wahrlich »Anlaß zur Sorge«. Deswegen bedauerte Konzern-Chef Kuhnt, daß die »politischen Anstrengungen, selbst einen Minimalkonsens zur künftigen Energiepolitik in Deutschland wiederherzustellen«, gescheitert sind. RWE will »alle rechtlichen Möglichkeiten nutzen«, um gegen »politische Blockaden« bei der Nutzung bestehender Atomanlagen und bei der Entsorgung anzugehen.[13]

HANDLUNGSMÖGLICHKEITEN

DAVID GEGEN GOLIATH

»Gleichsam, wie mit diesem Buch die Auseinandersetzung mit dem RWE erst begonnen hat, muß sie letztendlich in einer insgesamten Neuorientierung münden. Dabei sind vor allem auch die bei der Betrachtung des RWE aufgetauchten Strukturen, Verflechtungen und Machtverhältnisse zu berücksichtigen. Ansonsten verlieren die Auseinandersetzungen um das RWE an Wert, da gerade die Darlegungen der Hintergründe gezeigt haben, welch übergreifenden Interessen vorherrschend und einer tatsächlichen ›Orientierung am Gemeinwohl‹ abträglich sind.«[1]

Mit diesen Zeilen endete die Erstausgabe dieses Buches im Jahre 1984. Auch wenn sich am grundsätzlichen Wert dieser Aussage wenig geändert hat, so sind doch in der Zwischenzeit einige grundlegende Veränderungen im Bereich der Energie- und Umweltpolitik festzustellen, die auch einen teilweise erheblichen Einfluß auf RWE haben.

Nicht zuletzt der energiepolitische Paradigmenwechsel, den wir seit den 80er Jahren in Deutschland und anderen Industrieländern erleben, hat die Palette der Handlungsmöglichkeiten gegen die Geschäfts- und Umweltpolitik des RWE in großem Stil beeinflußt.

Der Veränderungsdruck, der eine Umorientierung dieser Geschäfts- und Umweltpolitik ermöglicht, resultiert vornehmlich aus der ökologischen Frage. Die Klimarisiken durch den Anstieg der CO_2-Konzentration in der Atmosphäre haben erstmals dem Thema der Stromeinsparung zu einer breiten politischen Anerkennung verholfen. Die breit gefächerten, weltweit geführten Diskussionen zur Klimafrage beeinflussen sicherlich auf unabsehbare Zeit den ökologischen Problemdruck sowie die Tagesordnungen von Regierungen, Unternehmen, Nicht-Regierungsorganisationen und den Medien.

An dieser Stelle kann natürlich kein Gesamtkonzept für eine Veränderung des RWE vorgelegt werden. Eine Politik der Energiewende im Bereich der Stromver-

sorgung bleibt jedoch wirkungslos, wenn sie nicht auf drei Ebenen betrieben wird: der politischen, der ökonomischen und der informationellen Ebene.
Dabei geht es auch um die Offenlegung und Beeinflussung von Machtinteressen und -zusammenhängen in der Strom- und Energiewirtschaft durch politische Entscheidungen. Gleichzeitig muß der Entwurf einer neuen Energiepolitik auf nationaler, regionaler und kommunaler Ebene wie auch im internationalen und europäischen Zusammenhang konkreter skizziert werden. Hier sind Regierungen, Parteien, Gewerkschaften, Verbände und natürlich vor allem die Bürger und die Umweltschützer gefordert. Die Umsteuerung der Interessenlagen ist das zentrale Ziel auf der wirtschaftlichen Ebene. Solange der betriebliche Erfolg von RWE Energie allein durch den Stromabsatz bestimmt wird, ist eine wirksame Einsparpolitik unrealistisch. Inzwischen sind technische Alternativen in jeder Größenordnung vorhanden. Deren Durchsetzung wird aber durch Informationsbarrieren gehemmt, die zu den widrigen Macht- und Interessenlagen hinzutreten.
Als grundsätzliche Hemmnisse, die einer strukturellen Veränderung im Wege stehen, gelten

- das Energiewirtschaftsgesetz aus dem Jahr 1935, das immer noch nicht novelliert worden ist und die Entwicklung des deutschen Stromwirtschaft entscheidend geprägt hat,
- die Monopolstellung der Stromwirtschaft, verbunden mit Großkraftwerken, Verbundsystem und unzureichende Ausnutzung der Kraft-Wärme-Kopplungspotentiale,
- das Steuersystem in Deutschland, das in keiner Weise den Energieverbrauch und die Umweltbelastung der Stromerzeugung angemessen berücksichtigt.

Im folgenden sollen einige Ansatzpunkte skizziert werden, die für eine politische Auseinandersetzung mit dem RWE geeignet sind.

Reform des Energiewirtschaftsgesetzes

Kaum ein Gesetz aus dem 3. Reich hat solange überlebt wie das »Gesetz zur Förderung der Energiewirtschaft« (EnWG) vom 13. Dezember 1935. Als der damalige Bundeskanzler Helmut Schmidt 1976 in seiner Regierungserklärung eine Reform des Energiewirtschaftsgesetzes ankündigte, verzeichnete das Protokoll schallendes Gelächter auf den Bänken der Opposition. Den Politikern von CDU und CSU ist aber im Laufe der Zeit das Lachen vergangen. Im Zuge der deutschen Klimaschutzpolitikvorgabe, die CO_2-Emissionen bis zum Jahr 2005 um 25% zu senken, wurde im Pflichtenheft des Bundeswirtschaftsministers festgehalten, das Energiewirtschaftsgesetz zu novellieren und unter anderem den Umweltschutz als gleichberechtigtes Ziel in den Zielkatalog des Gesetzes aufzunehmen. Nach jahrelanger Vorarbeit war es im Frühjahr 1994 endlich soweit. Am 22. März 1994 sollte das Bundeskabinett den Gesetzesentwurf zur Reform des Energierechts absegnen. Daraus wurde aber nichts, sang- und klanglos zog der Minister seine Novelle zurück.

Die politische Rückendeckung für den schrittweise verwässerten Referentenentwurf fehlte vor allem bei den Städten und Gemeinden, die man bereits bei den Energiekonsensgesprächen schlicht übergangen hatte. Aber auch aus den Regierungsparteien kam Widerstand. Schließlich lehnten auch Teile der Union den Entwurf ab, weil Nachteile für die kommunalen Energieversorgungsunternehmen entstehen würden. In Deutschland sollten geschlossene Versorgungsgebiete abgeschafft werden, indem Demarkationsverträge verboten und Ausschließlichkeitsklauseln in Konzessionsverträgen aufgehoben werden. Außer dem freien Leitungsbau sollte vor allem die Möglichkeiten zur Durchleitung von Strom und Gas durch die Netze Dritter erweitert werden.

Die Stromverbundunternehmen, allen voran RWE, hatten sich zum Reformentwurf zwar positiv geäußert, wohl wissend, daß dieser im Wahljahr 1994 sicher scheitern würde. Außerdem war es gelungen, den Artikel zur Trennung von Produktion, Übertragung und Verteilung aus der Vorlage zu streichen. RWE-Chef Kuhnt bemerkte kurz vor dem Scheitern der Novelle auf dem »Workshop Energie« in Braunlage: »Wenn die Bundesregierung wirklich die Industriestrompreise senken wolle, müsse sie die politischen Strom-Sonderlasten wie etwa den Kohlepfennig abschaffen«.[2]

Das erledigte am 7. Dezember 1994 das Bundesverfassungsgericht. Die Verfassungshüter erklärten Politikern und Stromindustrie: »Die Sicherstellung der Strom- und Energieversorgung ist ein Interesse der Allgemeinheit, das nicht durch eine Sonderabgabe finanziert werden darf.« Der nunmehr verfassungswidrige Kohlepfennig durfte nur noch bis Ende 1995 erhoben werden.

Ein neuer Anlauf erfolgte 1996. Im Februar legte das Bundeswirtschaftsministerium auf Anforderung des Wirtschaftsausschusses des Bundestages einen Bericht zum Stand der nationalen Reform des Energiewirtschaftsrechts vor. Hier wurde erneut der Inhalt des Referentenentwurfes unterbreitet. Die Instrumente eines künftig verstärkten Wettbewerbs auf dem Strommarkt sollen Leitungsbau und Durchleitung sein. Um großen Stromkunden und Verteilern Wettbewerb zu ermöglichen, sollen die kartellrechtlichen Freistellungen von Demarkationen und von ausschließlichen Wegerechtsvereinbarungen in Konzessionsverträgen aufgehoben werden.

Dieser Referentenentwurf geht nach Meinung des RWE »grundsätzlich in die richtige Richtung«. Weitgehende Zustimmung signalisierte auch die Arbeitsgemeinschaft regionaler Energieversorgungs-Unternehmen (ARE). Die Stromwirtschaft erwartet jedoch »angemessene Übergangsfristen«, d. h., zehn Jahre lang soll möglichst kaum etwas verändert werden. Der Verband Kommunaler Unternehmen wehrt sich nach wie vor gegen diesen »Umsturz des energierechtlichen Ordnungsrahmens«. Außerdem befürchtet er durch die Abwerbung von Großkunden durch RWE und andere Stromriesen einen Einnahmeausfall von jährlich 5 Mrd. DM bei den Stadtwerken.

Bereits im November 1995, vor dem Bundeswirtschaftsministerium, haben die Grünen im Bundestag »Eckpunkte zum Ersatz des Energiewirtschaftsgesetzes durch ein Energiegesetz« der Öffentlichkeit vorgestellt. Im Juni 1996 wurde der Gesetzesentwurf vorgelegt, der von folgenden Leitgedanken ausgeht:

- Gleicher Netzzugang für jeden Wettbewerber bei Energietransport,
- Energieeinsparung geht vor Energieverbrauch,
- Einführung von Wettbewerb bei der Stromerzeugung,
- Förderung des Einstiegs in das Solarzeitalter,
- Stärkung der dezentralen Strukturen.

Der politische Druck, endlich eine umfassende Neufassung des Energiewirtschaftsgesetzes im Sinne der vorgenannten Eckpunkte durchzusetzen, muß weiter verstärkt werden und auch im Blickpunkt der Öffentlichkeit bleiben. Eine umfassende Information der Entscheidungsträger ist dabei ebenso unerläßlich wie die Einschränkung der Einflußnahme der großen Energiekonzerne.

Ökologische Steuerreform und Stromsteuer

Die Umwelt ist zwar ein knappes Gut, dennoch dürfen Luft, Wasser, Boden und Rohstoffe weiterhin »umsonst« beansprucht werden. Umweltschäden werden, sofern sie behebbar sind, vorwiegend aus Steuermitteln bezahlt. Aber die Staatskasse ist leer und leidet an chronischem Geldmangel. Deswegen gilt eine Ökosteuer als geeignetes Instrument, um die »externen« Kosten der Umweltvernichtung in die Preise für Waren und Güter zu »internalisieren«, wie die Ökonomen die Einbeziehung der Umweltkosten bezeichnen. Eine ökologische Steuerreform könnte gleichzeitig eine Entschärfung der Klimaproblematik und eine Verminderung der Arbeitslosigkeit bewirken, wie unser Nachbarland Dänemark uns bereits seit 1993 in der Praxis vorführt. Auch in Deutschland könnte eine ökologische Steuerreform einen Beitrag zur Lösung der anstehenden Probleme leisten.

Eine ökologische Steuerreform wäre das Reformprojekt einer rot-grünen Bundesregierung.

Als erste Fraktion haben Bündnis 90/Die Grünen den Entwurf eines Energiesteuergesetzes in den Bundestag eingebracht. Bemessungsgrundlage der Energiesteuer sollen je zur Hälfte der Energiegehalt der Brennstoffe und die CO_2-Emissionen sein. Atomstrom wird mit einem »Gefährdungszuschlag« belegt und dadurch im Verhältnis teurer als Strom aus fossilen Energieträgern. Auch Importstrom soll besteuert werden, um Nachteile für im Inland erzeugten Strom zu vermeiden.

Nach dem SPD-Präsidium hat sich auch die sozialdemokratische Bundestagsfraktion für die Einführung von Ökosteuern ausgesprochen. Im Zuge einer ökologischen Steuerreform sollen Steuern für Kraft- und Heizstoffe einschließlich Strom alle zwei Jahre steigen und die Lohnnebenkosten gesenkt werden. Zunächst sollen die Beiträge zur Arbeitslosenversicherung um zwei Prozentpunkte gesenkt werden. Dann sollen Lohn- und Einkommensteuer verringert werden.

Die drei Koalitionsparteien CDU, CSU und FDP konnten sich bisher nicht auf eine gemeinsame Position zur Ökosteuer-Reform verständigen. Die FDP-Bundestagsfraktion will z.B. mit einer höheren Mehrwertsteuer auf den Energieverbrauch die Umweltbelange im deutschen Steuersystem stärker berücksichtigen. Dieses Steuerkonzept sieht vor, daß eine Stromsteuer nur eingeführt wird, wenn sich der höhere Mehrwertsteuersatz für Benzin, Diesel, Erdgas, Heizöl und Strom nicht durchsetzen läßt.[3]

Die vom RWE in derartigen Fragen oft wie ferngesteuert wirkende Vereinigung Deutscher Elektrizitätswerke (VDEW) verfaßte ein Positionspapier zur Einführung einer Energiesteuer. Darin spricht sich die VDEW dafür aus, zunächst einmal die umweltpolitischen Defizite des bestehenden Steuersystems zu beseitigen, für Modernisierungsinvestitionen die Bedingungen zu verbessern und Selbstverpflichtungen der Wirtschaft zu nutzen, ehe die Einführung einer zusätzlichen Energiesteuer oder gar einer ökologischen Steuerreform überhaupt erwogen wird.[4]

RWE-Chef Kuhnt ist mit der Idee, über Energiesteuern die externen Kosten der Energieversorgung zu internalisieren, ganz und gar nicht einverstanden: »Mit der Verteuerung der Energie gefährden wir den Standort Deutschland. Die Einführung einer Steuer mit einer CO_2-Komponente würde der Braunkohle die Wettbewerbsfähigkeit entziehen.«[5] Auch RWE-Vorstandsmitglied Werner Hlubek kann dieser Reformidee nichts Positives abgewinnen. Er befürchtet bei der Einführung neuer Energiesteuern eine Verlagerung energieintensiver Industrien ins Ausland.

RWE vor Gericht – der »Schadenersatzprozeß« Mülheim-Kärlich

Seit Ende der 80er Jahre hat sich RWE zum »Streithansel« entwickelt, der unliebsame Entscheidungen von Landesregierungen grundsätzlich vor Gericht bringt. Auch unbequeme Organisationen wie Greenpeace oder kritische Forschungseinrichtungen müssen im Konflikt mit RWE mit einem »blauen Brief« rechnen, der einen Gerichtsstreit ankündigt.

Besonders beliebt sind derzeit sogenannte Schadenersatzklagen, die RWE in der Öffentlichkeit pressewirksam verbreitet. Dabei geht es um die Feststellung der Tatsache, daß ein Anspruch auf Schadenersatz besteht. Das ist dem Grundsatz nach zwar auch im Bürgerlichen Gesetzbuch nachzulesen, bedürfte also keineswegs der Beurteilung durch Gerichte. Aber hier geht es vor allem um die Zuteilung des Schwarzen Peters für Fehlentscheidungen und last but not least: kein Streit ohne Streitwert. Und bei stillstehenden Atomkraftwerken und anderen Bauruinen geht das auf der Kostenseite leicht in die Milliardenhöhe.

Die Folge ist, daß der »Fall« durch alle Medien geistert und daß die Öffentlichkeit trotzdem nicht über den Sachverhalt informiert wird. Um tatsächlich einen Schaden ersetzt zu bekommen, müßte RWE nämlich in einem weiteren Verfahren, dem sogenannten »Beitragsverfahren«, obsiegen. Dennoch wird allein das Feststellungsverfahren eine teure Angelegenheit und führt dazu, daß die Staatskasse einige Millionen aus dem Steuersäckel auf Anwaltskonten überweisen muß.

Diese Strategie des RWE kann am »Schadenersatzprozeß« zum Atomkraftwerk Mülheim-Kärlich verdeutlicht werden. Wie kam es überhaupt zu diesem Streit? Weil das – damals von Helmut Kohl regierte – Land Rheinland-Pfalz 1975 eine rechtswidrige 1. Teilgenehmigung für das AKW Mülheim-Kärlich erteilt hatte, verklagte RWE 1991 das – inzwischen sozial-liberal regierte – Land auf Schadenersatz. Am 19. Juni 1992 stellte das Landgericht Mainz fest, daß Rheinland-Pfalz verpflichtet sei, RWE die Hälfte der Schäden zu ersetzen, die infolge der rechtswidrigen Erteilung der ersten atomrechtlichen Teilgenehmigung vom 9. 1. 1975 und der Funktionslosigkeit der darauf basierenden weiteren atomrechtlichen Bescheide für das Atomkraftwerk entstanden sind.

Weil in einem Teil des Baugeländes »sehr komplizierte geologisch-tektonische Verhältnisse angetroffen« wurden, hatte RWE das Reaktorgebäude um etwa 76 m in nordwestlicher Richtung verschoben. Damit wurde der ursprüngliche Lageplan des AKWs so entscheidend verändert, daß das Bundesverwaltungsgericht im September 1988 die 1. Teilgenehmigung aufhob. Wie im Schadenersatzprozeß festgestellt wurde, war die 1. Teilgenehmigung »schon deshalb amtspflichtwidrig, weil die Genehmigung für eine bestimmte Kernenergieanlage erteilt wurde, obwohl die Genehmigungsbehörde von vornherein wußte, daß die Anlage an einem anderen Standort und in einer anderen Bauweise errichtet werden sollte.«[6] Es mußte ein neues atomrechtliches Genehmigungsverfahren eingeleitet werden. Am 20. Juli 1990 erteilte das zuständige Ministerium der RWE AG einen als »Erste Teilgenehmigung (neu)« bezeichneten Bescheid und gestattete die Errichtung des AKW. Aufgrund mehrerer Anfechtungsklagen hob das OVG Koblenz mit Urteil vom 24. 5. 1991 die 1. Teilgenehmigung (neu) als rechtswidrig auf und ließ keine Revision zu. Dagegen erhob RWE Beschwerde. Das Bundesverwaltungsgericht gab dem Antrag statt und verwies das Verfahren an das OLG Koblenz zurück, mit der Maßgabe, die Erdbebensicherheit des Atomkraftwerks und mögliche Auswirkungen des Eifelvulkanismus erneut zu prüfen. In der Revisionsverhandlung erklärte das Oberverwaltungsgericht Koblenz am 21. November 1995 die 1990 neu erteilte die 1. Teilerrichtungsnehmigung abermals für ungültig, weil das Erdbebenrisiko nicht hinreichend ermittelt worden sei. Erneut wurde RWE mit der Nichtzulassung zur Revision der Gang zum Bundesverwaltungsgericht blockiert. Dagegen legten die Essener natürlich Nichtzulassungsbeschwerde ein.[7]

Als die schriftliche Urteilsbegründung im März 1996 zugestellt wurde, reagierte RWE alles andere als cool. In ungewöhnlich rüdem Ton kritisierten die Unternehmensvertreter den 7. OVG-Senat. Der Senat sei »den Klägern auf den Leim« gegangen und das Urteil ein »grauenhaftes Machwerk«, so RWE-Chefjustitiar Ulrich Mutschler.[8] Die Richter hätten in der Urteilsbegründung »Fakten zurechtgestutzt und aus dem Zusammenhang gerissen«. Überhaupt sei der Senat mit dem Streitstoff »sehr unprofessionell umgegangen«. Darauf replizierte der Präsident des OVG Koblenz, Karl-Friedrich Meyer: »RWE hat die Grenzen sachlicher Kritik in einer Form überschritten, die weder mit dem Niveau eines Weltunternehmens noch mit der Stellung der Rechtspflege vereinbar ist«.[9] Als »absolute Geschmack- und Respektlosigkeit« stuften dagegen die obsiegenden Kläger die RWE-Gerichtsschelte ein.

Aber zurück zum Schadenersatz: Am 19. April 1995 bestätigte das Oberlandesgericht Koblenz das Urteil des Landgerichtes Mainz vom 19. Juni 1992, wonach das Land Rheinland-Pfalz RWE Energie den Schaden, der durch den Stillstand des AKW Mülheim-Kärlich entstanden sein soll, zur Hälfte zu ersetzen. Allerdings beschränkt sich dieser Anspruch nur auf die Investitionskosten, nicht auch für Verbundgeschäfte und Ersatzstrombeschaffungen. Das Land legte Revision beim Bundesgerichtshof ein.

Der Amtshaftungsanspruch erstreckt sich auf alle Kosten, die RWE für die Errichtung und möglicherweise auf den Abriß des AKW aufwenden mußte bzw. müssen wird. Ferner sind die Personal- und Sachkosten und der Zukauf von Strom in einer Schadenrechnung des RWE zulässig. Das Gericht legte aber der RWE AG ein gleich schweres Verschulden wie der Genehmigungsbehörde zur Last. In dem »Betragsverfahren« müßte RWE nun die Höhe der einzelnen Schadenspositionen beziffern.

Dem Landgericht Mainz war offensichtlich entgangen, daß RWE diese Kosten im Laufe der Zeit über die Stromrechnung ohnehin an seine Kunden weitergegeben hat und darüber hinaus durch die Berücksichtigung aller Kosten noch die Steuern von Einkommen und Ertrag verkürzen konnte, so daß dem deutschen Fiskus Einnahmen in Milliardenhöhe entgangen sind. Im August 1995 gab RWE zu, daß die RWE-Kunden die Stillstandskosten »in gewissem Umfang« über den Strompreis bezahlt haben. Wenn Rheinland-Pfalz tatsächlich aus Steuermitteln Schadenersatz zahlen muß, will RWE den Stromkunden die Zusatzkosten wieder gutschreiben.[10]

Im November 1995 erkundigte sich der grüne Landtagsabgeordnete Dietmar Rieth bei der Landesregierung nach der Höhe der Anwaltsgebühren, die Rheinland-Pfalz für die Wahrung seiner Interessen in diesem Fall aufbringen mußte. Damit hatte das Umweltministerium den Freiburger Rechtsanwalt de Witt, einen Fachanwalt für Verwaltungsrecht, beauftragt. Da dieser aber beim Mainzer Landgericht nicht zugelassen war, mußte als »Sitzanwalt« die Mainzer Anwaltskanzlei Dr. Petereit zur Hilfe eilen. Das Gericht legte den Streitwert der ersten Instanz mit 500 Mio. DM fest. Die Schlußrechnung der Anwälte in Höhe von 3.770.518,90 DM kam im Jahre 1993.

Die zweite Instanz vor dem Oberlandesgericht Koblenz wurde noch teurer. Das OLG hatte den Streitwert verdreifacht. Hier mußte mit Herrn Prof. Dr. Kropshofer abermals ein vor diesem Gericht zugelassener Anwalt sekundieren. Bei einem Streitwert von 1,5 Mrd. DM betragen die Anwaltsgebühren 13.465.792,75 DM. Davon hatte das Land bis Ende 1995 rd. 5 Mio. DM abgestottert. Obwohl die Anwälte im Schadenersatzprozeß fast 17,3 Mio. DM kassieren konnten, stellten sie wegen des erhöhten Streitwertes einen Antrag auf »Nachzahlung« für die erste Instanz.[11]

Dies geschah im Einvernehmen mit den Anwälten des RWE. Kein Wunder, wenn es dem RWE ohnehin darauf ankommt, die Gerichtskosten so in die Höhe zu treiben, daß es zumindest keine Privatperson gelüstet, mit dem Stromriesen aus Essen vor Gericht zu gehen.

RWE auf dem Rückzug oder Stadtwerke in der Offensive?

Seit Anfang der 80er Jahre ist RWE einem für die Stromwirtschaft völlig neuen Problemdruck ausgesetzt:

- stagnierender, teils sinkender Stromabsatz,
- die Gefahr des Verlustes von Versorgungsgebieten durch auslaufende Konzessionsverträge,

- seit Mitte der 80er Jahre der Trend zur Rekommunalisierung der Energieversorgung sowie
- Deregulierungstendenzen bei bundesdeutschen Politikern und Expertengremien, nicht zuletzt getragen von entsprechenden Zielvorstellungen auf europäischer Ebene.

Vor allem die Deregulierungstendenzen, die letztlich eine Aufspaltung in Erzeugung, Transport und Verteilung von Strom und Wettbewerb auf allen Versorgungsstufen bedeuten, waren der Auslöser für eine strategische Neuorientierung beim RWE und seinen Stromtöchtern.
Langsam reifte die Erkenntnis, daß eine umfassende interne Unternehmensentwicklung erforderlich ist, damit aus dem Energieversorgungsunternehmen ein Energiedienstleistungsunternehmen werden kann. Eine Informationsreise in die Vereinigten Staaten von Amerika hätte diese Einsicht schneller vermitteln können. Jenseits des großen Teiches haben sich viele Stromversorgungsunternehmen in den letzten zehn Jahren über die Stufen Energiedienstleistungsunternehmen, Technikinnovateur zum regionalen Wirtschaftskatalysator gewandelt. Auch im Einzugsbereich des RWE ist dieser Trend zu beobachten. Im folgenden sollen einige Beispiele geschildert werden, die dem Leser als Anregung oder als Warnung dienen können.
Die großen Stadtwerke in Düsseldorf, Köln und Aachen haben sich mit RWE arrangiert. RWE hat mittlerweile kleinere Versorgungsgebiete an diese Städte abgegeben und gleichzeitig neue Energieabsatzmöglichkeiten erschlossen, wie z.B. die Fernwärme. Zudem sicherte RWE sich bei den Verträgen langfristig die Rolle des Vorlieferanten.
Zwar knirschte es bei diesen Veränderungen ganz gewaltig in der Beziehung, aber den Essenern ging es vor allem darum, im eigenen Versorgungsgebiet eine vom RWE unabhängige Entwicklung – wie etwa in Leipzig (s. Kapitel 5) – bei den großen westdeutschen Stadtwerken zu verhindern.
Mit den Kommunen wurden in Ergänzung der Konzessionsverträge verschiedene Kooperationsinstrumente entwickelt, die von der Beratung der Kommunen bei allen Fragen der Ver- und Entsorgung, über Geschäftsbesorgung, Betriebsführung und Kooperationsverträge bis hin zu privatrechtlich organisierten Beteiligungsmodellen reichen. Damit soll natürlich langfristig das Stammgeschäft der Stromversorgung gesichert werden.

An der Stadtwerke Düsseldorf AG ist RWE seit Jahren mit 20% beteiligt. Eine günstige Situation für den Vorlieferanten RWE Energie. Man hat in Essen Einblick in die Unternehmenspolitik und kann durch höhere Stromlieferpreise so manche Million als Extragewinn einstreichen. Damit war Düsseldorf auf die Dauer nicht einverstanden. Aber sich ganz aus den Fängen des RWE zu befreien, traute man sich auch nicht. Heraus kam ein Kompromiß. Ab 1996 beziehen die Stadtwerke Strom und Fernwärme von dem neuen 51%-Tochterunternehmen »Kraftwerks- und Entsorgungsanlagen GmbH (Kead)«, die restlichen 49% hält die RWE Energie AG.

Das Verhältnis zwischen der Kölner GEW und RWE ist aus Sicht des GEW-Vorstandssprechers Dr. Fritz Gautier gut. Köln hat eine Netzhöchstlast von über 1.100 MW, die je zur Hälfte aus eigenen Kraftwerken und vom RWE abgedeckt wird. Die GEW-Kapazität wird für die Mittel- und Spitzenlast eingesetzt, und die Eigenerzeugung liegt in der Größenordnung von einem Drittel (fast 2 Mrd. kWh/a). RWE als Vorlieferant deckt den Grundlastbereich ab. Im Jahr 1994 einigte man sich, daß die GEW bis 1999 kein eigenes Grundlastkraftwerk baut, sondern vor allem Kraft-Wärme-Kopplungsanlagen. Das gute Kooperationsverhältnis mit RWE geht aber nicht soweit, daß gemeinsame Kraftwerke gebaut werden, vorerst soll erst einmal die Fahrweise der Anlagen unter wirtschaftlichen Gesichtspunkten optimiert werden.

Eines der mächtigen Stadtwerke im RWE-Gebiet ist die Stawag Stadtwerke Aachen AG. RWE gestattete der Stawag 1995 einen Zuwachs beim Stromabsatz von 25%. Die Stawag darf künftig fünf Stadtteile im Süden Aachens mit Strom versorgen. Diese Gebiete waren vor der kommunalen Gebietsreform eigenständige Gemeinden und wurden von der RWE-Tochter Rheinische Licht- und Kraftwerke beliefert. 1994 ging die Rheinische Licht- und Kraftwerk GmbH in der EWV Energie- und Wasserversorgung GmbH, Eschweiler auf, an der RWE mit 54% beteiligt ist.[12]

Die Neuordnung der Fernwärmeversorgung in Aachen fiel nach jahrelangen Verhandlungen zugunsten des RWE aus. Durch die Anbindung der Aachener Fernwärmeversorgung an das RWE-Braunkohlenkraftwerk Weisweiler sollen jährlich 190 Mio. kWh Primärenergie und rd. 50.000 t CO_2 eingespart werden. Weisweiler ist der westlichste von fünf Standorten im rheinischen Braunkohlenrevier. Das Kraftwerk liegt 17 km von der Aachener Stadtgrenze entfernt, bis zur Innenstadt sind es weitere 6,5 km. RWE schlug wieder einmal mehrere Fliegen mit einer Klappe. Die ohnehin abfallende Abwärme im Grundlast-Kraftwerk Weisweiler kann nun für gutes Geld verkauft werden. Vorerst wird aus zwei 600-MW-Turbinen eine Fernwärmeleistung von 85 MW vorgehalten. Der Weiterbetrieb des Braunkohlenkraftwerks wurde als CO_2-Minderungsaktion verschleiert. Gleichzeitig wurde verhindert, daß die Stadtwerke Aachen AG (Stawag) ein eigenes Gas- und Dampfturbinen-Heizkraftwerk baute. Die legendäre Konfliktbereitschaft der Aachener, hier wurde erstmals in Deutschland die kostendeckende Vergütung von Solarstrom praktiziert, bewog RWE sogar zum Entgegenkommen bei den Stromnetzen. 1995 wurde die Stromversorgung der südöstlichen Stadtteile an die Stawag übergeben.[13] Durch die Gebietsübernahme steigt die Jahreshöchstlast in Aachen, so daß die Bezugs- und Verteilungsanlagen der Stawag erweitert werden müssen. Und RWE verstärkt sein Hochspannungsnetz und baut eine neue 380-kV-Doppelleitung nach Aachen.[14]

RWE und die Kommunen

Im Hinblick auf eine Umsetzung einer umwelt- und sozialverträglichen Energiepolitik müssen die Kommunen verstärkt in die Pflicht genommen werden. Die Offenlegung der Beziehungsverhältnisse zum RWE steht dabei ebenso im Vordergrund wie die Beleuchtung der personellen Verquickungen. Die diversen Beiräte (Wirtschaftsbeirat, Regionalbeiräte), die RWE in den vergangenen Jahrzehnten als politische Durchsetzungshilfen geschaffen hat, sollten einer näheren Betrachtung unterzogen werden, finden sich dort doch eine Reihe von Verantwortungsträgern aus dem Kommunalbereich. Vor diesem Hintergrund werden die Verhandlungspositionen einiger Mandatsträger unter Umständen verständlicher und damit auch im Sinne anderer politischer Zielrichtungen kalkulierbarer.
Auf kommunaler Ebene muß eine neue Informationsinfrastruktur geschaffen werden, die eine bessere Betrachtung von RWE-Interessen ermöglicht. Dazu gehört die Offenlegung der Kommunalfinanzen inklusive der Kennzeichnung von RWE-Einnahmen (Dividenden, Konzessions- und Gewerbesteuereinnahmen etc.) ebenso wie die Veröffentlichung aller wichtigen Daten zwecks Herstellung von umfassenden Einspruchs- und Mitbestimmungsmöglichkeiten.
Nicht zuletzt muß über die Rolle des Verbands kommunaler Aktionäre (VkA) in Bezug auf die jeweiligen Kommunen neu nachgedacht werden. Umwelt- und sozialpolitisch verantwortungsvoll handelnde Parteien und Interessensverbände

sollten die Möglichkeit der Gestaltung von Einflußnahmen über den VkA prüfen und miteinander abstimmen. Die Bedeutung dieses Verbandes kann für die kommunale Arbeit in bezug auf die Einflußnahme bei RWE nicht hoch genug eingeschätzt werden.
Die vorherrschende Praxis der weitgehend unhinterfragt vor sich gehenden Arbeitsaufteilung beim VkA zwischen SPD- und CDU-Kommunalvertretern ist im Sinne einer alternativen Umwelt- und Energiepolitik nicht länger tragbar. Im Verbund mit einer Neukonzeptionierung kommunaler Energie- und Umweltpolitik müssen die Vor- und Nachteile der Geschäftsbeziehungen zum RWE vorbehaltlos diskutiert werden. Dann gilt es, die notwendigen Schritte im Hinblick auf eine tatsächlich umwelt- und ressourcenschonende Politik einzuleiten. Erst wenn die Wege zu Filz, Lobbyismus und kurzfristigem Gewinnstreben mühevoller werden und sich auch die Kommunalpolitiker größerer öffentlicher Kontrolle erfreuen dürfen, sind die Bedingungen für einen energiepolitischen Wandel auch auf kommunaler Ebene hergestellt.

Es geht auch anders – Erkrath und die wackeren Fünf aus dem Teutoburger Wald

Nicht immer kann RWE seinen Willen durchsetzen. Es gibt auch Städte und Kommunen, die ihre Interessen gegen den Stromriesen zäh verteidigen und dabei langfristig keinen Nachteil haben. Die folgenden Beispiele zeigen, daß es auch anders geht.
Die Stadtwerke Erkrath GmbH übernehmen nach dem Auslaufen des Konzessionsvertrages die Stromversorgung von der RWE Energie AG. Bisher waren die Stadtwerke der 40.000 Einwohner zählenden Stadt vor den Toren Düsseldorfs nur für die örtliche Gas- und Wasserversorgung zuständig.
Gemäß Ratsbeschluß soll auch keine Beteiligung des RWE an den Stadtwerken in Höhe von 24,9% erfolgen. Gegen diese mit der Mehrheit von SPD und Grünen im Rat der Stadt getroffene Entscheidung gingen die Gegner des Stromnetzkaufes – der Übernahmepreis beträgt stolze 36 Mio. DM – mit einem Bürgerentscheid vor. Der Bürgerentscheid ist seit 1994 gemäß der Gemeindeordnung von NRW möglich. Trotz einer intensiven Presse- und Werbekampagne, mit der RWE die Gegner des Netzkaufes (CDU, FDP und Bürgerliste) unterstützte, wurde bei einer Wahlbeteiligung von 32,77% nicht das notwendige Quorum von 25% erreicht.

Es fehlten letztlich zwar nur 51 Stimmen, aber die Zustimmung blieb mit 24,89% unter der erforderlichen Marge.
Noch ist unklar, ob die Stadtwerke Erkrath das Stromnetz selbst betreiben oder eine Betriebsführung mit einem anderen Unternehmen vereinbaren werden. Man verhandelt mit den Stadtwerken von Düsseldorf, Wuppertal und Hilden, aber auch mit RWE. Auch über die Zahl der von den Stadtwerken zu übernehmenden Mitarbeiter ist man noch uneinig.[15]
Fünf Elektrizitätsgenossenschaften im Teutoburger Wald fürchten sich nicht vor dem Stromriesen. Ihr Widerstand gegen das Strompreisdiktat aus Essen mag als Beispiel gelten, daß Kommunen keineswegs völlig machtlos sind, wenn Stromlieferungsverträge einseitig vom RWE verändert werden.
Der Streit hatte damit begonnen, daß RWE 1985 die bestehenden Verträge mit der Begründung kündigte, daß der bisherige Strompreis wegen der Verteuerung der Stromerzeugung nicht mehr vertretbar sei. Die fünf Elektrizitätsgenossenschaften (EG Hagen, EG Bad Laer, EG Hilter, EG Hasbergen, EG Glandorf) versorgen seit den 20er Jahren Gebiete im und um den Teutoburger Wald. Seit 1958 werden sie von RWE aus Ortsnetzstationen beliefert.
Die Genossenschaften zahlten jedoch weiterhin den alten, aus ihrer Sicht angemessenen Preis. Also klagte RWE auf Zahlung der Differenzbeträge. Der Rechtsstreit führte 1991 zu einem Urteil des Bundesgerichtshofes, daß RWE die entstandenen Kosten und Gewinne zur Begründung der Preiserhöhung offenzulegen habe.
Dieser Aufforderung kam die RWE Energie AG erst im Dezember 1994 nach, indem sie beim Landgericht Osnabrück mit einer sogenannten »Kostendarlegung« Klage auf Zahlung des von RWE geforderten höheren Preises für die Zeit ab 1985 einreichte.
Die Genossenschaften beauftragten unabhängige Gutachter mit der Prüfung der Kostendarlegung. Nach deren Analysen sind die Informationen des RWE zu den Kosten unvollständig; soweit Angaben gemacht wurden, basieren sie auf ungeeigneten Vorgaben und Methoden. Die Darlegung beruhe weitgehend auf unplausiblen Zuordnungen und unzulässigen Pauschalierungen. Zum Teil seien sie in sich selbst widersprüchlich bzw. stünden im Widerspruch zu allgemeinen Informationsquellen, so das vernichtende Fazit des Gutachtens.[16]

Was tut sich bei den Stadtwerken im RWE-Versorgungsgebiet?

- Die »Prozeßkostengemeinschaft Stromnetzübernahme« besteht aus einer Gruppe von über 40 Unternehmen und will den Übernahmepreis höchstrichterlich klären lassen. Nach Ablauf der sog. Alt-Konzessionsverträge von Regionalversorgern ist die Frage der Kaufpreisermittlung strittig.
- Die Stadt Kleve hat mit den eigenen Stadtwerken für die nächsten 20 Jahre einen Konzessionsvertrag abgeschlossen, der mit RWE lief zum Jahresende 1994 aus.
- Die Städtischen Werke Krefeld haben von der RWE Energie für 16 Mio. DM das Stromnetz abgekauft. Damit wird die Stromabgabe von 65,2 Mio. kWh auf 1,15 Mrd. kWh, die Anschlußzahl um 7.700 auf 47.089 und das Netz um 152 km auf 1920 km steigen. Die SWK legt dem Kaufpreis eine Umsatzschätzung von 14 Mio. DM/a zugrunde.
- Die Stadtwerke Lemgo haben bereits 1985 die Stromversorgung in allen Ortsteilen übernommen.
- Die GEW Köln wird zum 1. Juli 95 bzw. Januar 2000 die Stromversorgung auf das gesamte Stadtgebiet ausdehnen und sich an den Stadtwerken Troisdorf mit 49% beteiligen. Das bringt GEW 150 Mio. kWh/a Mehrabsatz.
- Die Stawag Stadtwerke Aachen AG hat die Verteilungsnetze in einigen Stadtteilen von RWE Energie gekauft. Bis zum Jahr 2006 wird die Anbindung dauern. Um mehr als 200 Mio. kWh/a wird der Stromabsatz steigen (1994 knapp 900 Mio. kWh).
- An den Stadtwerken Troisdorf sind seit dem 1. Juli 1995 die RWE Energie AG und die Gas-, Elektrizitäts- und Wasserwerke Köln AG (GEW) mit jeweils 24,5% beteiligt. Die Mehrheit von 51% behält die Stadt Troisdorf. Ausgelöst wurde dieser Deal durch den seit Anfang 1995 wirksamen Übergang der Stromversorgung in der Stadt von RWE an die Stadtwerke. Die Betriebsführung der Stromsparte hat allerdings bis zum Jahr 2000 noch RWE. Kapitalerhöhungen sind bereits geplant, so daß es absehbar ist, daß RWE seinen Einfluß noch erhöhen wird.
- Ab dem 1. Januar 1997 ist das Stromversorgungsgebiet der Stadtwerke Duisburg identisch mit den Grenzen der Kommune, weil dann die bisher noch von der RWE Energie belieferten Stadtteile von den Stadtwerken übernommen werden. In den neu übernommenen Stadtteilen werden die Stadtwerke

bei den Sonderkunden in die von RWE ausgehandelten Lieferkonditionen einsteigen. Die Tarifkunden brauchen, weil der Kohlepfennig sowie die darauf berechnete Mehrwertsteuer entfällt, 10,5% weniger für den Strom zahlen.

- Die Stadtwerke Ratingen übernahmen Mitte 1996 die zuvor von RWE Energie belieferten Ortsteile. Damit wird die Stromabgabe der Stadtwerke um 75% ansteigen. Der Stadtrat von Ratingen hatte am 6. Februar 1996 mehrheitlich beschlossen, daß RWE für die Einbringung der Netze »eine gewisse Zuzahlung« und eine Beteiligung an den Versorgungsbetrieben in Höhe von 24,77% erhält.
- Durch »neue Beteiligungs- und Betriebsführungsmodelle« will die RWE Energie dem Wunsch einiger Kommunen nach stärkerer Beteiligung an der örtlichen Versorgung entsprechen.
- Ein Beispiel dieser Art ist u.a. das Engagement mit 25,1% bei den Stadtwerken Düren durch Übertragung des eigenen örtlichen Stromversorgungsnetzes (1994) auf die Stadtwerke. In diesen Teilnetzen obliegt RWE Energie sechs Jahre lang die technische Betriebsführung.
- Mit der Stadt Tönisvorst im Kreis Viersen handelte RWE eine 49% Beteiligung an den Stadtwerken heraus. Auch hier gehen die Stromversorgungsanlagen im Stadtgebiet in die gemeinsame Gesellschaft ein.
- In der rheinisch-bergischen Region soll schließlich eine »Neuordnung der Versorgungszuständigkeiten« erfolgen. An der neuen Rheinisch-Bergischen Versorgungsgesellschaft mbH (RBV) ist RWE Energie – mittelbar über die Bergischen Licht-, Kraft- und Wasserwerke GmbH (Belkaw) – mit 50% beteiligt. RWE hat sich die Betriebsführung gesichert und somit die Gebietskommunen Burscheid, Kürten, Lindlar und Odenthal im Sack.
- Bei diesen Aktivitäten bekam das Bundeskartellamt viel zu tun. Untersagt haben die Berliner Kartellhüter einstweilen das beabsichtigte 49,9% Engagement von RWE Energie an der Stromversorgung Aggertal GmbH.
- Im Oberbergischen und im Rhein-Sieg-Kreis verkauften zehn Elektrizitätsgenossenschaften ihre Stromversorgungsanlagen, die in den regionalen RWE-Verbund integriert wurden. Die RWE-Enkelin Kreiswerke Heinsberg GmbH erwarb von der Stadt Baesweiler/Kreis Aachen einige Stadtteilnetze und arrondierte so ihr Versorgungsgebiet.

- Eine Zukunftsinvestition ist der Kauf der Netzanlagen auf dem früheren Flugplatz Bitburg, hier soll in enger Kooperation mit der Kommune und dem Essener Technologie- und Entwicklungszentrum die Neuansiedlung von Gewerbe und Industrie geplant und realisiert werden.
- In den neuen Ländern wurde zur Vergrößerung des Einflußgebietes der Energieträger Gas genutzt. Über die Tochter GGV Gesellschaft für Gasversorgung mbH wurde die Beteiligung an der SpreeGas Gesellschaft für Gasversorgung und Energiedienstleistung mbH, Cottbus, um weitere 7,8% auf 24,8% aufgestockt. An der neuen Energieversorgung Guben GmbH, die Gas- und Fernwärmeversorgung betreibt, sind neben den Städtischen Werken Guben mit 50%, RWE Energie mit 45 und die Städtischen Werke Krefeld AG mit 5% beteiligt.
- Im März 1996 hat das Bundeskartellamt gegen die RWE Energie und die niedersächsische Stadt Nordhorn eine Untersagungsverfügung erlassen. Anlaß war der Konzessionsvertrag vom April 1995, der RWE für die nächsten 20 Jahre die ausschließliche und konkurrenzlose Vorsorgung von Nordhorn zusicherte. Die Wettbewerbshüter erklärten diese Klausel für wettbewerbswidrig, weil im Vertrag über die Europäische Union wettbewerbsbeschränkende Vereinbarungen verbietet. Im Falle von Nordhorn schränkt der Konzessionsvertrag den zwischenstaatlichen Handel ein, denn Teile des Stadtgebietes grenzen unmittelbar an die Niederlande an.

RWE am Vorabend des Europäischen Binnenmarktes für Energie

Abschließend geht es um die Chancen, die sich durch die Veränderung der Rahmenbedingungen auf der europäischen Ebene durch die Richtlinienvorhaben der Europäischen Union zur Liberalisierung und Deregulierung der Märkte für Strom und Gas ergeben.

Im Februar 1992 hatte die EG-Kommission dem Ministerrat zwei Richtlinienvorschläge vorgelegt, die eine Liberalisierung und Deregulierung der Märkte für Strom und Gas herbeiführen sollten. Kernpunkte des Richtlinienvorschlages Elektrizität waren:

- freie Stromerzeugung und freier Leitungsbau;
- Aufhebung aller Ausschließlichkeitsrechte;
- organisatorische und rechtliche Trennung von Erzeugung, Übertragung und Verteilung bei vertikal integrierten Versorgungsunternehmen (Unbundling);

- Zugang großer Industrieverbraucher und Verteilungsunternehmen zum Netz (Third Party Access – TPA).

Dieses Konzept stieß nicht nur im Ministerrat, sondern vor allem in der deutschen und französischen Stromwirtschaft auf heftigen Widerstand. Die EG-Kommission wurde im November 1992 aufgefordert, ihren Entwurf zu überarbeiten und dabei die Position des Europäischen Parlaments zu berücksichtigen. Der Parlamentsausschuß für Energie, Forschung und Technologie verabschiedete erst ein Jahr später, im November 1993, seine Stellungnahme mit Änderungsvorschlägen zum Kommissionsentwurf. Im Europäischen Parlament sind Lobbyisten aller Couleur von je her stark vertreten. Besonders stark werden die Interessen der Atom- und Stromwirtschaft von jenen Parlamentariern wahrgenommen, die von ihren Unternehmen für die Politik auf europäischer Ebene freigestellt worden sind. Kein Wunder also, daß vom Europäischen Parlament ein kompletter Gegenvorschlag kam. Statt Liberalisierung wurden unter Berufung auf den Grundsatz der »Subsidiarität« die öffentlichen Dienstleistungsaufgaben (französisch: service public) der Strom- und Gasversorgungsunternehmen betont. Deswegen sollten lokale und regionale Stromverteiler weiterhin eine Monopolstellung haben dürfen. Vor einer Liberalisierung der Energiewirtschaft sollten Umweltrecht und Steuerwesen harmonisiert werden. Statt für TPA sprach sich das Parlament für »verhandelten Zugang zum Netz« aus. Industriellen Großkunden aber auch Stromverteilungsunternehmen soll ein direkter Strombezug von Dritten ermöglicht werden.

Im Dezember 1995 machte die EU-Kommission einen zweiten Anlauf, im Rat der Energieminister eine Richtlinie für die Gestaltung des europäischen Strommarktes durchzusetzen. Abermals blockierten sich zwei Gruppen von Mitgliedstaaten mit unterschiedlichen Auffassungen gegenseitig.

Entschiedene Kritik kam aus der deutschen Stromwirtschaft, formuliert im Hause RWE. Der neue Richtlinienentwurf liege »ganz auf der französischen Linie«, stelle die Einführung fast aller Wettbewerbselemente weitestgehend in das Belieben der Mitgliedstaaten und erfülle die Forderung nach Gleichgewichtigkeit (Reziprozität) nicht einmal ansatzweise.[17]

RWE betrachtet es als ausgemachte Sache, daß es im europäischen Strombinnenmarkt zu einem Nebeneinander verschiedener Wettbewerbssysteme kommen wird. Rolf Bierhoff, Vorstandsmitglied von RWE Energie, interessiert vor allem das Problem, wie sich unter diesen Bedingungen »Reziprozität« herstellen läßt. Die Frage nach der Wechselseitigkeit der Wettbewerbselemente ist für Monopolisten natürlich mehr als berechtigt. Nach der Vorstellung des RWE-Managers sollte die Lösung darin bestehen, daß der europäische Stromverbund auf freiwilliger Basis funktioniert. Dazu braucht eigentlich gar nichts verändert werden. Die Alternative zur freiwilligen Zusammenarbeit heißt nämlich Schaffung einer europäischen Regulierungsbehörde. Und die will RWE unter keinen Umständen.

Bierhoff plädierte deswegen für Beibehaltung und Ausbau des bisherigen Systems. Nachdenken wolle man allerdings über eine Erweiterung des westeuropäischen Verbundnetzes UCPTE, damit in den erlauchten Kreis von 30 Verbundgesellschaften weitere Unternehmen eingebunden werden können.

Im Falle eines Nebeneinanders von Alleinkäufer-Modell (Single Buyer) und Verhandeltem Netzzugang (Negotiated Third Party Access – NTPA) sei eine Übergangsregelung für die Unternehmen notwendig, die aus Single-Buyer-Systemen heraus agieren. Diese müßten in ihren Möglichkeiten beschränkt, in Deutschland dagegen »kartellrechtliche Spielräume« eröffnet werden, damit wettbewerbsfähige Preise gemacht werden können.[18]

RWE und die übrige deutsche Verbundwirtschaft lehnen die Nebeneinander-Lösung ab, weil z.B. der französische Strommonopolist Electricité de France leichteren Zutritt zum hiesigen Strommarkt hätte als umgekehrt. Während EdF in Deutschland mit vielen Stromversorgern oder industriellen Großabnehmern verhandeln könne, dürfen deutsche Stromexporteure in Frankreich nur mit dem Alleinkäufer EdF ins Geschäft kommen.

Im Juni 1996 wurde, nach vier Jahren der Auseinandersetzung, eine schrittweise Öffnung des Strommarktes für Großkunden beschlossen. Eine Mehrheit der EU-Staaten unterstützte den italienischen Vorschlag, wonach zunächst Großkunden mit einem Jahresverbrauch von mindestens 40 GWh der Bezug von billigem Strom aus dem Ausland ermöglicht wird. Nach diesem Einstieg soll der Teilnehmerkreis dann in Etappen von jeweils drei Jahren auf kleinere Abnehmer ausgedehnt werden. Nach neun Jahren können dann auch Stromkunden mit einem Mindestverbrauch von 10 GWh im Jahr in den Genuß des freien Marktes kommen. Die Durchleitung des Stroms soll entweder in den Leitungen der bisherigen Stromverteiler gegen entsprechende Gebühren erfolgen, oder die Stromlieferanten müssen eigene Leitungen legen.[19]

AUSBLICK

Im vergangenen Jahrzehnt ist aus dem größten deutschen Stromversorger ein »global player« geworden, der weltweit profitträchtige Wirtschaftszweige durchdringt, und nicht nur in der nationalen, sondern auch in der internationalen Politik mitmischt. Mit den enormen Gewinnen aus dem Stammgeschäft, dem Verkauf von Strom und Energie, ist RWE ein schwergewichtiger, wenn nicht ein bestimmender Faktor der deutschen Wirtschaft.

In diesem Buch ist deutlich geworden, daß das Stromgeschäft längst nicht mehr das alleinige Standbein des Konzerns ist. Dieser neuen Entwicklung müssen daher auch alle politischen Initiativen, die sich um einen Entwurf von sozial- und umweltverträglichen Alternativen bemühen, Rechnung tragen.

Dazu ist eine neue Strategie zu entwickeln, die gleichzeitig die Veränderung der wirtschaftlichen Interessen, der politischen Machtverhältnisse und der informationellen Schieflage berücksichtigt. Breite politische Bündnisse müssen geschlossen werden von Verbrauchern, Umwelt- und Naturschützern, kritischen Ärzten und Juristen, Verteidigern von Demokratie und Menschenrechten, Gewerkschaften und all denen, die sich für eine »dauerhafte Entwicklung« und Klimaschutz einsetzen. Dabei sind im Sinne der Theorie des gewaltfreien Widerstands neue Protestformen zu entwickeln, wobei der Phantasie der Aktionsformen keine Grenzen gesetzt sind. Die Entwicklung von konstruktiven Alternativen muß dabei ebenso im Vordergrund stehen wie die Ausnutzung der neuen Informations-Infrastruktur (Beispiel Internet).

Dazu gehört aber auch, daß überall da, wo es möglich erscheint, ein Dialog mit den Verantwortlichen des RWE-Konzerns zu führen ist. Aus den mißglückten Versuchen der »Energiekonsensgespräche« sollten alle Seiten lernen. Eine Alternative gegen die negativen Gesamtwirkungen der gegenwärtigen Industrieentwicklung kann nur in einem breiten Bündnis entstehen. In diesem Sinne soll das Buch Anstöße vermitteln und Machtpositionen hinterfragen, die langfristig ohnehin nicht zu verteidigen sind.

ANHANG
ANMERKUNGEN

ZUR GESCHICHTE
RWE – seit frühester Jugend auf Draht

1 Die Geschichte des RWE ist wesentlich ausführlicher dargestellt in der 1. Ausgabe des Buches »RWE – Ein Riese mit Ausstrahlung«, herausgegeben von AG Atomindustrie, Berlin und AK Chemische Industrie, Köln, Köln 1984.
2 Vgl. Hans Dieter Hellige: Entstehungsbedingungen und energietechnische Langzeitwirkungen des Energiewirtschaftsgesetzes von 1935, in: Technikgeschichte, Bd. 53, Nr. 2, 1986, S. 125.
3 Kurt Pritzkoleit: Männer, Mächte, Monopole. Hinter den Türen der westdeutschen Wirtschaft, Düsseldorf 1960, S. 374.
4 Rheinbraun als günstige Rohstoffquelle war schon seit längerem ein begehrtes Kaufobjekt des RWE. Aber alle Übernahmeverhandlungen scheiterten am Widerstand des Rheinbraun-Chefs Paul Silverberg. Flick ging mit List zu Werke. Zunächst beschaffte er sich über die Danat-Bank für 8 Millionen Reichsmark Rheinbraun-Aktien auf Kredit. Kurz darauf machte die Danat-Bank Bankrott. 1932 verkaufte Flick die Gelsenkirchener Bergwerks AG an das Reich, behielt aber das Rheinbraun-Paket von 13 Millionen RM. Nun hatte Flick für 21 Millionen RM Rheinbraun-Aktien. Mit Hilfe des RWE-Aufsichtsratsvorsitzenden Albert Vögler tauschte er dieses Paket gegen 30 Millionen RM RWE-Aktien und 6,5 Millionen RM Roddergrube-Aktien. Damit besaß RWE die Mehrheit an Rheinbraun, da es bereits mit einer Schachtel die Sperrminorität hatte. Das Tauschgeschäft ging weiter: Flick übergab seine RWE- und Roddergruben-Aktien an Rheinbraun und erhielt dafür deren 36,35 Millionen RM teures Harpener Bergbau AG-Paket, auf das er es eigentlich abgesehen hatte.
5 Arthur Koepchen: Gutachten über die in der deutschen Elektrizitätswirtschaft zur Förderung des Gemeinnutzes notwendigen Maßnahmen, Essen 1933.
6 Vgl. Ernst Henke, a.a.O., S. 67.
7 RWE: Aktionärsstruktur 1993, Essen 1993.
8 RWE: Strom – Energie unserer Welt, Essen o.J. (1980), S. 7.
9 Vgl. Hermannus Pfeiffer: Das Imperium der Deutschen Bank, Hamburg 1987.
10 Tagesspiegel vom 5.8.1994.

VOM URAN BIS ZUM WIND
Wie kommt der RWE-Strom in die Steckdose?

1 Kurt Pritzkoleit, a.a.O., S. 367.
2 Manfred Hagelücken: Braunkohlenbergbau in der Welt 1981 – Braunkohlenförderung erreichte erstmalig 1 Milliarde t, in: Braunkohle, H. 10, 1982, S. 315, insbesondere Tabelle 1: Braunkohlenvorräte und Braunkohlenförderung in der Welt.
3 1991 wurde das Geschäftsjahr von Rheinbraun mit dem der Mutter RWE in Einklang gebracht.
4 Vorwort zum Geschäftsbericht 1994/95 der RWE AG.
5 Im »Jahrhundertvertrag« zwischen der Energiewirtschaft und den Bergbauunternehmen wurde festgelegt, daß der Absatz inländischer Steinkohle in der öffentlichen Elektrizitätserzeugung von

rd. 26 Mio. Tonnen im Jahre 1980 bis 1990 um rund 1 Mio. Tonnen SKE pro Jahr und in der Zeit von 1991 bis zum Auslaufen im Jahr 1995 durchschnittlich um rund 0,5 Mio. Tonnen SKE pro Jahr gesteigert werden sollte.

6 Vgl. Helmut Kost/Heinz Vetter: Entwicklung und Stand von Braunkohlenkraftwerken, in: Energiewirtschaftliche Tagesfragen, H. 5, 1981, S. 408.

7 Im Mai 1996 machte RWE mit dem Bayernwerk folgendes Tauschgeschäft: Bayernwerk übernimmt die 25% des RWE an den Isarwerken und gibt dafür seine 50% an Thyssengas ab. Das Bundeskartellamt muß diese Transaktion noch genehmigen. Vgl. Der Tagesspiegel v. 22.5.1996.

8 Vgl. Der Tagesspiegel v. 18.8.1988, S. 20.

9 Vgl. Handelsblatt 20.10.1992.

10 RWE Energie: Unser Programm für Industrie, Handel und Gewerbe, Essen 11.95.

11 ZfK 4/96, S. 1.

12 ZfK 10/95, S. 3.

VERHÄNGNISSVOLLE AFFAIREN
Der deutsche Atomriese

1 Vgl. Joachim Radkau: Aufstieg und Krise der deutschen Atomwirtschaft 1945-1975. Verdrängte Alternativen in der Kerntechnik und der Ursprung der nuklearen Kontroverse, Reinbek 1983.

2 Zitiert nach Radkau, a.a.O., S. 121.

3 O. Löbl: Streitfragen bei der Kostenberechnung des Atomstroms, in: Energiewirtschaftliche Tagesfragen, H. 10, 1960, S. 11.

4 Vgl. Hambach-Gruppe/Aachen: Hambach – Das größte Loch der Welt, Aachen 1980, S. 17.

5 Vgl. Klaus Peter Messer & Hans-Jürgen Dibbert: Brennstoff-Management für die RWE-Kernkraftwerke, in: Atom + Strom, 32. Jg. (1986), H. 5, S. 153-155.

6 Thiry in »Le Monde« 1978, zitiert nach: RWE – Ein Riese mit Ausstrahlung, Köln 1984, S. 120.

7 Vgl. Gloria Duffy: Soviet Nuclear Energy: Domestic and International Policies, Santa Monica 1979.

8 Hans Mohrhauer, Entwicklungen bei der Uran-Anreicherung, in: atw, H. 8/9 1995, S. 539.

9 Zum RWE-Konzern zählt z.B. auch die Reederei und Spedition »Braunkohle« GmbH, die heute RV Rheinbraun Handel und Dienstleistungen GmbH heißt.

10 Vgl. RWE-Geschäftsbericht 1986/87, S. 34.

11 Für 1994 wird die Nettoerzeugung mit -151.036 MWh angegeben. Vgl. VDEW Statistik 1994, Betriebsmittel, S. 65.

12 Jahrbuch der Atomwirtschaft 1996, S. 238.

13 Baseler Zeitung v. 2.3.1988.

14 Tagesspiegel v. 26.6.1992.

15 Tagesspiegel v. 9.5.1996.

16 IAEA (Ed.): Peaceful Nuclear Explosions, Vol. 1-5, 1970ff, Wien.

RWE AKTUELL
Der Multi mit den vielen Gesichtern

1 Vgl. Camillo Asriel: Das R.W.E., Zürich 1930, S. 161ff.

2 Vgl. dazu RWE – Ein Riese mit Ausstrahlung, a.a.O.

3 Frankfurter Börsenbriefe v. 10.4.1989, S. 3.

4 RWE Entsorgung AG: Geschäftsbericht 1994/95, S. 16.

5 Hamburger Abendblatt v. 10.9.1994.

6 ZfK 6/95, S. 6.

7 RWE Energie AG, Geschäftsbericht 1994/95, S. 20.

8 Handelsblatt 13.10.1994.
9 Energiewirtschaftliche Tagesfragen, H. 1/2 1996, S. 116.
10 Rheinelektra AG, Geschäftsbericht 1994/95, S. 24.
11 ZfK 11/95, S. 7.
12 Ende 1995 startete die RWE Telliance in Gelsenkirchen den Pilotversuch »Multimedia Gelsenkirchen« auf DECT-Basis. DECT ist die Abkürzung für Digital European Cordless Telecommunication. DECT ist ein Kommunikationsprotokoll und ein Funkschnittstellen-Standard. Es arbeitet auf der Frequenz zwischen 1,88 und 1,9 GHz. Die reservierte Bandbreite von 18 MHz ist in zehn Kanäle aufgeteilt, die ihrerseits nochmals in 12 Zeitschlitzen gerastert sind. DECT bietet somit insgesamt 120 Kanäle je Basisstation an. Es können also 120 Gespräche gleichzeitig geführt werden. Zum einfachen Telefonieren ist die DECT-Technik fast zu schade: Parallel zur Sprachkommunikation lassen sich via DECT auch Daten mit bis zu 256 kbit/s übertragen. Um Videos zu übertragen, müßte die Geschwindigkeit auf über 1 Mbit/s heraufgeschraubt werden. Das auf 6 km^2 begrenzte Projekt in Gelsenkirchen soll z.B. über Multimedia-Versuche die technischen Möglichkeiten von DECT austesten.
13 ZfK 3/96, S. 2.
14 Friedhelm Gieske im Interview mit TopBusiness, April 1993, S. 44.
15 RWE Energie: Wir bringen Energie zum Leben, Essen o.J., S. 20.
16 StromTHEMEN 6/94, S. 7.
17 Mit diesem Titel konnte sich die Anlage nur kurze Zeit schmücken. Am 18. Oktober 1994 wurde in Süditalien in Serre (Provinz Salerno) das größte Photovoltaik-Kraftwerk der Welt in Betrieb genommen. Diese Anlage startete mit einer Leistung von 2 MW und soll auf 3,3 MW erweitert werden.
18 StromTHEMEN 8/94, S. 5.
19 StromTHEMEN 8/94, S. 5.

DER WEG NACH OSTEN
Die Übernahme der Energiewirtschaft der DDR

1 Koalitionsvereinbarung der DDR-Regierungsparteien, Beilage zur »Information« Nr. 8/1990.
2 Vgl. Gesetz zur Privatisierung und Reorganisation des volkseigenen Vermögens, § 1 (1): »Volkseigenes Vermögen kann auch in durch Gesetz bestimmten Fällen den Gemeinden, Städten, Kreisen und Ländern sowie der öffentlichen Hand als Eigentum übertragen werden. Volkseigenes Vermögen, das kommunalen Aufgaben und kommunalen Dienstleistungen dient, ist durch Gesetz den Gemeinden und Städten zu übertragen.« In: Gesetzblatt der DDR, Teil I, 1990, Nr. 33.
3 Gesetz über das Vermögen der Gemeinden, Städte und Landkreise, in: Gesetzblatt der DDR, Teil I, 1990, Nr. 42.
4 Gesetzblatt der DDR, Teil I, 1990, Nr. 45.
5 A.a.O., § 4 (2), Buchstabe a.
6 Vgl. Süddeutsche Zeitung vom 22. 6. 1990 und 25. 6. 1990 sowie Tagesspiegel vom 29. 6. 1990.
7 Präambel des Verbundvertrages.
8 Verbundvertrag § 2 (2b).
9 Ebd.
10 Verbundvertrag § 12 (4).
11 Einigungsvertrag, S. 1098.
12 Der Staat der »Stromer«, in: Der Spiegel, Nr. 46, 1995, S. 86.
13 A.a.O., S. 101.
14 ZfK 1/96, S. 10.
15 Börsenzeitung vom 12.3.1992.

16 RWE Energie AG: Geschäftsbericht 1994/95, S. 19.
17 RWE AG, Geschäftsbericht 1994/95, S. 27.
18 Börsenzeitung vom 24.3.1992.
19 ZfK 12/95, S. 3.
20 ZfK 1/96, S. 14.

RWE UND DIE UMWELT

Der Kampf um das Klima

1 Lutz Mez et al.: Das RWE und der Smog. Wie ein Elektrizitätskonzern Umweltpolitik macht, in: Blätter für deutsche und internationale Politik, H. 2, 1985, S. 209-220.
2 Greenpeace: Garzweiler II. Das RWE CO_2-Minderungskonzept und die Folgen. Eine kritische Analyse (Stand: Juni 1995), Hamburg 1995, S.1.
3 Vgl. Stephan Gampe, Nils König & Pia Mayer: Die Ausbreitung und Reaktion von Luftverunreinigungen in der Umwelt, in: Das Waldsterben. Ursachen – Folgen – Gegenmaßnahmen, hrsg. vom Arbeitskreis Chemische Industrie/Katalyse-Umweltgruppe Köln e.V., 2. Aufl., Köln 1984, S. 133 ff: »Die emittierten Schadstoffe kehren früher oder später in ihrer ursprünglichen oder in umgewandelter Form auf die Erde zurück und belasten die Ökosphäre.«
4 Vgl. RWE: Informationen für unsere Aktionäre zum Geschäftsjahr 1986/87, in: a.a.O.
5 Vgl. K. Hein und D. Rüsenberg: Untersuchungen zur Bildung und Minderung von Stickoxiden bei Braunkohlefeuerungen, in: Die Industriefeuerung, Nr. 38, 1987, S. 39-42; D. Kallmeyer und J. König: Einführung von NOx-Minderungstechniken in mit rheinischer Braunkohle gefeuerten Kraftwerken, in: Brennstoff-Wärme-Kraft (BWK), Bd. 39, Nr. 5, 1987, S. 249-253.
6 Vgl. M. Lange und H.J. Oels: Gesetzliche Vorschriften und technische Maßnahmen zur NOx-Emissionsminderung bei Feuerungsanlagen und stationären Verbrennungsmotoren, in: Brennstoff-Wärme-Kraft (BWK), Jg. 39, Nr 10, 1987.
7 Vgl. Emissionsminderungsplan für Großfeuerungs-Anlagen der öffentlichen Energieversorgung in Nordrhein-Westfalen, November 1984.
8 Vgl. Lutz Mez et al., a.a.O, S. 218f.
9 RWE Energie & Rheinbraun: Das CO_2-Minderungskonzept. Ein Positionspapier, Essen, Köln, im Dezember 1994, S. 8.
10 Anzeige der RWE Energie »Das Kernargument: Es könnten 8 Mio. Tonnen CO_2 pro Jahr weniger sein«, z.B. in: ZfK 12/95, S. 4.
11 Greenpeace, a.a.O., S. 1.

GESCHÄFTE UND GEWINNE

Wie macht das RWE Profit?

1 Vgl. Arbeitsgruppe Großunternehmen: Gewinnentwicklung und Gewinnverschleierung in der westdeutschen Großindustrie. Eine Untersuchung der 50 umsatzgrößten Kapitalgesellschaften der BRD von 1967 bis 1975, 2 Bände, Köln 1977.
2 Die Arbeitsgruppe Großunternehmen ermittelte z.B. für RWE nur eine mäßige durchschnittliche Profitrate von 27,5%. Vgl. Arbeitsgruppe Großunternehmen, a.a.O., Bd. 2, S. 253.
3 RWE-Geschäftsbericht 1994/95, S. 11.
4 ZfK 11/95, S. 7.
5 RWE-Geschäftsbericht 1994/95, S. 11.
6 Vgl Spiegel, H. 46, 1995, S. 91.
7 Vgl. RWE-Geschäftsbericht 1986/87, S. 26.
8 RWE-Geschäftsbericht 1986/87, S. 19.

9 Außerdem findet eine staatliche F&E-Subventionierung über die Gewährung von Investitionszulagen statt. Bei selbstfinanzierten Projekten deckt die Investitionszulage mindestens 10% der Kosten.
10 Dietrich Böcker & Werner Hlubek: Umwelt- und Klimaschutzprogramm für die rheinische Braunkohle, in: Energiewirtschaftliche Tagesfragen, H. 3, 1995, S. 125.
11 BMBF-Förderungskatalog 1994.

DIE ORGANISATION DER MACHT
Von der »Gefahr für die Demokratie«

1 Wirtschaftswoche Nr. 47, 13. 11. 1992, S. 176.
2 Wirtschaftswoche Nr. 47, 13. 11. 1993, S. 179.
3 Der SPIEGEL 46/1995, S. 80.
4 ebd.
5 WDR Fernsehen »Markt« vom 24.7.1995.
6 ebd.
7 Land Nordrhein-Westfalen: Gesamtplanung im Rheinischen Braunkohlengebiet, in: ZfB, Dortmund 1950, Seite 173.
8 § 31 Landesplanungsgesetz NW.
9 Vgl. zu dieser Thematik die ausführlichen Betrachtungen von Dorothea Schubert in: Dorothea Schubert, Garzweiler II. Wie an der Schwelle zum 21. Jahrhundert ein Braunkohletagebau durchgesetzt werden soll, herausgegeben vom BUND NW, Ratingen 1996.
10 StromTHEMEN 11/93, S. 2.
11 StromTHEMEN 3/95, S. 7.
12 StromTHEMEN 8/95, S. 3.
13 RWE AG: Geschäftsbericht 1994/95, S. 7.

HANDLUNGSMÖGLICHKEITEN
David gegen Goliath

1 RWE – Ein Riese mit Austrahlung, Köln 1984, S. 182.
2 StromTHEMEN 5/94, S. 7.
3 Tagesspiegel v. 23.5.1996.
4 StromTHEMEN 1/96, S. 5.
5 RWE AG: Geschäftsbericht 1994/95, S. 7.
6 Landgericht Mainz, Urteil vom 19. Juni 1992, Az. 7. O. 384/91, S. 50.
7 ZfK 2/96, S. 2.
8 Rhein-Zeitung v. 6. 3. 1996.
9 Rhein-Zeitung v. 7. 3. 1996.
10 Rhein-Zeitung vom 23. 8. 1995.
11 Landtag Rheinland-Pfalz Drs. 12/7684 .
12 ZfK 10/95, S. 8.
13 ZfK 11/95, S. 19-20.
14 ZfK 11/95, S. 22.
15 ZfK 5/96, S. 2.
16 ZfK 9/95, S. 5-6.
17 ZfK 11/95, S. 16.
18 ZfK 11/95, S. 13.
19 Tagesspiegel v. 8.5.1996.

LITERATUR ZUM THEMA

AG Atomindustrie, Berlin; Arbeitskreis Chemische Industrie Köln (Hrsg.): RWE – Ein Riese mit Ausstrahlung, Köln 1984

Asriel, Camillo J.: Das RWE – Ein Beitrag zur Erforschung der modernen Elektrizitätswirtschaft, Zürich 1930 (Dissertation)

Baumann, H.: Männer und Mächte an Rhein und Ruhr, Düseldorf 1973

Boll, G.: Entstehung und Entwicklung des Verbundbetriebs in der deutschen Elektrizitätswirtschaft bis zum europäischen Verbund. Ein Rückblick zum 20jährigen Bestehen der Deutschen Verbundgesellschaft e.V. – DVG, Heidelberg-Frankfurt/M. o.J. (1968)

Bruche, G.: Elektrizitätsversorgung und Staatsfunktion, Frnankfurt/M.-New York 1977

Bundesministerium für Wirtschaft (BMWI): Energiepolitik für das vereinte Deutschland, Bonn, März 1992

Duffy, G.: Soviet Nuclear Energy: Domestic and International Policies, Santa Monica 1979

Engelmann, B.: Die Macht am Rhein, München 1977

Greenpeace: Garzweiler II. Das RWE CO_2-Minderungskonzept und die Folgen. Eine kritische Analyse (Stand: Juni 1995), Hamburg 1995

Gröner, H.: Die Ordnung der deutschen Elektrizitätswirtschaft, Baden-Baden 1975

Grünen im Bundestag, Die (Hrsg.): Das Grüne Energiewende-Szenario 2010. Sonne, Wind und Wasser, 2. Aufl., Köln 1991

Hanewinkel, A./Stankoweit, B./Blenkers, P.: VEW; Der verklemmte Gigant, hrsg; von der Fraktion Die Grünen im Landschaftsverband Westfalen-Lippe, Münster o.J. (1985)

Hellige, H. D.: Entstehungsbedingungen und energietechnische Langzeitwirkungen des Energiewirtschaftsgesetzes von 1935, in: Technikgeschichte, Bd. 53, Nr. 2, 1986

Henke, E.: RWE 1898-1948, Essen 1948

Hennicke, P. u.a.: Die Energiewende ist möglich. Für eine neue Energiepolitik der Kommunen, Frankfurt/M. 1985

Karweina, G.: Der Strom-Staat, Hamburg 1984

Kitschelt, H.: Politik und Energie. Energie-Technologiepolitiken in den USA, der Bundesrepublik Deutschland, Frankreich und Schweden, Frankfurt/New York 1983

Klien, J. u.a.: Energiepolitik vor Ort – dezentrale Energiewirtschaft – umweltfreundlich, ressourcenschonend, nutzungsgerecht, Köln 1985

Koepchen, A.: Gutachten über die in der deutschen Elektrizitätswirtschaft zur Förderung des Gemeinnutzes notwendigen Maßnahmen, Essen 1933

Mez, L. (Hg.): Der Atomkonflikt. Berichte zur internationalen Atomindustrie, Atompolitik und Anti-Atom-Bewegung, Reinbek 1981

Mez, L./Jänicke, M./Pöschk, J.: Die Energiesituation in der vormaligen DDR. Darstellung, Kritik und Perspektiven der Elektrizitätsversorgung, Berlin 1991

Monopolkommission: Hauptgutachten I: Mehr Wettbewerb ist möglich, Baden-Baden 1976

Mönig, W. u.a.: Konzentration und Wettbewerb in der Energiewirtschaft, München 1977

Müschen, K./Romberg, E.: Strom ohne Atom. Ausstieg und Energiewende, Frankfurt/M. 1986

Pfeiffer, H.: Das Imperium der Deutschen Bank, Hamburg 1987

Pritzkoleit, K.: Männer, Mächte, Monopole. Hinter den Türen der westdeutschen Wirtschaft, Düsseldorf 1960

Radkau, J.: Aufstieg und Krise der deutschen Atomwirtschaft 1945-1975. Verdrängte Alternativen in der Kerntechnik und der Ursprung der nuklearen Kontroverse, Reinbek 1983

Radzio, H.: Unternehmen Energie, Düsseldorf 1979

RWE: Das RWE nach seinen Geschäftsberichten 1898-1948, Essen 1948

RWE: Geschäftsberichte, Essen div. Jahrgänge

Rosenkranz, G./Meichsner, I./Kriener, M.: Die neue Offensive der Atomwirtschaft. Treibhauseffekt, Sicherheitsdiskussion, Markt im Osten, München 1992

Schmitt, D./Heck, H. (Hg.): Handbuch Energie, Pfullingen 1990

Trägerkreis der Konferenz „Atombomben – Made in Germany?“: Atombomben – Made in Germany? Atomenergie – Schleichwege zum Atomwaffenstaat, Köln 1986

Zängl, W.: Deutschlands Strom. Die Politik der Elektrifizierung von 1866 bis heute, Frankfurt/New York 1989

Zeitschrift für kommunale Wirtschaft (ZfK), div. Jahrgänge

Direkte und indirekte Beteiligungen der RWE AG (Stand: Mai 1996)

Lf. Nr.	Unternehmensname und Rechtsform des Unternehmens	Sitz der Firma	Anteil gesamt	Anteil indirekt	Kapital über Nr.	gez. Kapital in Mio. DM	Eigen-Kapital in Mio. DM
225	Alfred-Thiel-Gedächtnis-Unterstützungskasse GmbH	Essen	100,00	100,00	002	k. A.	10,000
369	ALLSAN Entsorgung GmbH	Edenkoben	74,90	74,90	098	10,000	k. A.
101	Ambiente-Tochter I	Italien	100,00	100,00	100	k. A.	siehe 100
102	Ambiente-Tochter II	Italien	100,00	100,00	100	k. A.	siehe 100
103	Ambiente-Tochter III	Italien	100,00	100,00	100	k. A.	siehe 100
104	Ambiente-Tochter IV	Italien	100,00	100,00	100	k. A.	siehe 100
105	Ambiente-Tochter V	Italien	100,00	100,00	100	k. A.	siehe 100
106	Ambiente-Tochter VI	Italien	100,00	100,00	100	k. A.	siehe 100
083	American NuKEM Corporation (ANC)	Mahwah	100,00	60,00/40,00	082/129	0,138	14,316
085	ANC-Tochter II	USA	100,00	100,00	083	k. A.	siehe 83
086	ANC-Tochter III	USA	100,00	100,00	083	k. A.	siehe 83
087	ANC-Tochter IV	USA	100,00	100,00	083	k. A.	siehe 83
088	ANC-Tochter V	USA	100,00	100,00	083	k. A.	siehe 83
089	ANC-Tochter VI	USA	100,00	100,00	083	k. A.	siehe 83
090	ANC-Tochter VII	USA	100,00	100,00	083	k. A.	siehe 83
091	ANC-Tochter VIII	USA	100,00	100,00	083	k. A.	siehe 83
209	Anton Piller Ltd. UK	Cirencester	99,80	99,80	130	k. A.	3,638
212	Anton Piller Pty. Ltd. Australia	Melbourne	99,90	99,90	130	k. A.	0,642
214	Anton Piller Service GmbH	Osterode am Harz	100,00	100,00	130	k. A.	0,250
208	Arab-Malaysian SGB Sdn. Bhd.	Kuala Lumpur	51,00	51,00	133	k. A.	14,219
409	Arbeitsgemeinschaft Versuchsreaktor GmbH	Düsseldorf	20,49	20,49	185	6,100	13,326
374	ATG Abfalltransportges. Dorp & Müller mbH	Düsseldorf	100,00	100,00	097	4,000	k. A.
338	AVE Beteiligungsgesellschaft m.b.H.	Linz	50,00	50,00	082	0,600	k. A.
175	Ballast Nedam BV	Amstelveen/NL	48,00	48,00	135	k. A.	466,796
003	Bayerische Elektrizitätswerke GmbH	München	100,00	100,00	012	7,810	24,134
145	Bayerische Wasserkraftwerke AG	München	33,33	33,33	002	30,000	70,188
020	BBS-Braunkohle-Beteiligungsgesellschaft mbH	Köln	82,00	71,80/10,00	019/002	74,350	148,681
186	Bergemann GmbH	Essen	10,08	10,08	055	312,800	471,582
195	Berliner Licht- und Signaltechnik GmbH	Berlin	100,00	100,00	132	1,000	2,409
347	BFI Automation Dipl.-Ing. Kurt-Henry Mindermann GmbH	Ratingen	74,00	74,00	082	1,000	k. A.
302	BGE GmbH	Dortmund	100,00	100,00	301	k. A.	93,270
378	Blumenroth Entsorgung GmbH	Duisburg	100,00	100,00	097	0,500	k. A.
346	Bonnenberg + Drescher Ingenieurgesellschaft mbH	Aldenhoven	60,00	60,00	082	0,400	k. A.
250	BPR Energie Geschäftsbesorgung GmbH	Berlin	35,00	35,00	002	k. A.	3,206
357	Bresch Entsorgung GmbH	Neumünster	100,00	100,00	107	3,000	k. A.
021	Breuer GmbH, Hürth – BREUER-Gruppe	Hürth	75,00	75,00	054	0,150	159,097
022	Breuer-Tochter I	Inland	100,00	100,00	021	k. A.	siehe 21
023	Breuer-Tochter II	Inland	100,00	100,00	021	k. A.	siehe 21
024	Breuer-Tochter III	Inland	100,00	100,00	021	k. A.	siehe 21
025	Breuer-Tochter IV	Inland	100,00	100,00	021	k. A.	siehe 21
026	Breuer-Tochter V	Inland	100,00	100,00	021	k. A.	siehe 21
376	Broicher-Grünacher & Co. GmbH	Overath	100,00	100,00	097	15,000	k. A.
310	Brückner Grundbau GmbH	Essen	100,00	100,00	135	k. A.	12,117
050	Busch + Beck Internationale Spedition GmbH & Co. KG	Kerpen	74,00	74,00	042	k. A.	k. A.
399	C. Stiefenhofer GmbH	Peiting	100,00	100,00	134	k. A.	0,056
056	Caltex Deutschland GmbH	Raunheim	100,00	50,00/50,00	057/055	100,000	223,701
057	CEH Erdoel Handels-GmbH	Raunheim	100,00	100,00	055	50,100	50,100
252	Central Nucléaire Européenne á Neutrons Rapides S.A.	Paris	16,00	16,00	237	k. A.	1684,082
052	CIRCLE PACKAGE LOGISTICS Ges. f. Mehrweglogistic mbH	Köln	33,33	33,33	042	k. A.	k. A.
058	CONDEA Chemie GmbH	Hamburg	100,00	100,00	055	0,050	0,050
080	CONDEA VISTA Japan Inc.	Houston	100,00	100,00	079	USD 0,025	siehe 79
165	Consol Energy Inc	Wilmington/USA	50,00	40,00/10,00	019/281	0,154	631,377
280	Cottbuser Technologie- und Entwicklungs-Centrum GmbH	Cottbus	18,50	18,50	163	k. A.	0,100
059	D. A. C. Industrie Chimiche SpA	Mailand	100,00	100,00	055	ITL 6,000	15,780
189	Dames & Moore Inc	Los Angeles/USA	16,39	16,39	138	k. A.	224,034
092	DAR Deutsche Abwasser-Reinigungs-Gesellschaft mbH	Wiesbaden	100,00	100,00	082	1,000	5,370
382	DDG Dürener Deponiegesellschaft mbH	Düren	74,90	74,90	172	4,000	k. A.
062	DEA Adam Interthal Söhne GmbH	Wetzlar	100,00	100,00	060	1,801	siehe 61

066 DEA Framin Mineralöl GmbH	Gelsenkirchen	100,00	100,00	060	1,000	siehe 61
060 DEA Mineraloel AG	Hamburg	100,00	99,997	055	300,000	706,000
074 DEA Mineralölverkauf Dortmund GmbH	Dortmund	100,00	100,00	060	0,100	siehe 61
075 DEA Mineralölverkauf Duisburg GmbH	Duisburg	100,00	100,00	060	0,100	siehe 61
065 DEA Mineralölverkauf Franken GmbH	Nürnberg	100,00	100,00	060	1,100	siehe 61
073 DEA Mineralölverkauf Gelsenkirchen GmbH	Gelsenkirchen	100,00	100,00	060	0,151	siehe 61
067 DEA Mineralölverkauf GmbH	Potsdam	100,00	100,00	060	1,000	siehe 61
071 DEA Mineralölverkauf Hessen GmbH	Frankfurt/Main	100,00	100,00	060	0,551	siehe 61
077 DEA Mineralölverkauf München GmbH	München	100,00	100,00	060	0,050	siehe 61
070 DEA Mineralölverkauf Rhein Neckar GmbH	Mannheim	100,00	100,00	060	0,700	siehe 61
068 DEA Mineralölverkauf Sachsen GmbH	Leipzig	100,00	100,00	060	1,000	siehe 61
069 DEA Mineralölverkauf Thüringen GmbH	Weimar	100,00	100,00	060	1,000	siehe 61
063 DEA Mineralölverkauf Trier GmbH vormals Gebr. Laeis	Trier	100,00	100,00	060	1,501	siehe 61
061 DEA Mineralölverkauf Wesseling GmbH	Wesseling	100,00	100,00	060	3,652	27,475
076 DEA Rheinland Kraftstoff GmbH	Gelsenkirchen	100,00	100,00	060	0,100	siehe 61
072 DEA Rüsges Mineralöl GmbH	Gelsenkirchen	100,00	100,00	060	0,200	siehe 61
064 DEA Wilhelm Grönwoldt Vertriebsgesellschaft mbH	Hamburg	100,00	100,00	060	1,500	siehe 61
191 Deilmann-Haniel GmbH	Dortmund	12,45	12,45	135	65,000	97,696
387 DEKRAPHONE Telekommunikations-Service GmbH	Neu-Isenburg	30,00	30,00	111	9,000	4,160
379 DEKS Duales Entsorgungssystem Karnap-Städte GmbH	Essen	51,00	51,00	097	0,250	k. A.
335 DEMINEX (Canada) Ltd.	Calgary	100,00	100,00	187	CA$ 36,637	k. A.
334 DEMINEX Argentina S. A.	Buenos Aires	100,00	100,00	187	ARP 0,000	k. A.
187 DEMINEX Deutsche Erdölversorgungsgesellschaft mbH	Essen	18,50	18,50	055	300,000	695,750
331 DEMINEX Gas Syria GmbH	Essen	100,00	100,00	187	1,000	k. A.
327 DEMINEX Java Oel GmbH	Essen	100,00	100,00	187	0,100	k. A.
336 DEMINEX Norge AS	Oslo	100,00	100,00	187	NOK 1100,3	k. A.
329 DEMINEX Petroleum Syria GmbH	Essen	100,00	100,00	187	5,000	k. A.
332 DEMINEX Suez Petroleum GmbH	Essen	100,00	100,00	187	0,100	k. A.
328 DEMINEX Sumatra Oel GmbH	Essen	100,00	100,00	187	0,100	k. A.
330 DEMINEX Syria GmbH	Essen	100,00	100,00	187	20,000	k. A.
333 DEMINEX UK Oil and Gas Ltd.	London	100,00	100,00	187	GBP 11,523	k. A.
286 Der Bautreff Handelsgesellschaft mbH	Brüsewitz	100,00	100,00	285	k. A.	k. A.
136 Deutsche Bau- und Siedlungs-Gesellschaft mbH	Essen	100,00	100,00	135	34,200	34,200
323 Deutsche Transalpine Oelleitung GmbH (TAL)	München	9,00	9,00	060	10,000	k. A.
321 DEUTSCHER KRAFTVERKEHR E. Grimmke GmbH & Co. KG	Düsseldorf	50,00	50,00	055	25,000	k. A.
309 Dieter Hafemeister Erdbau GmbH & Co.	Berlin	100,00	100,00	135	k. A.	5,819
308 Dieter Hafemeister GmbH	Berlin	100,00	100,00	135	k. A.	0,200
251 Dt. Ges. für Wiederaufarbeitung von Kernbrennstoffen mbH	Hannover	26,00	26,00	002	1,000	1,000
423 Düffel Ingenieurconsult GmbH	Halle	100,00	100,00	230	0,050	k. A.
402 Düsseldorfer Consult GmbH, EWU-Technologie	Düsseldorf	100,00	100,00	185	0,100	0,333
354 DWU Deponie-Wirtschaft Umweltschutztechnik GmbH	Espenhain	100,00	100,00	353	4,000	k. A.
204 E.P.S. Europe Power Systems SARL	Versailles	50,30	50,30	128	k. A.	0,423
201 EIBS Dresden Entwurfs- und Ingenieurbüro GmbH	Dresden	85,00	85,00	128	0,600	1,201
430 Eisenacher Versorgungsbetriebe GmbH	Eisennach	23,90	23,90	427	3,500	k. A.
203 ELBUD-Gdansk Holding S.A.	Danzig	55,20	55,20	132	k. A.	12,006
275 Elektra Studiengesellschaft für Elektrizitätserzeugung mbH	Peitz	50,00	50,00	163	k. A.	0,200
226 Elektrizitäts-Beteiligungsgesellschaft mbH	Essen	25,00	25,00	015	k. A.	3,685
146 Elektrizitätswerk Rheinhessen AG	Worms	50,00	50,00	111	40,000	103,324
220 Elektrohof GmbH	Groß-Rohrheim	100,00	50,00/50,00	132/111	k. A.	3,704
179 ELEKTROMARK Kommunales Elektrizitätswerk Mark AG	Hagen	10,00	10,00	002	k. A.	296,683
394 Elektro-Thomas GmbH	Koblenz	100,00	100,00	131	k. A.	1,175
219 EMG Elektro Milfait-Glatter spol. S.r.o.	Pilsen	55,00	55,00	132	k. A.	0,657
377 Enderling Entsorgung GmbH	Essen	74,50	74,50	097	1,500	k. A.
419 Energie- und Wasserversorgung Altenburg GmbH	Altenburg	30,00	30,00	418	0,100	k. A.
279 Energieobjektgesellschaft mbH	Berlin	25,00	25,00	163	k. A.	0,100
414 Energieversorgung Bad Ems GmbH	Bad Ems	99,50	99,50	014	20,000	k. A.
253 Energieversorgung Guben GmbH	Guben	45,00	45,00	002	k. A.	3,308
147 Energieversorgung Leverkusen GmbH	Leverkusen	50,00			43,000	121,996
426 Energieversorgung Limburg GmbH	Limburg	10,00	10,00	014	15,000	k. A.
148 Energieversorgung Mittelrhein GmbH	Koblenz	26,00	26,00	016	85,000	158,537
004 Energieversorgung Spree-Schwarze Elster AG	Cottbus	51,00	51,00	002	50,000	405,615
005 Energieversorgung Südsachsen AG	Chemnitz	51,00	51,00	006	400,000	480,247
006 Energieversorgung Südsachsen Beteiligungs-GmbH	Eschweiler	60,00	60,00	002	k. A.	241,062

149	Energieversorqung Oberhausen AG	Oberhausen	50,00			64,000	85,166
150	Energie-Verwaltungs-Gesellschaft mbH	Düsseldorf	30,00			241,520	530,707
284	Energy Resources of Australia Ltd.	Sydney	6,25	6,25	031	k. A.	k. A.
084	ENSR Corporation	Mahwah	100,00	100,00	083	0,004	siehe 83
316	Entreprise Générale De Construction HOCHTIEF S.A.	Luxemburg	100,00	100,00	135	k. A.	2,493
358	Entsorgung Wolgast GmbH	Neuendorf	100,00	100,00	107	0,500	k. A.
427	Erdgas Westthüringen Beteiligungsgesellschaft mbH	Bad Salzungen	10,00	10,00	014	14,200	k. A.
188	Erdgas-Verkaufs-Gesellschaft mbH	Münster	5,00	5,00	055	6,000	6,000
272	ESCOM AG	Bochum	12,50	12,50	017	121,200	230,359
049	ESPE-TRANS Spedition und Handel GmbH	Schwarze Pumpe	49,00	49,00	042	k. A.	k. A.
296	ESPE-TRANS Spedition und Handel GmbH	Schwarze Pumpe	51,00	51,00	030	k. A.	0,262
254	EST EuroStrom Trading GmbH	Hamburg	50,00	50,00	002	k. A.	0,100
320	Etablissements CALMES S.A. (CALMES)	Metz	100,00	100,00	055	FRF 25,000	k. A.
007	EWV Energie- und Wasser-Versorgung GmbH	Stolberg	53,73	43,41	016	35,500	55,044
411	EWV EW-Versorgung Betriebsführungs-GmbH	Stolberg	60,00	60,00	007	k. A.	1607,74
410	EWV Generalbau-Verwaltung GmbH	Stolberg	100,00	100,00	007	k. A.	0,050
193	Fahrleitungsbau GmbH	Essen	100,00	100,00	132	3,000	5,012
255	Fernwärmeversorgung Zwönitz GmbH	Zwönitz	50,00	50,00	005	k. A.	2,521
037	FIDO Handel und Transport KG GmbH	Emden	100,00	100,00	032	k. A.	k. A.
366	Fischer Entsorgung GmbH	Villingen-Schw.	95,00	95,00	093	0,500	k. A.
093	Fischer Recycling GmbH & Co. KG	Ravensburg	97,00	97,00	082	12,000	2,894
368	Fischer Recycling München GmbH	München	100,00	100,00	093	0,050	k. A.
367	Fischer Rohstoff Recycling Freiburg GmbH	Freiburg	74,50	74,50	093	0,500	k. A.
365	Fischer Rohstoff Recycling Ravensberg GmbH	Ravensberg	100,00	100,00	093	0,050	k. A.
218	Fomento Técnico Hispano Alemán S.A.	Madrid	80,10	80,10	132	k. A.	7,395
305	Francommerz Vermögensverwaltungsgesellschaft mbH	Frankfurt a.M.	60,00			50,00	k. A.
371	Frey Entsorgung GmbH & Co. KG	Simmern	100,00	100,00	098	0,110	k. A.
169	Fuchs Mineraloelwerke GmbH	Mannheim	25,00	25,00	060	14,300	54,628
388	Gartenbau Achern GmbH	Acher	100,00	100,00	111	k. A.	1,060
180	GASAG Berliner Gaswerke AG	Berlin	11,95	11,95	002	810,000	1185,524
412	Gasversorgung Westerwald GmbH (GVW)	Höhr-Grenzhausen	50,00	50,00	148	12,000	k. A.
227	GEMARKO GmbH für Marketing und Kommunikation	Essen	100,00	100,00	002	k. A.	0,088
291	Gesellschaft für Braunkohle-Anwendungs- und Verfahrenstechnik mbH	Senftenberg	100,00	100,00	030	k. A.	20,506
151	Gesellschaft für Energiebeteiligung mbH	Essen	44,48	44,48	002	25,500	89,412
181	Gesellschaft für Energiebeteiligungen in Frankfurt/Oder mbH (GEF)	Hannover	10,00	10,00	002	k. A.	79,270
408	Gesellschaft für kommunale Versorgungswirtschaft mbH	Düsseldorf	25,00	25,00	185	0,050	0,032
297	Gesellschaft für Montan- und Bautechnik mbH (GMB)	Senftenberg	100,00	100,00	030	k. A.	0,000
418	GEV Gesellschaft für Energie und Versorgung mbH	Markkleeberg	40,00	40,00	014	0,100	k. A.
256	GfD Gesellschaft für Datenfunk mbH	Essen	38,50	38,50	017	k. A.	46,073
228	GGV Gesellschaft für Gasversorgung mbH	Essen	100,00	100,00	002	k. A.	0,108
229	GKB Gesellschaft für Kraftwerksbeteiligungen mbH	Essen	100,00	100,00	002	k. A.	0,260
299	Gleisbau Knappenrode GmbH	Senftenberg	49,00	49,00	030	k. A.	2,188
400	GNB Gesellschaft für Nuklear-Behälter GmbH	Essen	45,00	45,00	129	1,000	k. A.
257	GNS Gesellschaft für Nuklear-Service mbH	Essen	24,00	24,00	002	12,000	41,335
258	Großanlagen-Leasing Bayern GmbH	Gundremmingen	30,00	30,00	002	k. A.	0,996
384	GRUBA Gesellschaft für Entsorgung mbH	Willich	100,00	100,00	172	1,000	k. A.
290	GSG Wohnungsbau Braunkohle GmbH	Köln	15,00	15,00	019	0,050	k. A.
028	H. u. G. Genske Verkaufs- und Vertriebs-GmbH & Co. KG	Bergisch Gladbach	100,00	100,00	027	k. A.	siehe 27
398	Hansen MAQUET K.K.	Tokio	40,00	40,00	134	k. A.	Yen 136,725
197	Harald Meyer VDI Ingenieurgesellschaft mbH	Kelkheim	52,00	52,00	128	1,500	1,329
127	Heidelberg HNA Inc.	Wilmington	100,00	100,00	126	k. A.	siehe 126
118	Heidelberg A.C.P. Polychromé (N.Z.) Ltd.	Auckland	100,00	100,00	115	k. A.	siehe 115
121	Heidelberg Aldus Financial Services	Moreland	50,00	50,00	115	k. A.	siehe 115
114	Heidelberg Canada Graphic Equipment Ltd	Etobicoke	100,00	100,00	112	k. A.	Can. $ 2,364
120	Heidelberg Garamond Pty. Ltd.	Canberra	100,00	100,00	115	k. A.	siehe 115
115	Heidelberg Graphic Equipment Ltd Heidelberg Australia	Moreland	100,00	100,00	112	k. A.	A$ 30,663
113	Heidelberg Graphic Equipment Ltd.	Brentford	100,00	100,00	112	k. A.	E£ 52,754
117	Heidelberg Graphics Equipment Ltd. Heidelberg New Zealand	Auckland	100,00	100,00	115	k. A.	siehe 115
116	Heidelberg Harris Australia Limited	Moreland	100,00	100,00	115	k. A.	siehe 115
392	Heidelberg Harris GmbH	Heidelberg	100,00	100,00	112	k. A.	0,050
123	Heidelberg Harris Inc	Dover	100,00	100,00	126	k. A.	US$ 10,184
125	Heidelberg Harris SA	Montataire/FRA	99,98	99,98	112	k. A.	FF 78,127

124 Heidelberg HHÙ Inc.	Wilmington	100,00	100,00	123	k. A.	siehe 123
126 Heidelberg North America Inc	Dover	100,00	100,00	112	k. A.	US$ 284,073
119 Heidelberg Ronai Engineering Co. Pty. Ltd.	Moreland	100,00	100,00	115	k. A.	siehe 115
122 Heidelberg USA Inc.	Kennesaw	100,00	100,00	126	k. A.	US $ 63,489
112 Heidelberger Druckmaschinen AG	Heidelberg	57,00	57,00	111	250,000	1939,574
173 Heidelberg-PMT Co Ltd.	Tokio/Japan	35,33	35,33	112	k. A.	271,165
196 Heinrich Strüder GmbH	Bendorf (Rhein)	100,00	100,00	132	3,000	3,008
314 Helmus Beteiligungsgesellschaft mbH	Vechta	86,00	86,00	135	k. A.	0,092
315 Helmus Straßen-Bau-Gesellschaft mbH & Co.	Vechta	85,00	85,00	314	6,000	6,008
285 HGB Baustoffhandel GmbH	Berlin	100,00	100,00	054	5,000	k. A.
135 HOCHTIEF Aktiengesellschaft vorm. Gebr. Helfmann	Essen	56,10	15,00	305	350,000	2217,894
137 HOCHTIEF Aktiengesellschaft vorm. Gebr. Helfmann G.m.b.H	Innsbruck/A	100,00	100,00	135	k. A.	13,644
313 Hochtief Betonstraßenbau GmbH	Hamburg	100,00	100,00	135	k. A.	3,333
138 HOCHTIEF INC	Wilmington/USA	100,00	100,00	135	k. A.	73,281
139 HOCHTIEF LIMITED	Sydney/Australien	100,00	100,00	135	k. A.	207,3531)
311 Hochtief Projektentwicklung GmbH	Essen	100,00	100,00	135	k. A.	0,050
312 Hochtief Rohrleitungs- und Kanalbau GmbH	Berlin	100,00	100,00	135	5,200	10,932
140 HOCHTIEF Umwelt GmbH	Essen	100,00	100,00	135	15,000.	12,646
348 HP-PA-GE Holter Altpapier GmbH	Viersen	100,00	100,00	172	1,300	k. A.
027 Hürtherberg Steine und Erden GmbH	Köln	100,00	100,00	019	8,000	13,144
198 Hydroprojekt Ingenieurgesellschaft mbH	Dresden	100,00	100,00	128	1,260	3,737
273 Ifk Ingenieurunternehmen (...) GmbH	Vetschau	100,00	100,00	163	k. A.	1,700
420 ifs Budapest Kft	Budapest	100,00	100,00	230	UF 102,960	k. A.
421 ifs Gesellschaft mbH	Eisenstadt (AUT)	100,00	100,00	230	OS 0,500	k. A.
230 ifs Informationstechnik für Systeme GmbH	Frankfurt a.M.	100,00	33,33/66,67	014/002	4,000	15,052
364 Industriemüllbeseitigung Walter Witt GmbH	Hamburg	100,00	100,00	099	0,200	k. A.
422 Ingenieurbüros Norbert Düffel und Söhne GmbH	Münster	100,00	100,00	230	0,200	k. A.
395 Intelektra Anlagenbau GmbH	Dresden	100,00	100,00	131	2,000	-0,950
200 IPRO Dresden Architekten- und Ingenieurgesellschaft mbH	Dresden	96,00	96,00	128	5,500	10,795
432 Isar-Amperwerke AG	München	90,00	80,00/10,00	152/012	376,000	k. A.
152 Isarwerke GmbH	München	25,00			72,000	280,321
405 ISIS Multimedia Net GmbH	Düsseldorf	50,00	50,00	185	5,000	0,947
216 Jakob Dandl GmbH	Boos	100,00	100,00	132	k. A.	4,222
194 Jansen & Westphal GmbH	Willich	100,00	100,00	132	2,100	3,735
360 Jutta Schirmer Fuhrbetrieb GmbH	Hamburg	100,00	100,00	107	0,500	k. A.
287 KAZ Bildmess GmbH	Leipzig	100,00	100,00	019	2,000	k. A.
278 KEMA-IEV Ingenieurunternehmen für EV GmbH	Dresden	40,00	40,00	163	k. A.	0,200
231 Kernkraftwerk RWE-Bayernwerk GmbH	Gundremmingen	75,00	75,00	002	100,000	42,162
008 Kernkraftwerke Gundremmingen Betriebsgesellschaft mbH	Gundremmingen	75,00	75,00	002	1,000	2,434
182 Kernkraftwerke Lippe-Ems GmbH	Lingen	12,50	12,50	002	1100,000	1110,526
176 KITCHELL CORPORATION	Phoenix/USA	35,69	35,69	138	k. A.	47,2992)
259 KNG Kraftwerks- und Netzgesellschaft mbH	Berlin	49,60	24,60/25,00	002/163	k. A.	0,229
009 Koblenzer Elektrizitätswerk und Verkehrs-AG	Koblenz	57,50			36,000	100,784
010 Kraftversorgung Rhein-Wied AG	Neuwied	70,00	70,00	110	21,000	50,556
425 Kraftwärme Schwalbach a. Ts. GbR	Frankfurt/Main	50,00	50,00	014	0,500	k. A.
011 Kraftwerk Altwürttemberg AG	Ludwigsburg	76,65	29,45/25,00	110/111	21,600	72,150
260 Kraftwerk Buer Betriebsgesellschaft mbH	Gelsenkirchen	50,00	50,00	002	0,100	0,105
261 Kraftwerk Buer GbR	Gelsenkirchen	50,00	50,00	002	30,000	30,000
232 Kraftwerk Ibbenbüren Betriebsgesellschaft mbH	Ibbenbüren	76,00	76,00	002	k. A.	0,102
153 Kraftwerk Voerde STEAG-RWE oHG	Voerde	100,00	25,00/75,00	002/262	k. A.	45,100
433 Kraftwerk Wehrden GmbH	Völklingen	33,33	33,33	164	10,800	k. A.
298 L.U.S.-Lausitzer Umwelt- und Sanierung-GmbH	Senftenberg	100,00	50,00/50,00	030/082	3,000	3,308
110 Lahmeyer Aktiengesellschaft für Energiewirtschaft	Bad Homburg	64,30			142,000	296,751
199 Lahmeyer Informationstechnik (LIT) GmbH	Neu-Isenburg	100,00	52,00/48,00	128/017	k. A.	5,613
128 Lahmeyer International GmbH	Frankfurt/Main	55,00	55,00	110	15,000	21,577
415 Lahnkraftwerke AG	Bad Ems	100,00	100,00	014	10,000	k. A.
030 LAUBAG Lausitzer Braunkohle AG	Senftenberg	55,00	55,00	020	51,000	1524,987
295 Lausitzer Analytik GmbH (LAG)	Schwarze Pumpe	67,00	67,00	030	k. A.	1,722
012 Lech-Elektrizitätswerke AG	Augsburg	74,90	49,90	110	110,760	324,707
177 Leighton Holdings Limited	Sydney/AUS	49,51	49,51	139	k. A.	380,3833)
013 LEW Anlagenverwaltung GmbH	Augsburg	100,00	100,00	012	k. A.	208,300
294 LMV – Lausitzer Gesellschaft für Markscheidewesen und Vermessung mbH	Senftenberg	100,00	100,00	030	k. A.	0,050
407 Lokalradio Düsseldorf Betriebsgesellschaft mbH & Co. KG	Düsseldorf	25,00	25,00	185	1,000	k. A.

047 LSG Lager- und Sicherungs-Service	Wesseling	100,00	100,00	042	k. A.	k. A.
014 Main-Kraftwerke AG	Frankfurt/Main	70,00	43,01	110	70,000	192,681
372 Matthias Palzkill GmbH & Co. KG	Oberweiler	100,00	100,00	098	2,000	k. A.
356 Mecklenburgische SERO Recycling GmbH	Schwerin	100,00	100,00	107	3,300	k. A.
263 MiniRuf GmbH	Hannover	40,00	40,00	235	k. A.	31,021
154 Mittlere Donau Kraftwerke AG	München	40,00	40,00	012	45,000	50,000
417 MKW Wasser und Umwelt GmbH	Frankfurt/Main	50,00	50,00	014	0,500	k. A.
178 MONACHIA Grundstücks-AG	München	45,22	45,22	135	7,305	37,190
015 Moselkraftwerke GmbH	Saffig	100,00	100,00	002	k. A.	161,500
353 MUEG Mitteldeutsche Umwelt- und Entsorgung GmbH	Braunsbedra	50,00	50,00	082	14,100	k. A.
401 Nahwärme Düsseldorf GmbH	Düsseldorf	80,00	80,00	185	0,100	0,117
403 Niederrh.-Bergisches Gemeinschaftswasserwerk GmbH	Düsseldorf	50,00	50,00	185	3,000	3,008
155 Niederrheinische Licht- und Kraftwerke AG	Mönchengladbach	50,00			50,000	113,754
202 NIS Ingenieurgesellschaft mbH	Hanau	52,00	52,00	128	0,750	2,394
324 Nord-West Oelleitung GmbH	Wilhelmshaven	14,20	14,20	060	6,500	k. A.
094 NORIT Systemboden GmbH	Neu-Isenburg	100,00	100,00	096	k. A.	0,261
337 Norske DEMINEX AS	Oslo	100,00	100,00	187	NOK 47,805	k. A.
129 NUKEM GmbH	Alzenau	100,00			60,500	75,115
170 Oberrheinische Mineralölwerke GmbH	Karlsruhe	42,00	42,00	060	85,714	139,543
429 Ohra-Hörselgas GmbH	Waltershausen	49,00	49,00	427	6,500	k. A.
233 OIE Aktiengesellschaft	Idar-Oberstein	100,00	100,00	002	7,500	8,342
095 OMS Kläranlagen GmbH	Wiesbaden	60,00	60,00	082	2,000	2,993
344 ORG-CONSULT Ges. für Unternehmensberatung mbH	Essen	75,00	75,00	082	1,000	k. A.
171 Petrolchemie und Kraftstoffe AG Schwedt	Schwedt/Oder	37,50	37,50	060	340,000	768,120
183 Pfalzwerke AG	Ludwigshafen	26,69	26,69	110	170,000	295,850
190 Philipp Holzmann AG	Frankfurt/Main	24,90	24,90	135	219,375	2136,000
211 Piller Denmark ApS	Kirke-Hyllinge	80,00	80,00	130	k. A.	0,043
213 Piller France S.A.	Nanterre	99,20	99,20	130	k. A.	0,733
130 Piller GmbH	Osterode am Harz	100,00	98,57/1,33	110/132	35,000	20,769
210 Piller, Inc. USA	Bethlehem	100,00	100,00	130	k. A.	1,131
349 POLY-REC Gesellschaft für Kunststoffverwertung mbH	Grevenbroich	100,00	100,00	097	10,000	k. A.
221 Power & Communication Engineering Nigeria Ltd.	Ikeja	20,00	20,00	132	k. A.	0,234
391 Print Finance Vermittlung GmbH	Heidelberg	100,00	100,00	112	k. A.	20,000
390 Print-Asseuranz Versicherungsvermittlung-GmbH	Heidelberg	100,00	100,00	112	k. A.	0,050
264 Prometheus, energetické sluzby, s.r.o.	Prag	50,00	50,00	002	k. A.	0,963
096 ProMineral Gesellschaft zur Verwendung von Mineralstoffen mbH	Bergheim	100,00	100,00	082	5,000	20,000
413 Propan Rheingas GmbH	Brühl	12,00	12,00	148	7,250	k. A.
141 PRÜM-Türenwerk GmbH	Weinsheim	100,00	100,00	142	3,000	26,866
097 R + T Entsorgung GmbH	Viersen	51,00	51,00	082	100,000	113,642
098 R + T Recycling GmbH	Mainz	100,00	100,00	082	20,000	48,629
099 R + T Umwelt GmbH	Leipzig	100,00	100,00	082	25,000	23,079
352 R.E.W. RWE Entsorgung Wasserwirtschaft GmbH	Essen	100,00	100,00	082	0,600	k. A.
373 R+T Entsorgung Saar GmbH	Dillingen	100,00	100,00	098	1,100	k. A.
223 Racos Technische Informationssysteme GmbH	Konstanz	60,00	60,00	132	k. A.	-0,218
351 RAP RWE Ges. f. Automobil- und Produktrecycling mbH	Bochum	100,00	100,00	082	5,000	k. A.
217 RBG Rohrnetzbau GmbH	Iserlohn	100,00	100,00	132	k. A.	2,697
340 REB RWE Entsorgung Bulgaria EOOD	Sofia	100,00	100,00	082	0,021	k. A.
343 REM RWE Entsorgung Magyarország Környezetvédelmi Kft	Budapest	100,00	100,00	082	1,100	k. A.
342 REO RWE Entsorgung s.r.o.	Prag	100,00	100,00	082	9,400	k. A.
341 RER RWE Entsorgung ROMANIA S.R.L.	Bukarest	85,00	85,00	082	0,033	k. A.
156 RGW Rechtsrheinische Gas- und Wasserversorgung AG	Köln	50,00	50,00	016	50,000	106,970
325 Rhein Main Rohrleitungstransportgesellschaft mbH	Köln	22,00	22,00	060	10,000	k. A.
078 Rhein Oel Limited	London/GB	100,00	100,00	055	GBP 1,000	3,388
032 Rheinbraun – Brennstoff GmbH	Köln	100,00	100,00	054	k. A.	228,785
033 Rheinbraun – Handel Nord-West GmbH	Wesseling	100,00	100,00	032	3,100	k. A.
034 Rheinbraun – Handel Ost GmbH	Potsdam	100,00	100,00	032	k. A.	k. A.
036 Rheinbraun – Handel Sachsen GmbH	Dresden	100,00	100,00	032	k. A.	k. A.
035 Rheinbraun – Handel Süd GmbH	Weimar	100,00	100,00	032	k. A.	k. A.
038 Rheinbraun – Handel Tochter VI	Inland	100,00	100,00	032	k. A.	k. A.
039 Rheinbraun – Handel Tochter VII	Inland	100,00	100,00	032	k. A.	k. A.
019 Rheinbraun Aktiengesellschaft	Köln	100,00			1100,000	2213,745
031 Rheinbraun Australia Pty Ltd	Sydney	100,00	100,00	019	A$ 26,000	55,591
040 Rheinbraun Engineering und Wasser GmbH	Köln	100,00	75,00/25,00	019/054	15,000	45,858

041 RHEINBRAUN HAUSTECHNIK GmbH	Köln	100,00	100,00	019	4,000	3,780
288 Rheinbraun Immobilien GmbH	Köln	100,00	100,00	019	10,000	k. A.
166 Rheinbraun Thyssen Energy GmbH & Co. KG	Düsseldorf	50,00	50,00	032	k. A.	6,449
281 Rheinbraun US GmbH	Köln	100,00	100,00	019	0,100	k. A.
111 Rheinelektra Aktiengesellschaft	Mannheim	62,11			140,000	297,322
396 Rheinelektra Berlin GmbH	Berlin	90,00	90,00	131	k. A.	2,397
131 Rheinelektra Technik GmbH	München	100,00	100,00	111	40,000	41,000
416 Rheingau Elektrizitätswerke GmbH	Eltville	88,30	88,30	014	7,500	k. A.
029 Rheinische Baustoffwerke GmbH & Co. KG.	Bergheim	66,66	33,33/33,33	027/135	16,500	16,545
234 Rheinkraftwerk Albbruck-Dogern AG	Waldshut-Tiengen	52,00	52,00	002	16,000	18,560
016 rhenag Rheinische Energie AG	Köln	54,09			101,250	347,638
375 Rosendahl Entsorgung GmbH	Wülfrath	100,00	100,00	097	6,000	k. A.
265 RRW Rheinruhrwasser GmbH	Mülheim	33,00	33,00	002	k. A.	0,100
046 RSB – LOGISTIC BENELUX B. V:	Winterswijk	100,00	100,00	042	k. A.	k. A.
043 RSB – LOGISTIC DELHEY SPEDITIONS-GMBH & Co. KG.	Köln	100,00	100,00	042	k. A.	k. A.
045 RSB – LOGISTIC PROJEKTSPEDITION GMBH & CO. KG	Köln	100,00	100,00	042	k. A.	k. A.
044 RSB – LOGISTIC TANK + SILO GMBH & CO. KG	Köln	100,00	100,00	042	k. A.	k. A.
053 RSB LOGISTIC BULK B. V.	Winterswijk	100,00	100,00	042	k. A.	k. A.
042 RSB LOGISTIC GMBH	Wesseling	100,00	100,00	054	50,000	5,018
362 RTA Umwelt GmbH	Aschersleben	100,00	100,00	099	5,000	k. A.
363 RTB Umwelt GmbH Entsorgung und Verwertung	Potsdam	100,00	100,00	099	0,500	k. A.
326 Ruhrgas AG	Essen	34,63	34,63	186	1800,000	k. A.
304 Ruhrkohle AG	Essen	30,30	21,95/8,35	302/303	534,503	694,403
054 RV Rheinbraun Handel und Dienstleistungen GmbH	Köln	100,00	100	019	150,000	298,059
001 RWE Aktiengesellschaft	Essen				2685,000	8885,941
100 RWE Ambiente Italia SpA	Mailand	100,00	100,00	082	6,300	-3,941
002 RWE Energie Aktiengesellschaft	Essen	100,00			1850,000	2985,000
082 RWE Entsorgung Aktiengesellschaft	Essen	100,00			300,000	600,00
339 RWE Entsorgung ESPANA S.A.	Bacelona	100,00	100,00	082	13,700	k. A.
107 RWE Entsorgung Nord GmbH	Melsdorf	100,00	100,00	082	20,000	54,500
143 RWE International Financial Services Ireland	Dublin/Irland	100,00	40,00	055	k. A.	634,991
235 RWE Mobilfunk GmbH	Essen	100,00	100,00	017	k. A.	232,241
017 RWE Telliance AG	Essen	100,00	100,00	002	k. A.	144,519
055 RWE-DEA Aktiengesellschaft für Mineraloel und Chemie	Hamburg	99,40			672,000	2310,272
318 RWE-DEA Denmark Oil GmbH	Hamburg	100,00	100,00	055	0,050	k. A.
319 RWE-DEA Netherlands Oil GmbH	Hamburg	100,00	100,00	055	0,050	k. A.
184 RWW Rheinisch-Westfälische Wasserwerksgesellschaft mbH	Mülheim a.d.R.	14,00	14,00	002	30,084	129,195
236 Saarwasserkraftwerke GmbH	Saffig	100,00	100,00	015	25,000	28,100
207 Sächsisch-Bayerische Starkstrom-Gerätebau GmbH	Neumark	100,00	100,00	133	k. A.	-13,623
192 SAG Montagegesellschaft mbH	Berlin	100,00	100,00	132	10,000	14,690
215 SAG-Schrack Anlagentechnik AG	Wien	100,00	100,00	132	k. A.	7,384
157 Schluchseewerk AG	Freiburg i. Br.	50,00	50,00	002	165,000	197,080
237 Schnell-Brüter-Kernkraftwerksgesellschaft mbH GEU	Essen	69,00	69,00	002	1,000	49,815
159 SCN Société Luxembourgeoise de Centrales Nucléaires SA	Luxemburg	30,00	30,00	002	k. A.	125,909
345 SICOWA Verfahrenstechnik für Baustoffe GmbH & Co. KG	Aachen	49,00	49,00	082	1,500	k. A.
238 Silent Power GmbH für Energiespeichertechnik	Essen	100,00	100,00	002	k. A.	21,881
239 Silent Power Ltd. (GB)	Runcorn	100,00	100,00	239	k. A.	10,738
266 SKO-ENERGO s.r.o.	Mladá Boleslav	21,00	21,00	002	k. A.	0,545
267 SKO-ENERGO-FIN s.r.o.	Mladá Boleslav	43,00	43,00	002	k. A.	0,543
158 Société Electrique de l'Our SA	Luxemburg	41,00	41,00	002	k. A.	77,416
303 Société Nouvelle Sidéchar S.A.	Paris	100,00	100,00	302	k. A.	0,427
350 SOEX Textil-Vermarktungsgesellschaft mbH	Bad Oldesloe	50,00	50,00	099	10,100	k. A.
051 Spedition Rheinland Hilde Freund GmbH & Co. KG	Köln	45,00	45,00	042	k. A.	k. A.
048 Spetra Speditions- und Transportgesellschaft mbH	Berlin	50,00	50,00	042	k. A.	k. A.
393 Sporthotel Heidelberger Druckmaschinen GmbH	Heidelberg	100,00	100,00	112	k. A.	0,050
268 SpreeGas Gesellschaft für Gasversorgung und E.Bet. mbH	Cottbus	17,00	17,00	228	0,050	57,334
240 Spree-Schwarze Elster Kraftwerksbetriebe-GmbH	Cottbus	100,00	100,00	004	0,050	0,050
292 SSE -Steine und Erden Gewinnung- und Vetriebs-GmbH	Senftenberg	100,00	100,00	030	k. A.	4,905
167 SSM Coal BV	Rotterdam/NL	50,00	50,00	032	k. A.	47,960
108 Städtereinigung Nord GmbH & Co KG	Schleswig	100,00	100,00	082	0,667	1,482
386 Stadtwerke Bühl	Bühl	30,00	30,00	111	20,000	26,371
160 Stadtwerke Düren GmbH	Düren	25,00	25,00	002	25,000	41,722
185 Stadtwerke Düsseldorf AG	Düsseldorf	20,00			230,000	504,637

161	Stadtwerke GmbH Bad Kreuznach	Bad Kreuznach	25,00	25,00	002	119,400	119,353
424	Stadtwerke Weilburg GmbH	Weilburg	24,90	24,90	014	4,000	k. A.
132	Starkstrom-Anlagen-Gesellschaft mbH	Frankfurt/Main	100,00	70,00/30,00	110/111	130,000	246,999
133	Starkstrom-Gerätebau GmbH	Regensburg	100,00	100,00	110	10,000	24,345
262	STEAG AG	Essen	25,84	25,84	151	250,000	k. A.
269	STEAG AG-RWE Energie AG-Bayernwerk AG WZ oHG	Zwickau	40,00	40,00	002	k. A.	0,305
134	Stierlen-MAQUET AG	Rastatt	100,00	100,00	111	30,000	43,606
397	Stierlen-MAQUET Belgique S.A.	St. Peters-Leeuw	100,00	100,00	134	k. A.	BFR 69,886
142	STREIF AG	Weinsheim	100,00	100,00	135	7,015	15,465
317	STREIF Denmark ApS	Odense	100,00	100,00	142	k. A.	k. A.
306	STREIF Schalungsbau GmbH	Vettelschoß	100,00	100,00	135	5,00	10,000
241	Stromversorgung Aggertal GmbH	Gummersbach	100,00	100,00	002	k. A.	0,038
307	Süddeutsche Wohnungsbau GmbH	Karlsruhe	100,00	100,00	136	k. A.	2,527
162	Südhessische Gas und Wasser AG	Darmstadt	26,00	26,00	016	81,000	146,316
274	SVK Schwarze Pumpe-VEAG Kraftwerksgesellschaft mbH	Schwarze Pumpe	65,00	65,00	163	k. A.	259,000
242	TALKLINE GmbH	Elmshorn	100,00	100,00	235	39,000	30,050
243	TALKLINE Handel GmbH	Elmshorn	100,00	100,00	242	30,000	30,000
244	TALKLINE InfoDienste GmbH	Elmshorn	100,00	100,00	242	k. A.	3,212
245	TALKLINE International GmbH	Elmshorn	100,00	100,00	242	k. A.	2,442
246	TALKLINE PS PhoneService GmbH	Elmshorn	100,00	100,00	243	k. A.	22,500
270	TELEPORT EUROPE GmbH	Hannover	50,00	50,00	235	k. A.	0,754
247	TERRAFON Bündelfunk GmbH & Co. KG	Mannheim	74,00	74,00	017	15,000	2,559
370	Theo Kleiner Recycling GmbH	Pirmasens	100,00	100,00	098	3,000	k. A.
355	Ties Neelsen & Klöckner GmbH & Co. KG	Klausdorf	100,00	100,00	107	20,600	k. A.
271	Toledo PV AEIE	Madrid	33,33	33,33	002	k. A.	0,048
206	Transformatorenwerk Reichenbach GmbH	Reichenbach	100,00	100,00	133	k. A.	7,622
172	Trienekens Entsorgung GmbH	Viersen	49,00	49,00	082	150,000	119,219
293	TSS – Transport- und Speditionsgesellschaft mbH	Senftenberg	100,00	100,00	030	k. A.	5,000
361	TUE Entsorgung GmbH	Erfurt	100,00	100,00	099	0,500	k. A.
277	TVF Thyssen-VEAG Flächenrecycling GmbH	Lübbenau	50,00	50,00	163	k. A.	1,000
381	U.T.G. GmbH Gesellschaft für Umwelttechnik	Viersen	100,00	100,00	172	0,250	k. A.
385	Überlandwerk Groß-Gerau GmbH	Groß-Gerau	50,00	50,00	111	24,000	24,350
205	UCI Utility Consultants International GmbH	Frankfurt a. M.	100,00	50,00/50,00	128/002	1,500	2,089
224	Unterstützungskasse Rheinelektra GmbH	Mannheim	35,00	35,00	132	k. A.	25,301
389	Unterstützungskasse ÜLW Groß-Gerau GmbH	Groß-Gerau	55,00	55,00	111	k. A.	0,997
282	Uranerz Exploration and Mining Ltd.	Saskatoon	100,00	100,00	168	k. A.	k. A.
283	Uranerz U.S.A. Inc.	Denver	100,00	100,00	168	k. A.	k. A.
168	Uranerzbergbau-GmbH	Wesseling	50,00	50,00	019	40,000	103,598
174	URANIT GmbH	Jülich	50,00			180,000	283,465
109	URT Umwelttechnik GmbH	Hürth	100,00	100,00	082	15,000	11,499
383	UVE-Labor für Umweltanaly.d. V.- und Entsorgung GmbH	Neuss	100,00	100,00	172	0,250	k. A.
276	VEAG Sanierungs- und Entwicklungsgesellschaft mbH	Zschornewitz	100,00	100,00	163	k. A.	0,100
163	VEAG Vereinigte Energiewerke AG	Berlin	26,25	26,25	002	500,000	4698,400
164	Vereinigte Saar-Elektrizitäts-AG	Saarbrücken	41,33			80,000	289,548
248	Versuchsatomkraftwerk Kahl GmbH	Karlstein	80,00	80,00	002	1,000	1,060
301	VEW AG	Dortmund	25,30	25,30	150	1000,000	2292,000
144	Victoria Mathias Verwaltungsgesellschaft mbH	Essen	100,00			30,000	58,600
222	VIGILEC Holding S.A.	Saint-Pourcain	96,13	96,13	132	k. A.	4,907
079	VISTA Chemical Company	Houston/USA	100,00	100,00	055	k. A.	231,070
081	VISTA-Tochter II	USA	100,00	100,00	079	k. A.	siehe 79
380	W.U.R.M. Ges. z. W.. unbek. Rückstandsmaterials mbH	Neuss	100,00	100,00	172	0,700	k. A.
404	Wasserübernahme Neuss-Wahlscheid GmbH	Neuss	50,00	50,00	185	0,100	0,412
359	Werner & Zeisse GmbH	Heikendorf	95,00	95,00	107	0,300	k. A.
428	Werragas GmbH	Bad Salzungen	49,00	49,00	427	14,000	k. A.
431	Westdeutsche Licht- und Kraftwerke AG	Erkelenz	50,00	50,00	155	8,000	k. A.
018	Westsächsische Energie AG	Markkleeberg	51,00	51,00	002	50,000	229,153
300	Wirtschaftsförderungsgesellschaft mbH (WFG)	Hoyerswerda	18,00	18,00	030	k. A.	k. A.
289	Wohnungsbaugesellschaft für das Rheini. BK-Revier GmbH	Köln	50,00	50,00	019	0,050	k. A.
249	WVP-Wärmeversorgung Plauen GmbH	Plauen	100,00	100,00	005	k. A.	0,500
406	Zentraldeponie Hubbelrath GmbH	Düsseldorf	28,00	28,00	185	12,000	13,228

KURT LANGBEIN/MANFRED MÜHLBERGER/CHRISTIAN SKALNIK
KURSBUCH LEBENSQUALITÄT

Die Umwelt schonen, Geld sparen und angenehm leben
Entscheidungshilfen für den Alltag

Gebunden

Das Kursbuch Lebensqualität bietet Entscheidungshilfen für den Alltag: Wie es möglich ist, die Umwelt zu schonen, Geld zu sparen – und dabei angenehm zu leben.

»Das neue Leitbild: Weniger verbrauchen und gleichzeitig besser leben« *Der Spiegel*

Wulf-Dietrich Rose
Elektrosmog – Elektrostress

Strahlung in unserem Alltag
und was wir dagegen tun können

Ein Ratgeber
KiWi 341
Aktualisierte Neuausgabe

Unsere Umwelt ist mittlerweile durch elektromagnetische Strahlung derart verseucht, daß wir von »Elektrosmog« sprechen müssen. Er wiederum erzeugt im menschlichen Organismus »Elektrostreß« mit vielen Störungen und Krankheiten im Gefolge, die wir in den seltensten Fällen auf ihre Ursachen zurückführen können.

Das Buch gibt auf der Basis aktueller wissenschaftlicher Erkenntnisse Auskunft über Gefahren und Selbstschutz.

KiWi Paperbackreihe bei Kiepenheuer & Witsch

Wulf-Dietrich Rose
Ich stehe unter Strom

Krank durch Elektrosmog
Erfahrungen, Beispiele, Ratschläge

KiWi 408
Originalausgabe

Das Buch bietet über einen Wegweiser, in dem alphabetisch elektrosmog-relevante Sachbegriffe, Befindlichkeitsstörungen und Krankheiten aufgelistet sind, Einstieg in die Fallbeispiele. So können Sie den vermuteten Beschwerden auf die Spur kommen und sich schützen.

KiWi Paperbackreihe bei Kiepenheuer & Witsch

Pollmer/Fock/Gonder/Haug
Prost Mahlzeit!
Krank durch gesunde Ernährung

KiWi 433

Je mehr Diäten, desto mehr Eßgestörte, je mehr Margarine aufs Brötchen kommt, desto mehr Herzinfarkte, je mehr Jodsalz unters Volk gestreut wird, desto mehr Schilddrüsenkranke? Es ist an der Zeit, unsere Ernährungstheorien zu überprüfen und unser Eßverhalten in Verbindung zu bringen mit einer natürlichen Wechselwirkung von Umwelt und Körper.

»Kein Buch hat in der letzten Zeit so viel ernst zu nehmenden Wirbel in die Ernährungsszene gebracht wie dieses...«
Deutsche Apotheker Zeitung

KiWi Paperbackreihe bei Kiepenheuer & Witsch

Eva Kapfelsperger / Udo Pollmer
Iss und stirb

Chemie in unserer Nahrung
Mit Ratschlägen für den Verbraucher
Aktualisiert und neu bearbeitet

KiWi 270

»Der Report liefert hier endlich eine flüssig formulierte, auch dem Laien verständliche Zusammenfassung der ganzen Einzelbefunde, übersichtlich aufgegliedert in die Bereiche Fleisch, Wurst, Fisch, Milch und Geflügel.«

Johannes Kaiser, NDR

»Das Buch macht allen Mut, die angesichts der ständigen Schreckensmeldungen über Hormone im Fleisch, Gift in der Muttermilch oder Schwermetalle im Fisch nur noch resigniert fragen: Was soll man eigentlich essen? Die Lebensmittelchemiker setzen die Aufklärung über chemische Rückstände schonungslos fort. Aber sie zeigen dem Verbraucher auch Auswege aus seiner vermeintlichen Ohnmacht.«

Südfunk Stuttgart

KiWi Paperbackreihe bei Kiepenheuer & Witsch

Dagny Kerner / Imre Kerner
Der Ruf der Rose
Was Pflanzen fühlen und wie sie mit uns kommunizieren

KiWi 362

Die Fernsehjournalisten Dagny Kerner und Imre Kerner unternehmen eine Reise durch viele Länder zu den Menschen, die mit Pflanzen kommunizieren, und sie berichten in unterhaltsamen Reportagen über Erstaunliches sowohl aus dem Reich der Wissenschaft als auch der Welt des (scheinbar) Irrationalen.

KiWi Paperbackreihe bei Kiepenheuer & Witsch